★ 专利审查与社会服务丛书

U0518689

专利审查理论与实践

（第一辑）

国家知识产权局专利局
专利审查协作天津中心◎组织编写

魏保志◎主编

知识产权出版社
全国百佳图书出版单位

图书在版编目（CIP）数据

专利审查理论与实践. 第一辑/魏保志主编. —北京：知识产权出版社，2019.1
（专利审查与社会服务丛书）
ISBN 978-7-5130-5990-9

Ⅰ. ①专… Ⅱ. ①魏… Ⅲ. ①专利—审查—研究—中国 Ⅳ. ①G306.3

中国版本图书馆 CIP 数据核字（2018）第 275235 号

内容提要

本书系 2014—2018 年国家知识产权局专利局专利审查协作天津中心在专利审查理论与审查实践的研究成果，内容涉及理论探索、审查实务和技术综述 3 个方面，共收集文章 26 篇，是 5 年来审协天津中心学术研究工作成果的汇集。

读者对象：专利审查员、专利代理人、企业科研人员以及关注知识产权领域的社会公众。

责任编辑：黄清明　江宜玲		责任校对：潘凤越	
封面设计：邵建文		责任印制：刘译文	

专利审查理论与实践（第一辑）

国家知识产权局专利局专利审查协作天津中心　组织编写
魏保志　主编

出版发行：知识产权出版社有限责任公司	网　　址：http：//www.ipph.cn
社　　址：北京市海淀区气象路 50 号院	邮　　编：100081
责编电话：010-82000860 转 8339	责编邮箱：jiangyiling@cnipr.com
发行电话：010-82000860 转 8101/8102	发行传真：010-82000893/82005070/82000270
印　　刷：北京嘉恒彩色印刷有限责任公司	经　　销：各大网上书店、新华书店及相关专业书店
开　　本：787mm×1092mm　1/16	印　　张：20.5
版　　次：2019 年 1 月第 1 版	印　　次：2019 年 1 月第 1 次印刷
字　　数：412 千字	定　　价：78.00 元
ISBN 978-7-5130-5990-9	

本书编委会

主　　编：魏保志

副主编：刘　稚　杨　帆　周胜生

编　　委：汪卫锋　邹吉承　刘　梅
　　　　　饶　刚　王智勇　朱丽娜
　　　　　王力维　刘　锋　韩　旭

本书编写组

组　　长：魏保志

副组长：刘　梅　刘　琳

审　稿：刘　梅　刘　琳

编　辑：温国永　刘　江　夏　鹏　董占祥

校　对：刘　琳　温国永　刘　江　夏　鹏　董占祥

前　言

习近平总书记在党的十九大报告中指出，"倡导创新文化，强化知识产权创造、保护、运用"，在中央财经领导小组第十六次会议中明确提出，"要完善知识产权保护相关法律法规，提高知识产权审查质量和审查效率"，这为我国知识产权强国建设全面推进和创新型国家建设的实施指明了方向，是做好知识产权工作的根本遵循和行动指南。

国家知识产权局专利局专利审查协作天津中心成立 5 年以来，深入贯彻《"十三五"国家知识产权保护和运用规划》和国家知识产权局《专利质量提升工程实施方案》，扎实工作，砥砺奋进，围绕提高专利审查质量和效率，对审查理论、审查实践以及热点专利技术开展研究工作，积累了丰硕成果。中心审查业务能力全面提升，专利服务水平不断提高，为建设世界一流专利审查机构和知识产权综合性服务机构奠定了坚实基础。

本书将国家知识产权局专利局专利审查协作天津中心 2014—2018 年间在审查理论和审查实践方面积累的研究成果结集成册，以推广研究成果，加强学术交流。希望本书的出版能够为专利审查和实践提供有益参考，为知识产权的保护和运用提供借鉴。敬请广大读者批评指正并提出宝贵意见。

本书编委会
2018 年 7 月 27 日

目　录

第一部分　理论探索

专利审查资源助力专利密集型产业培育／魏保志　周胜生　饶　刚……（ 3 ）

"一带一路"沿线主要国家和地区专利制度及合作前景

　　／刘伟林　曲　丹　刘　益…………………………………（ 15 ）

高效能专利审查质量管理体系建设研究／刘　梅　夏　鹏………（ 43 ）

提升专利审查管理效率研究

　　——以审查员自我管理为视角／刘　锋　李　皓　龙巧云　杜　峰

　　　张　涛　杨姗姗　于乔木　赵韦韦　孟　渊………………（ 70 ）

第二部分　审查实务

创造性判断中结合启示类型分析／陈　琼…………………………（ 83 ）

促进审查技术水平趋近本领域技术人员的思考／任盈之……………（ 90 ）

创造性审查中如何把握技术实质／宫玉龙　徐书芳………………（ 95 ）

提升审查员技术和法律素养的途径和方式／郭向尚　吴　垠　夏春英……（104）

本领域技术人员跨领域技术能力对创造性评判的影响／王婷婷……（110）

UI 交互领域微创新专利的创造性审查／邵　金…………………（118）

站位本领域技术人员准确把握"二次概况"审查标准／冯　慧………（125）

CPC 分类号在商业方法领域检索中的应用／刘彩凤……………（132）

半导体器件及工艺的检索／齐　哲………………………………（143）

基于申请人行业特点制定检索策略／侯浩通………………………（151）

STN 在聚合物检索中的应用／甘　丽……………………………（158）

专利检索中关键词扩展方法和途径／曲　丹……………………（167）

提升专利审查检索效率的若干影响因素分析／杨鑫超……………………（174）

导航领域非专利文献检索策略研究／杨慧蕾　高　燕　李二翠…………（183）

第三部分　技术综述

可穿戴电子之 AR/VR 头戴显示设备专利技术分析／曲　丹　张　岩

　　毛文峰　李俊峰　赵毓静　张　量　刘　倩………………………（197）

纳米压印技术专利动态分析／朱丽娜　杨子芳　王　琳　刘　江………（220）

IIIA 族元素共掺杂 ZnO 透明导电薄膜专利分析／于慧泽　王　蔚

　　赵　亮　王　蕾　龙巧云…………………………………………（241）

海底可燃冰勘探开采技术专利布局／孟　渊　刘　锋　李　皓………（255）

OLED 器件中薄膜晶体管专利技术综述／亢心洁……………………（272）

基于 WiFi 的室内定位专利申请状况分析／高　燕……………………（284）

数字电视支付专利技术发展趋势／王　田……………………………（296）

婴儿保育箱专利技术分析／安　然……………………………………（309）

第一部分

理论探索

专利审查资源助力专利密集型产业培育[❶]

魏保志　周胜生　饶　刚

摘　要：知识产权密集型产业的健康发展，是加强知识产权保护，提高国家竞争力的基础工程。本文以专利密集型产业为视角，初步探讨了知识产权密集型产业培育的路径和模式。文章内容可以概括为：一条辨析，辨析了知识产权密集型产业的内涵及其社会经济贡献度；两个探索，探索了专利密集型产业的发展规律及其产业发展路径；三类培育模式，依据产业发展阶段，分别提出了跟随路径之突围式培育、赶超路径之跨越式培育和引领路径之领跑式培育模式。在此基础上，根据专利审查部门的性质和职能，从差异化审查周期满足不同需求、多样化审查模式推进产业发展和立体化服务模式加强竞争能力等方面，进一步提出审查资源助力知识产权密集型产业培育的具体措施。

关键词：知识产权密集产业　专利　培育

　　2018 年 4 月，习近平总书记在博鳌亚洲论坛上发表主旨演讲，特别强调要将加强知识产权保护作为进一步扩大改革开放的重大举措。党的十九大报告也明确提出要"倡导创新文化，强化知识产权的创造、保护、运用"。加强知识产权保护、开展知识产权竞争，知识产权密集型产业的健康发展是关键性的基础工程。对丁知识产权密集型产业的培育路径和模式，国内外一直都在实践中不断探索。2015 年 12 月，国务院就印发了《关于新形势下加快知识产权强国建设的若干意见》，提出要培育知识产权密集型产业。为此，国家知识产权局于2016 年发布《中国专利密集型产业主要统计数据报告》，明确提出了我国专利

---

❶ 本文源于国家知识产权局学术委员会 2016 年一般课题"专利审查资源助力专利密集型产业培育的工作模式研究"，课题负责人：魏保志；课题组成员：汪卫锋，周胜生，刘锋，韩旭，饶刚，龙巧云，张芸芸。

密集型产业目录。如何利用好现有资源主动开展知识产权密集型产业培育，需要深入开展研究，探索有效培育模式，本文从专利密集型产业的视角对此进行了初步探讨。

一、知识产权密集产业概述

（一）知识产权密集产业的定义

目前，世界范围内不同国家和地区对知识产权密集型产业的定义存在一定的差异，主要包括欧盟、世界知识产权组织（WIPO）、美国以及经济合作与发展组织（OECD）的4种不同定义。其中，欧盟将知识产权密集型产业定义为人均就业员工知识产权运用量高于平均水平的产业；WIPO提出综合考虑国内生产总值、单位研发投入等多指标来综合评估专利活动密集程度的方法；美国利用特定产业的专利数量与该产业规模（产业就业人数）的比值来获得专利密集度指数；OECD则是将知识产权密集型产业涉及的专利限定为同时在美、日、欧三局申请的三方专利，以便能够更加集中地表征技术创新的实际能力和水平。

在《我国专利密集型产业界定方法及产业目录研究报告》中，结合我国的国情，提出了一种专利密集型产业界定原则：

1）应达到一定的专利密集度。专利密集型产业的专利密集度应高于国民经济全部产业平均水平。

2）应具有一定的专利规模。专利密集型产业的界定还应考虑产业的发明专利规模，由此刨除专利密集度很高，但专利授权绝对数却很低的行业。

3）应具有较强的产业引导性。应与具有时代特色和发展前景的战略性新兴产业、中国制造2025等存在密切关联。

4）应具有较高的产业成长性。需具有科技投入水平高、发展速度快、产品竞争力强、经济效益水平高等特色。❶

（二）知识产权密集产业的社会经济贡献

2012年4月，美国商务部发布《知识产权与美国经济：产业聚焦》报告，其中披露2010年知识产权密集型产业对美国GDP贡献份额为34.8%，为美国提供了714.3万个就业岗位，知识产权密集型产业为美国经济做出了巨大贡献。

2013年9月，欧盟发布《知识产权密集型产业：对欧盟的经济绩效和就业人数的贡献》报告，指出2008—2010年知识产权密集型产业为欧盟整个经济活动贡献了近39%的份额。其中，专利密集型产业为整个欧盟的GDP贡献了13.9%，就业贡献了10.3%。

---

❶ 贺化. 专利与产业发展系列研究报告［M］. 北京：知识产权出版社，2013：20-25.

2016 年，国家知识产权局制定并发布了《专利密集型产业目录》，包括 8 大产业，涵盖 48 个国民经济中类行业。统计显示，我国专利密集型产业经济拉动能力强，极具创新活力和市场竞争优势。2010—2014 年，我国专利密集型产业增加值合计为 26.7 万亿元，占 GDP 的比重为 11.0%，年均实际增长 16.6%，是同期 GDP 年均实际增长速度（8%）的两倍以上；专利密集型产业平均每年提供 2631 万个就业机会，以占全社会 3.4% 的就业人员创造了超过全国 1/10 的 GDP，劳动者报酬占比为 9.4%；从盈利能力来看，专利密集型产业总资产贡献率 5 年平均为 15.4%，比非专利密集型产业高出 1.2 个百分点；从产品竞争力来看，专利密集型产业新产品销售收入占主营业务收入的比重为 20.7%，出口交货值占销售产值的比重是 19.3%，分别是同期所有工业产业平均水平的 1.8 倍和 1.7 倍；从创新投入来看，专利密集型产业研发经费投入强度（R&D 经费内部支出与主营业务收入的比重）达到 1.3%，远高于所有工业产业 0.7% 的平均水平。

二、量体裁衣探索不同发展路径

产业发展路径是在产业生长周期内随产业形成到衰退，产业内的市场主体基于技术的产业规模逐步壮大的演变过程。研究知识产权密集型产业的发展路径可以为开展知识产权密集型产业培育工作提供重要依据。

（一）专利密集型产业的发展规律

技术、专利和产业三者相互交织、相互作用呈现出技术产业化的发展规律，如图 1 所示。

首先是技术有所突破后进入萌芽期，这一时期涌现的多为关键技术，沉淀下来形成基础专利。随之开始专利布局，专利数量增多，建立起技术优势并推动技术进步。这些基础专利逐渐聚集开始形成初步的技术标准，市场主体会依据初步的技术标准生产产品雏形并投放市场，产业开始形成。

随着需求的不断扩大，需要围绕关键技术在功能和应用层面开始不断实现技术进步和孵化，这些技术逐渐形成核心专利和外围专利，专利数量快速增长，完善专利布局。同时，刺激更多的市场主体进入到产业中来，市场主体投入大批量生产的资源要素进行规模化生产，拉动整个产业快速成长。这期间市场主体为占据长期竞争优势经常会努力实现技术标准化。

技术逐渐成熟促使产业快速扩张，关联性较强的产业也获得迅速发展，产业链得到延伸。然而专利申请以外围专利为主，且增长趋势放缓。为应对竞争和推进产业发展，在行业内市场主体和产业链各市场主体间结成相互协作、资源整合的产业联盟。相应地，各市场主体之间实现专利的交叉许可或者相互优惠使用彼此的专利技术，共同对外发布联合许可声明，形成以专利为纽带的联盟，专利申请量增长趋势放缓。

随着新技术的出现，市场焦点发生转变，研发资金转向投入新技术，技术逐步被市场淘汰，产业开始衰退，产业化利润以一定程度保持。专利布局接近尾声，专利数量下降，但处于专利垄断地位的市场主体和联盟对落后者会通过专利诉讼战获取超额利润。此外，产业的生命周期往往衰而不亡，并随着技术进步后市场需求变化等因素重新焕发青春，进入下一发展周期。

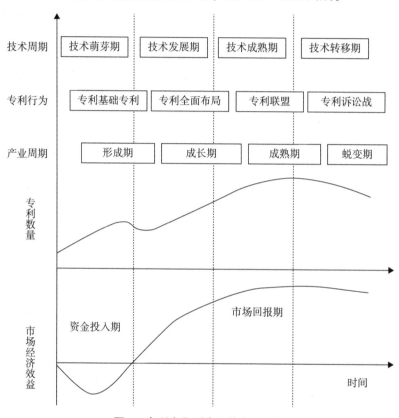

图1　专利密集型产业的发展规律

（二）专利密集型产业的发展路径

从产业的发展规律可知，技术生命周期各环节开始阶段早于专利布局发展，专利布局发展早于产业生命周期。这样的顺序，体现创新是产业发展的核心动力，专利是技术向产业转化的重要纽带。根据产业地位、技术实力和创新特点，知识产权密集产业市场主体的发展路径具体可分为跟随路径、赶超路径和引领路径。

1. 跟随路径

跟随路径适用于产业跟随型企业，这类企业对产业的控制力小于市场主导型，专利强度相对较小，专利的目的多为参与市场竞争。

在技术方面，企业通过对进口部件进行组装生产，先以成熟、标准化的产品工艺为起点，积极开展知识创新和技术研发，逐渐向流程再造、产品设计、产品研发等高端环节攀升，在技术细微层面有所创新。在专利方面，逐渐将改进技术固化形成专利，采用外围专利策略形成对核心专利的包围，从而争取产业发展的话语权。在产业发展方面，由于该技术的创新过程已由先行者完成，并已被市场接受，因此采用跟随路径的主体发展时间相对缩短，所需研发投入较小，随着知识积累和技术能力的提高，后来者不断积累赶超能力，获得后发优势跟随路径成功的关键在于要由技术模仿，过渡到技术学习，最后转变为技术二次开发，否则容易被领先者锁定于原有技术轨道，形成技术依赖。

以友达光电为代表的中国台湾光电产业，其发展采取的就是跟随路径。1997 年发生亚洲金融危机后，由于经营环境恶化，日本厂商无力在生产线上继续投入，除了夏普公司外，大都将液晶面板的生产技术转移给韩国和中国台湾厂商，成为中国台湾液晶面板产业高速发展的机遇期。通过积极引进日本、美国先进技术，并大量研发、积累基础性技术专利，逐渐向"技术参与者"身份转变。

2. 赶超路径

赶超路径适用于新型进入者企业，这类企业处于热点领域，对市场发展趋势判断敏锐，在业务领域和范围内不断拓展新方向、探索新模式和挖掘新内容。

在技术方面，企业不完全按照领先者所创造的主流技术轨迹前进，而是根据新的要素条件和需求条件开发出新技术，创造一种与领先者不同的技术路径。在专利方面，基于新的技术路径，构建核心专利网状布局，形成专利优势。在产业方面，进入新技术引领的产业发展周期，不断成长壮大。赶超路径成功的关键是在技术追赶中除了需强化自主研发能力，还需借助科研机构和技术联盟获取外部技术资源，以克服创新的高风险性，同时需要借助政府或知识产权服务机构获取准确的技术发展信息，以确定研发目标，消除技术不确定性。

中国高铁及车辆技术就在近 20 年里走过了这样的赶超之路。1990—2007年主要依靠国内企业自主研发进行技术突破，后期转而采取引进、消化吸收、再创新路径，有针对性地引入德国、日本、法国的高速动车组技术，短时期内缩小与国外的技术差距，建立了时速 200～250 公里技术平台和动车制造体系。从 2008 年至今，中国高铁自主研制时速 350 公里动车组，并在气密强度、振动模态等十大关键技术上取得了重大突破。通过对世界高铁先进技术的引进、消化、吸收和再创新，我国高铁产业具备了产品完全自主开发能力，并形成了千余项自主知识产权。

3. 引领路径

引领路径适用于技术引领型企业，这类企业多属于产业内龙头，具有较大的产业规模和较强的市场控制力，往往是产业前行的直接推动者和先进技术的开发者。

该类型产业需进一步追求持续性技术领先优势，保持其核心竞争力和市场领先地位，从技术改进方向、主要应用扩展以及配套支撑技术、上下游、产业链等方面建立垄断式的专利保护体系，有效阻止其他竞争者进入。产业内龙头企业应加强国际间融合，积极参与国际标准制定与专利联盟组建；在开拓海外市场过程中，注重专利风险的防范和预警，利用专利保护战略合理维护权益，围绕技术创新和专利布局继续在全球拓展发展空间。进一步地，实现技术创新与商业模式创新（即服务创新和品牌价值提升）融合发展，特别是专利诉讼战略极大地体现了商业模式的创新性。

作为我国通信产业优秀代表的华为公司，在 2003 年通过英国电信和沃达丰的严格认证后，开始跻身国际一流电信网络解决方案提供商的行列，至 2011 年底华为加入了 ITU、3GPP、IEEE、IETF 等全球 130 个行业标准组织，担任 OMA、CCSA、ETSI 和 ATIS 等权威组织的董事会成员等 180 多个职位，华为共向这些标准组织提交提案累计超过 2.8 万件，已在 86 个国家和地区注册 600 多次、在巴黎公约成员和 WTO 成员国享受特别保护。通过积极参与国际标准制定，华为打破了许多日益抬升的技术贸易壁垒，又利用专利权与技术标准捆绑形成新的壁垒，达到了专利壁垒发展的高级阶段。

三、因势利导构建特色培育模式

知识产权密集型产业具有知识密集、技术密集、人才密集、专利密集的特征，需通过政府、企业、高校、科研机构、知识产权服务机构、金融机构等多方力量的协同运作，形成集群创新培育体系。就外部培育资源而言，关键在于政府及各类社会服务机构发挥作用。我们根据产业的不同发展阶段，把知识产权密集型产业的培育模式分成三种基本类型，即针对跟随阶段的突围式培育、针对赶超阶段的跨越式培育和针对引领阶段的领跑式培育。

（一）跟随路径之突围式培育

1. 培育目标

突围式培育模式是要按照跟随路径，帮助产业跟随型企业通过专利许可、专利购买等方式获得领先技术；在对领先技术消化吸收的基础上构建外围专利，采取"农村包围城市"的方式有效构筑有控制力的外围专利网，突破先发企业的技术壁垒；通过专利质押、专利信托贷款实现融资，弥补技术创新过程中遭遇的资金短板。

2. 政府培育行为

（1）产业组织政策

对产业科技发展实行宏观管理，负责制定产业科技发展规划、技术政策，统筹产业重大技术引进项目和科技咨询，组织重大新技术、产品的研究和成果鉴定。

（2）科技创新政策

在高起点上引进先进技术，政府专项投资，鼓励企业引进国外的先进技术和研发设备，通过批量采购引导有关企业加快采用世界先进技术的步伐，控制重复引进和低水平引进。

（3）培育运营机构

加强企业专利资产管理，通过专利交易、专利许可、并购、融资等途径，促进企业专利价值最大化和产业价值链地位提升，培养一批专利价值分析师，为企业提供有效的专利价值分析服务，帮助企业让更多专利"变现"。

（4）金融财税政策

技术和专利包含了较高的知识成本，有巨大的商业价值潜力，可鼓励企业通过技术专利、知识产权等无形资产作为信贷抵押，从银行获取技术抵押贷款。同时，政府要进行大力度、有针对性的财政投入，进行科学合理的税制设计。

3. 服务机构支持

（1）引进专利分析

产业在技术引进过程中，通过专利分析可以对主要来源企业的技术实力和专利方案进行综合比较评估，为技术引进提供技术层面的决策支持。

（2）专利价值评估

专利融资的核心问题是专利价值评估，知识产权服务机构通过专利价值分析指标体系，至少从技术价值、法律价值、经济价值三个层面评估专利价值。

（3）专利预警分析

专利预警包括专利风险分析和应对方案制定，最大限度地降低风险事件发生所带来的利益损失。

（二）赶超路径之跨越式培育

1. 培育目标

跨越式培育模式是要按照赶超路径，帮助新型进入者企业采用集成创新或原始创新方式获得核心技术。对于集成创新能力强的企业，可以通过专利许可、专利并购等方式在国外核心专利基础上开展集群创新，形成新的有控制力的核心专利。对于进行新兴技术或前瞻技术研究的企业应积极进行原始创新，将专利申请、运用和保护融入技术创新和自主开发的全过程中。产学研合作、技术联盟、专利联盟是企业开展集成创新和原始创新的有效途径。

2. 政府培育行为

（1）产业组织政策

制定科学合理的产业集群政策，开展专利密集型产业聚集区试点，强调知识集聚、技术集聚、人才集聚、资本积聚，提高资源利用率，发挥专利比较优势，激发专利密集型产业发展的集群优势。

（2）科技创新政策

鼓励促进官产学研合作，引导支持创新要素向企业集聚，鼓励技术转移和商业化，建立共性技术研发平台，鼓励企业建立技术联盟和专利联盟，完善行业协会，帮助企业构建产业创新链。

（3）企业并购政策

制定科学合理的企业并购政策，维护公平高效的市场逻辑，鼓励企业通过公平竞争，合理并购其他企业，不断吸纳新鲜血液，培育具有世界影响力的龙头企业。

（4）金融财税政策

设立企业创新基金、专利实施计划、风险投资引导基金等项目，为科技型企业的专利创造、专利商品化、产业化，多方位筹集基金。

3. 服务机构支持

（1）专利挖掘分析

通过对现有技术成果从技术和法律层面进行剖析、整理、拆分和筛选，帮助企业提炼出具有专利申请和专利保护价值的技术创新点和技术方案。

（2）专利布局分析

结合产业或企业自身特点和研发实力，针对技术热点和技术空白点实现纵深、有层次并且全方位、立体、多维度的专利布局，形成严密有效的专利网。

（3）产学研合作支持

为研究机构提供知识产权获权及运营服务支持，在企业和研究机构之间提供技术成果转移转化匹配支持，同时为有效整合各种创新资源提供研发支持。

（三）引领路径之领跑式培育

1. 培育目标

领跑式培育模式是要按照引领路径，帮助技术引领型企业扩大领先优势，实现产业链覆盖范围的扩张和上下的贯通，建立进攻型专利战略和防御型专利战略兼备的战略体系；利用专利并购获得专利对冲能力以构筑或者提升与竞争对手的抗衡能力，提高市场掌控力；充分了解海外市场所在地的专利布局情况，掌握竞争对手的主要专利布局，关注核心竞争对手的专利动向；积极参与国际标准制定，利用专利标准化战略抢占产业制高点。

2. 政府培育行为

（1）产业组织政策

制定积极的产业联动政策，加强专利密集型产业与上下游产业之间的联动关系，带动上下游产业发展，形成以技术引领型企业为核心的产业链，逐步完善以专利密集型产业为主导的产业结构。

（2）科技创新政策

推动技术创新与商业模式创新融合发展。激发企业的首创精神，着力推进商业模式创新支撑体系，突出企业在商业模式创新中的主体地位，鼓励企业向价值链服务端转移。

（3）知识产权政策

推动专利和标准相结合，鼓励企业参与国际标准制定，大力培育专利标准化培训机构及专利标准化综合服务机构，技术特派员和专利特派员共同进驻企业辅助承担专利标准化工作。建立海外预警和维权机制，帮助企业高效维权。

（4）贸易扩展政策

鼓励专利密集型产业参与经济全球化，鼓励技术输出和设备出口，加强与世界其他国家和地区的产业合作，提高我国专利密集型产业影响力，实现企业由技术引进到技术输出身份的转变。

3.服务机构支持

（1）专利标准化分析

专利标准化分析包括在标准制定前为企业提供技术标准中"必要专利"的判断咨询，确定标准的性质和许可模式。

（2）专利跟踪监控

对企业主要核心竞争对手的专利动向进行跟踪研究和全面分析。

（3）专利诉讼支持

根据企业运营战略，发起侵权诉讼、专利无效请求、专利不侵权抗辩、和解谈判、反制行为等。

专利密集型基本培育模式见表1。

表1　专利密集型基本培育模式

培育模式	培育对象	发展路径	创新方式	市场主体	政府行为	服务机构
突围式	产业跟随型企业	跟随路径	包围创新	专利许可、专利收购、专利融资、外围专利挖掘、外围专利布局	重大科技咨询、鼓励技术引进、培育运营机构、金融财税政策	引进专利分析、专利价值评估、专利预警分析
跨越式	新型进入者企业	赶超路径	集成创新	专利许可、专利并购、专利融资、专利联盟、核心专利挖掘和布局、专利网	产业集群政策、官产学研平台、企业并购政策、开展国际合作、金融财税政策	引进专利分析、专利价值评估、专利挖掘分析、专利布局分析、合作支持分析
			原始创新			

培育模式	培育对象	发展路径	创新方式	市场主体	政府行为	服务机构
领跑式	技术引领型企业	引领路径	商业模式创新	专利转让、专利标准化、专利诉讼战	发展关联产业技术商业融合、促进专利标准化海外维权机制	专利标准化分析、专利跟踪监测、专利诉讼支持

四、审查资源助力知识产权密集型产业培育

本文所指的专利审查资源是指所有与专利审查相关的资源，既包括专利审查的审查主体资源，也包括专利审查所需的工具资源以及专利审查相关的环境资源。专利审查的审查主体主要指专利审查员以及与专利审查相关的人员。专利审查所需的工具包括专利审查所需的各种数据资源和信息化工具。专利审查相关的环境包括知识产权的政策措施、制度和规则等。具体来说，专利审查资源又分为人才资源、信息资源和政策资源。专利审查资源是国家知识产权局及其各审查协作中心的优势资源，国家局以及各中心利用庞大的信息资源、人才优势和政策扶持，能够并且已经为知识产权密集型产业培育发挥重要作用。

（一）差异化审查周期满足不同需求

对于跟随型和赶超型专利密集型产业，可以采取"优先审查"制度，基于此，申请人可以快速获得专利权，在强大的竞争对手的专利保护网中迅速划定自己有限的专利保护范围，突破竞争对手的技术壁垒。目前国家知识产权局已开始相关试点工作。

对于引领型专利密集型产业，往往需要"按需审查"。原因之一是专利公开后，主要竞争对手都可以检索到相关专利，尤其是可以看到这份申请的权利要求。通常情况下原始权利要求书保护范围比较大，竞争对手不知道这份申请能否被授权，授权的保护范围到底多大。因此竞争对手在研发自己的产品时，必须考虑本专利对于自己的障碍有多大，会不会侵权以及能否绕开，这无疑增加了竞争对手的研发成本并打乱了竞争对手的研发节奏。因此很多申请人都希望确定审查结果文本的时间越迟越好，甚至会要求延期答复。另外一个原因是与领域紧密相关。以通信领域为例，对于涉及标准的专利申请，申请人往往希望慢一点。因为标准专利往往标准和专利是一致的，那么专利如果审查过快，而标准推进过程比较缓慢，就会出现专利先授权，而标准还没有冻结，可能会出现后续标准改动和授权专利的权利要求不一致，此时专利标准化就会出现问题，之前的努力可能付诸东流。因此专利审查快慢与申请人利益、企业利益密

切相关，在引领型产业中尤为明显。

参考国外，韩国知识产权局实行三轨制审查服务，包括加快、常规和延迟审查，申请人可以申请审查周期差异化。根据统计，2017 年韩局合计审查案件 184211 件，其中加快审查案件 28574 件，常规审查为 155525 件，延迟审查为 115 件。通过此种制度，满足了不同企业的差异化需求，提高了不同发展阶段企业的核心竞争力。美国、日本、韩国等国家在外观设计保护制度中还存在"延迟公开"制度，即外观设计专利是在授权后才公开。对此，我国知识产权管理部门可以通过法规制定、审查政策、审查标准的调整，满足知识产权密集型产业对审查周期的差异化需求。

（二）多样化审查模式推进产业发展

审查专人制。欧美国家的审查员都需要相关审查领域的技术研发经验。由于我国目前所处发展阶段的限制，大部分审查员并无实际的企业研发经历。专利密集型产业往往是国家战略性产业，专利对于产业的发展十分关键，审查员对技术方案的理解必须深刻到位。在审查人员配置上，可以要求专利密集型产业的相关审查员具有一定年限的实际研发经历，并且在专利审查过程中每年进入相关产业进行调研学习。在强调审查质量的基础上，可对特定领域的审查任务进行差异化调整，以保证知识产权密集型产业获权的专利范围适当，权利稳定。

检索高标准。专利检索是获取现有技术和现有设计的主要手段，对发明专利的授权质量具有至关重要的影响。就专利密集型产业，可以结合审查实践，将检索知识管理系统的理念运用到统一平台中，形成共享的检索经验数据库，供审查员在需要时浏览查询。另外，系统还可以通过自学习功能获知审查员当前检索的技术领域或案件类型，主动为相关审查员推送共享数据库中的相关检索经验，供审查员参考借鉴，从而提高审查员学习检索经验的积极性，充分发挥已有检索经验的价值。

审查多方式。为满足专利密集型产业需求，一些审查机构探索了现场审查模式、集中审查模式、公众参与审查模式等❶。通过现场审查，满足地方审查协作中心所在地区重点行业、重点企业对专利申请快速和高质量审查以及专利信息和人才培养的需求，提供更为便捷的服务。通过集中审查，确保重点优势行业、重点企业的重要专利申请和重点产品相关的专利申请能够按照一致的标准、统一的进程及时予以审查。通过公众参与专利审查，使得一些重磅专利的审查结果更具信服力和高质量。

---

❶ 李彦涛，等. 地方中心服务区域经济发展模式探索（课题编号：Y150904，2015 年度一般课题研究项目）.

（三）立体化服务模式加强竞争能力

目前，国家知识产权局已在北京、江苏、广东、湖北、河南、天津、四川设立 7 个专利审查协作中心，各中心承担了两大职能，即专利审查与服务社会。此外，还计划到 2020 年在全国布局建立 30 家左右的保护中心，通过知识产权快速审查、快速授权和快速维权，加快提升知识产权创造质量、保护效率与运用效果，截至 2018 年 4 月底，全国已建立 19 个知识产权保护中心。这种全国性审查机构的布局，为开展好各地知识产权密集型产业培育打下了良好的资源基础。

局长申长雨 2017 年年底提出：要围绕各审查协作中心的优势领域，在快速维权、分析评议、人才培训、公益项目等方面发挥专长，为地方经济社会发展提供一些高质量服务。按照跟随阶段、赶超阶段、引领阶段产业的不同特点，可利用审查资源提供针对性的服务内容。例如，针对跟随型产业，可重点开展宏观产业导航与企业专利微导航、前瞻性专利挖掘与布局、风险预警跟踪、专利价值评估、加快审查、基础人才培训等服务；针对赶超型产业，可重点开展产业专利导航、专利预警、分析评议、保护性挖掘和专利布局、知识产权融资、中级专利人才培训等服务；针对引领型产业，则可重点开展按需审查、优化审查质量、企业走出去辅导、专利运营等服务。面对不同产业发展阶段的特点，审查资源能够从知识产权创造、保护与运用全链条着手，在知识产权布局、审批、风险预警、价值评估、人才培训、维权援助等多个层面，提供立体化的服务。

五、结　语

"苟利于民，不必法古；苟周于事，不必循俗"，对于知识产权密集型产业这一新生事业，需要我们根据时代特色、地方特色、产业特色和领域特色，认识发展规律，调动各方资源，创新方法模式，做到保护好、培育好、发展好。

"一带一路"沿线主要国家和地区专利制度及合作前景[❶]

刘伟林　曲　丹　刘　益

摘　要： 本文从东南亚地区、中亚地区、中东欧地区的专利环境概况的分析入手，选择"一带一路"沿线主要国家和地区进行研究，重点分析了新加坡、越南、印度、哈萨克斯坦、俄罗斯、欧亚专利组织、维谢格拉德7个国家及区域组织的专利环境情况。通过对上述国家及区域组织在专利制度上的异同以及与我国的合作现状、主要合作方式进行对比，使我国与"一带一路"沿线主要国家和地区在知识产权领域的合作更有针对性和目的性。

关键词： 一带一路　专利环境　合作

2013年9月和10月，习近平在访问中亚和东南亚国家期间，先后提出共建"丝绸之路经济带"和"21世纪海上丝绸之路"（以下简称"一带一路"）的重大倡议。随着"一带一路"倡议的深入落实，2017年，国家知识产权局也将落实"一带一路"共同倡议，帮助发展中国家提升知识产权能力，支持企业"走出去"作为重点工作开展。然而，"一带一路"区域国家的政治、经济和产业发展并不平衡、投资环境各有优劣，各国的专利制度与政策也不尽相同，国内专利行政和司法体系、专利保护环境均存在较大差异。作为产业转移与对外投资过程中的前瞻性研究，以及与相应国家开展合作、支持企业"走出去"的基础，应充分了解和认识"一带一路"区域国家的专利环境，并在此基础上制定相应的国际合作策略，使我国在知识产权领域与"一带一路"沿线国家的合作更有针对性和目的性。

---

❶ 本文源于天津中心2017年课题"我局与'一带一路'国家或地区的专利合作策略研究"，课题负责人：刘伟林；课题组成员：赵雯典，刘益，李剑韬，赵毓静，陈良泽，范建会。

一、重点研究国家和地区的选取

2016 年，我国在"一带一路"沿线国家的专利申请公开 4834 件，较 2015 年增长 47.1%，涉及 18 个国家，比 2015 年增加 3 个国家。其中，在印度申请 3017 件专利，持续高居所有目的国之首，其后分别为俄罗斯、新加坡、越南和菲律宾。

图 1 示出我国在"一带一路"沿线国家的专利申请的公开数量前 10 位的申请量排名。

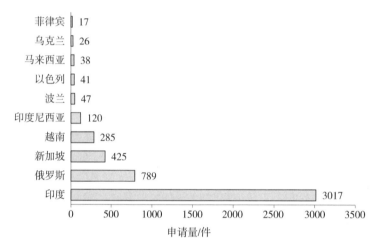

申请量/件

图 1　我国在"一带一路"沿线国家专利申请的公开数量前 10 位的申请量排名

因此，选取俄罗斯、印度以及东南亚地区、中亚地区、中东欧地区作为重点研究对象。

（一）东南亚地区的专利环境概况

东盟十国均已加入 WTO，知识产权制度上已达 TRIPs 协议要求，从知识产权制度的完善程度以及制度的执行水平分析，新加坡的知识产权保护水平位于亚洲首位，但柬埔寨、老挝、缅甸等作为不发达国家，仍未开始执行 TRIPs 协议的相关条款，甚至尚未完全建立 TRIPs 协议下的商标注册制度（如缅甸）。2009 年，新加坡、柬埔寨、印度尼西亚、马来西亚、菲律宾、老挝、泰国和越南联合发布了"东盟专利审查协作项目"（ASPEC），为区域层面上的专利协作迈出了实质性的一步。

印度最早的专利法出现于 1859 年，最后一次修订于 2005 年 1 月 1 日生效，现行《专利法》较之前相比，不仅缩短了专利授权时间，还简化了专利授权程序，方便用户操作。通过印度政府在知识产权保护工作方面的不断努力，目前印度在生物技术、制药等领域的技术创新非常活跃。国内专利申请量以及 PCT 申请量逐年递增。

2011—2015 年总受理量 5 万件以上的国家是印度、新加坡，1 万件以上的国家分别是马来西亚、菲律宾、越南、印度尼西亚、泰国。

东盟各国及印度 2011—2015 历年发明专利受理量见表 1。中国在各国 2011—2015 年发明申请量见表 2。

表 1　东盟各国及印度 2011—2015 历年发明专利受理量❶

国　　家	2011 年	2012 年	2013 年	2014 年	2015 年
文莱	—	31	35	117	—
柬埔寨	43	53	75	67	65
印度尼西亚	5830	—	7450	8023	9153
马来西亚	6452	6940	7205	7620	7727
菲律宾	3196	2994	3285	3589	3734
新加坡	9794	9685	9722	10312	10814
泰国	3924	6746	7404	7930	—
越南	3560	3805	3995	4447	5033
印度	42291	43955	43031	42854	45658

表 2　中国在各国 2011—2015 年发明申请量

国　　家	2011 年	2012 年	2013 年	2014 年	2015 年
印度尼西亚	—	—	180	248	333
马来西亚	128	119	157	244	235
菲律宾	—	—	66	85	68
新加坡	167	165	192	327	310
泰国	67	121	160	244	—
越南	138	136	141	186	257

由表 1、表 2 可知，2011—2015 年东盟各国总受理量逐年稳定增加，受理量位于首位的是新加坡，其次是马来西亚、越南、菲律宾、印度尼西亚和泰国。其中，中国在各国的申请量呈逐年递增的趋势，在越南申请占比最多，其次是马来西亚、新加坡。

如表 3 所示，东盟各国均加入了 WIPO 和 TRIPs 协议，除缅甸外其他东盟成员都加入了巴黎公约和专利合作条约，其他知识产权国际公约东盟各国也各

❶ 表 1~表 31 数据均来源于 WIPO 2016 年 6 月。

有加入。

表 3　各成员国加入的国际公约组织

国际公约组织	老挝	柬埔寨	缅甸	泰国	越南	马来西亚	新加坡	文莱	菲律宾	印度尼西亚	印度
WIPO	√	√	√	√	√	√	√	√	√	√	√
巴黎公约	√	√	—	√	√	√	√	√	√	√	√
专利合作条约	√	√	—	√	√	√	√	√	√	√	√
TRIPs 协议	√	√	√	√	√	√	√	√	√	√	√
布达佩斯条约	—	—	—	—	—	—	√	√	√	—	√
植物新品种国际公约 UPOV	—	—	—	√	—	—	√	—	—	—	—
海牙协定	—	—	—	—	—	—	√	√	—	—	√

（二）中亚地区的专利环境概况

1994 年 9 月 9 日，相关独联体国家政府首脑在莫斯科正式签署了加强发明保护领域合作的《欧亚专利公约》，建立了基于欧亚专利组织（Eurasian Patent Organization，EAPO）的欧亚专利体系，从而形成了类似欧洲专利的区域性统一的专利申请和保护制度。目前欧亚专利组织拥有 8 个成员国，其中包括土库曼斯坦、塔吉克斯坦、哈萨克斯坦、吉尔吉斯斯坦 4 个中亚国家。

由表 4 可知，中亚国家近 5 年的发明专利申请量基本稳定，其中哈萨克斯坦近年的发明专利申请量均位于中亚五国之首，且其申请量超过其他四国之和；吉尔吉斯斯坦以及乌兹别克斯坦每年也均有一定数量的发明专利申请；塔吉克斯坦和土库曼斯坦发明专利申请量则较少。此外，欧亚专利局作为中亚地区重要的政府间专利组织，其近年的发明专利申请量也远超中亚各国，由此可见，欧亚专利组织在中亚各国的专利制度中发挥着相当重要的作用。

表 4　中亚五国 2011—2015 年发明专利申请量　　　　单位：件

国　家	2011 年	2012 年	2013 年	2014 年	2015 年
哈萨克斯坦	1732	1603	2202	2013	1503
吉尔吉斯斯坦	129	111	114	139	126
乌兹别克斯坦	556	510	557	568	507
塔吉克斯坦	5	6	4	—	1
土库曼斯坦	—	—	—	—	—
欧亚专利局	3560	3946	3435	3573	3491

如表 5 所示，中亚五国均加入了 WIPO、巴黎公约以及专利合作条约；而除了乌兹别克斯坦和土库曼斯坦尚未加入 WTO 外，其他三国也均加入了 WTO，因此其相关专利制度也受到 TRIPs 协议的约束。哈萨克斯坦和吉尔吉斯斯坦是中亚国家中加入组织和公约最多的国家，乌兹别克斯坦目前还未加入欧亚专利组织，但乌兹别克斯坦加入 WTO 的进程也在进行中，只是进展比较缓慢，知识产权环境是其中一个因素。目前，乌兹别克斯坦正努力与世界贸易组织相关制度接轨以早日加入 WTO，因此，其国内知识产权制度及其实施也向 TRIPs 协议的标准看齐。土库曼斯坦则到 2013 年才开始考虑申请加入 WTO。

表 5 中亚五国加入知识产权国际公约和条约情况

国际公约及条约	哈萨克斯坦	吉尔吉斯斯坦	乌兹别克斯坦	塔吉克斯坦	土库曼斯坦
WIPO	√	√	√	√	√
WTO（TRIPs）	√	√	×	√	×
巴黎公约	√	√	√	√	√
专利合作条约	√	√	√	√	√
海牙协定	×	√	×	√	√
专利法条约	√	√	√	×	×
保护植物新品种国际公约	×	√	√	×	×
布达佩斯条约	√	√	√	√	√
欧亚专利组织	√	√	×	√	√

（三）中东欧地区的专利环境概况

波兰、捷克、匈牙利、斯洛伐克、保加利亚、罗马尼亚六国已经是欧盟成员，而欧盟知识产权法律体系是欧盟制度一体化的一部分，而且各国从表面上看知识产权法律框架都与欧盟成员国保持一致。俄罗斯和乌克兰是传统的前苏联势力范围，但乌克兰一直在向欧盟靠拢。俄罗斯是世界上举足轻重的大国，其一直致力于将本国的知识产权法体系化法典化。

1991 年波兰、捷克、匈牙利等中东欧国家在加入欧盟的进程中为加强合作寻求共同利益，形成了一个小的地区性经贸集团，即维谢格拉德集团（Visegrad Group）；1992 年 12 月捷克和斯洛伐克分别独立后，该集团成员国由 3 个变为 4 个，经过一段时间的停滞目前该集团又开始活跃起来。这一趋势也促进了这几个国家的知识产权制度一体化、合作紧密化。

由表 6 看出，俄罗斯的总受理量远远高于其他国家，乌克兰、波兰的年受理量在 5000 件左右，罗马尼亚和捷克在千件左右，而匈牙利的年受理量不到千件，保加利亚、斯洛伐克的受理量仅有 300 件不到。总受理量与该国专利局的规模密切相关。

表 6　中东欧地区部分国家的 2011—2015 年专利受理量　　单位：件

国　　家	2011 年	2012 年	2013 年	2014 年	2015 年
俄罗斯	41414	44211	44914	40308	45517
乌克兰	5253	4955	5412	4813	4497
波兰	4123	4657	4411	4096	4815
罗马尼亚	1463	1077	1046	1036	1053
捷克	880	1017	1081	972	952
匈牙利	698	758	708	619	633
保加利亚	283	259	297	234	291
斯洛伐克	257	203	210	234	256

表 7 中示出了我国申请人在各国的申请状况，反映出我国对以上各国市场的关注度和重视程度。可见，我国最主要的目标市场还是俄罗斯、乌克兰以及波兰。

表 7　2011—2015 年我国在中东欧地区部分国家的发明专利申请量　　单位：件

国　　家	2011 年	2012 年	2013 年	2014 年	2015 年
俄罗斯	393	544	458	598	860
乌克兰	35	24	46	40	24
波兰	—	2	21	15	3
捷克	2	1	6	—	2
保加利亚	—	—	3	1	—
匈牙利	—	5	2	2	1
罗马尼亚	1	2	—	1	2

由表 8 可知，俄罗斯、捷克、斯洛伐克都没有加入海牙协定，保加利亚尚未加入专利法条约。而乌克兰已经签约了欧亚专利组织，但仍未正式加入。

表 8　中东欧地区部分国家加入知识产权国际公约和条约情况

国际公约及条约	俄罗斯	乌克兰	波兰	捷克	匈牙利	罗马尼亚	保加利亚	斯洛伐克
WIPO	√	√	√	√	√	√	√	√
WTO（TRIPs）		√	√	√	√	√	√	√
巴黎公约	√	√	√	√	√	√	√	√

续表

国际公约及条约	俄罗斯	乌克兰	波兰	捷克	匈牙利	罗马尼亚	保加利亚	斯洛伐克
专利合作条约	√	√	√	√	√	√	√	√
海牙协定	×	√	√	×	√	√	√	×
专利法条约	√	√	√	√	√	√	×	√
保护植物新品种国际公约	√	√	√	√	√	√	√	√
布达佩斯条约	√	√	√	√	√	√	√	√
维谢格拉德集团	×	×	√	√	√	×	×	√
欧亚专利组织	√	已签约	—	—	—	—	—	—

二、选取的各地区重点研究国家的专利环境情况

（一）新加坡

1. 专利申请量情况

表 9 示出了 2011—2015 年新加坡知识产权局在发明以及外观设计上的专利受理量，可以看出申请量逐年稳定增加，在 2014 年和 2015 年发明专利申请量分别突破万件。外观设计申请量为发明的 1/5～1/4。

表 9　新加坡专利申请量　　　　单位：件

专利类型	2011 年	2012 年	2013 年	2014 年	2015 年
发明	9794	9685	9722	10312	10814
外观设计	2131	2160	2393	2305	2348

表 10 示出了 2011—2015 年中国在新加坡的发明专利申请量以及发明专利授权量，可以看出中国在新加坡的申请呈逐年稳定增长趋势，授权量也是逐年增加。2015 年的授权量占申请量的 2/3。

表 10　中国在新加坡发明专利申请量及授权量　　　　单位：件

年份	中国在新加坡申请量	中国在新加坡授权量
2011	167	78
2012	165	91
2013	192	106
2014	327	119
2015	310	204

表11示出了新加坡授权发明专利中按照国际分类号的各领域的授权占比，可以看出化学冶金类的授权量占比最高，其次是人类必需品、电学、物理、作业运输类，占比相对较少的是机械工程、照明等领域，占比最少的是纺织造纸类。

表11 依照IPC分类的专利授权占比情况

新加坡	领　域	2011年	2012年	2013年	2014年	2015年
1	化学冶金	34.2%	34.5%	33.8%	32.4%	33.6%
2	电学	25.0%	24.6%	23.0%	20.7%	20.7%
3	人类必需品	24.8%	27.1%	24.6%	23.6%	25.0%
4	物理	21.0%	19.9%	19.3%	18.6%	20.5%
5	作业运输	17.4%	16.6%	19.0%	18.7%	19.7%
6	机械工程；照明；加热；武器；爆破	4.8%	5.4%	6.3%	5.9%	7.1%
7	固定建筑物	3.2%	3.6%	4.3%	5.7%	5.9%
8	纺织；造纸	0.9%	0.7%	0.6%	0.5%	0.6%

表12示出了2015年新加坡申请量的技术领域分布，以化学冶金类最多，其次是人类必需品、电学领域、物理及作业运输。

表12 2015年新加坡各技术领域申请量　　　　单位：件

新加坡	领　域	数　量
1	化学冶金	3634
2	人类必需品	2704
3	电学	2238
4	物理	2217
5	作业运输	2130

2011—2015年中国在新加坡专利申请中各技术领域总量见表13。由表可知，中国在新加坡的发明专利申请中以电子技术和数字通信为主，其次是药物、有机精细化工、音像技术、基础材料化学、电力机械以及设备能源。

表13 2011—2015年中国在新加坡专利申请中各技术领域总量　　单位：件

新加坡	领　域	数　量
1	电子技术	62
2	数字通信	61
3	药物	21

续表

新加坡	领　域	数　量
4	有机精细化工	19
5	音像技术	18
6	基础材料化学	14
7	电力机械、设备能源	13

2. 专利法

现行专利法始于 1995 年 2 月 23 日生效的新专利法，并于 2001 年、2004 年、2007 年、2012 年、2014 年相继修改。现行专利法对专利实行早期公开、延迟审查制，保护期限为自申请日 20 年。仅保护发明，不保护实用新型，外观设计另立法保护。

3. 专利审查流程图

图 2 示出了新加坡专利授权的基本流程，申请人提出专利申请后，审查员进行形式审查，对于形审合格的，其检索请求以及实审请求均由申请人提出，申请人可以在 13 个月内提出检索请求，36 个月内提出实审请求或 36 个月内提出检索以及实审请求，申请人还可在 54 个月内提出补充检索请求。审查员发出审查意见通知书后，申请人应在 2 个月内做出答复，并要求审查员再次审查，若满足授权条件，则申请人应当在收到授权通知的 2 个月内办理授权登记。

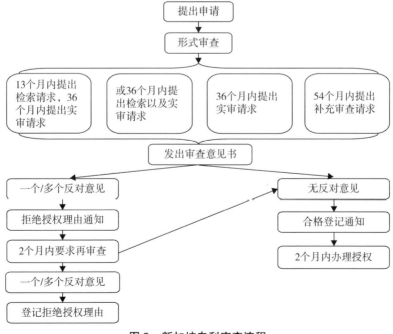

图 2　新加坡专利审查流程

（二）越　南

1. 专利申请量情况

表 14 示出了 2011—2015 年越南知识产权局在发明、实用新型以及外观设计上的专利受理量，可以看出申请量逐年稳定增加，其中以发明的申请量最多，其次是外观设计，实用新型申请量相对最少。

表 14　近 5 年越南专利申请量统计　　　　单位：件

专利类型	2011 年	2012 年	2013 年	2014 年	2015 年
发明	3560	3805	3995	4447	5033
实用新型	247	245	273	372	450
外观设计	1833	1812	2095	2311	2445

表 15 示出了 2011—2015 年中国在越南的发明专利申请量以及发明专利授权量，可以看出中国在越南的申请呈逐年稳定增长趋势，授权量也是逐年增加。2014 年的授权量占申请量的 37.6%，而 2015 年授权量占比有所下降。

表 15　中国在越南的发明专利申请量及授权量　　　　单位：件

年份	中国在越南申请量	中国在越南授权量
2011	138	37
2012	136	42
2013	141	45
2014	186	70
2015	257	64

表 16 示出了近年来越南申请量的技术领域分布，主要是医药品、基础材料化学，其次是音像技术、计算机技术、电力机械、设备能源、有机精细化学、医疗技术。

表 16　越南申请中各技术领域数量统计　　　　　　单位：件

序号	领　域	2011 年	2012 年	2013 年	2014 年	2015 年	2016 年
1	医药品	764	697	642	682	838	694
2	音像技术	175	157	200	260	305	295
3	计算机技术	96	124	145	138	216	272
4	电力机械，设备能源	165	159	185	196	213	255
5	有机精细化学	106	156	177	181	160	151
6	医疗技术	115	127	156	186	159	176
7	基础材料化学	407	423	454	448	391	402

2. 专利法

现行工业知识产权法是 2005 年《知识产权法》第三部分工业知识产权，在 2009 年进行了修改并补充了若干条款。

3. 专利审查流程图

图 3 示出了越南专利申请授权程序，首先由申请人提出专利申请，进行形式审查，如果形式审查不合格，审查员发出通知书请申请人在 1 个月内进行修改；如果形式审查合格或者修改有效，则自申请日或优先权日 19 个月内对专利进行公开；如果形式审查问题修改无效，则拒绝接受该专利申请；对于由形审不合格被拒绝的申请，可向越南局总干事提出诉求，如果越南局总干事审查后继续保持不接受，申请人可向越南科学技术部提出诉求；专利公开后由申请人提出实质审查请求，审查员在接收到实质审查请求 12 个月内做出实质审查；如果满足授权条件则做出授权通知并颁发专利，如果不满足授权条件，则发出实质审查通知书，申请人在 2 个月内做出答复，对于申请人修改后仍不满足的，做出驳回决定。对于该实审驳回决定，申请人可向越南局总干事提出上诉，维持驳回的可向法庭提起诉讼。

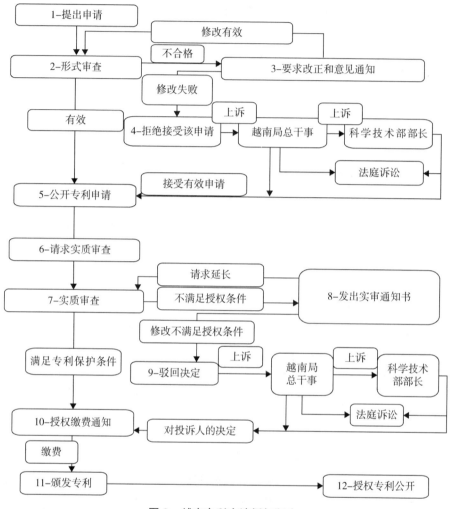

图3 越南专利申请授权程序

（三）印 度

1. 专利申请量

发明专利申请中外国申请量要远大于本国申请量，但近年来本国申请量的增长趋势明显，外国申请量则基本保持稳定（如表17所示）；外观设计专利中本国申请要多于外国申请，而且2014—2015年，本国申请有一个较大的增长，外国申请则整体保持稳定（如表18所示）。

表 17　2011—2015 年发明专利申请量　　　　单位：件

专利申请	2011 年	2012 年	2013 年	2014 年	2015 年
本国申请	8841	9553	10669	12040	12579
外国申请	33450	34402	32362	30814	33079
总计	42291	43955	43031	42854	45658

表 18　2011—2015 年外观设计专利申请量　　　　单位：件

专利申请	2011 年	2012 年	2013 年	2014 年	2015 年
本国申请	5156	5100	5182	6168	6829
外国申请	3060	3445	3315	3141	3461
总计	8216	8545	8497	9309	10290

表 19 为 2011—2015 年中国在印度的发明专利申请量及授权量统计，可以看出，2011—2014 年，中国在印度的发明专利申请基本保持稳定态势，而在 2015 年，中国在印度的申请量有一个快速增长，2015 年的申请量接近 2014 年申请量的两倍，达到了 1681 件；而在授权量方面，中国申请在印度的授权数量相对较少，基本保持稳定并有小幅度增长趋势。

表 19　2011—2015 年中国在印度发明专利申请量及授权量　　　　单位：件

年份	中国在印度申请量	中国在印度授权量
2011	976	91
2012	1151	74
2013	820	62
2014	880	79
2015	1681	94

表 20 为 2011—2015 年印度专利申请中技术领域前五位的数量统计，可以看出，印度的发明专利申请中主要涉及的技术领域是有机精细化学，制药，计算机技术，电力机械、设备能源以及医疗技术；从 2015 年申请来看，其中有机精细化学领域的申请占总申请量的 3.38%，制药领域的申请占总申请量的 3.2%，计算机技术领域的申请占总申请量的 2.9%，电力机械、设备能源领域申请占总申请量的 2.97%，医疗技术领域的申请占总申请量的 2.78%，上述 5 个领域的申请量相差不大。

表20 2011—2015年该国专利申请中数量前五位的技术领域 单位：件

序号	领　域	2011年	2012年	2013年	2014年	2015年	总计
1	有机精细化学	142	157	141	165	1545	2150
2	制药	141	147	118	114	1464	1984
3	计算机技术	56	85	73	75	1325	1614
4	电力机械、设备能源	20	15	29	22	1355	1441
5	医疗技术	45	27	24	41	1269	1406

表21为2015年印度专利申请中中国申请的技术领域前五位的数量统计，可以看出，近5年中国专利申请中主要涉及的技术领域是数字通信、计算机技术、有机精细化学，电力机械、设备能源以及电信，上述5个技术领域的发明专利申请量占2015年中国在印度专利申请总量的15.9%，而且上述5个技术领域也是中国目前在印度投资较多的技术领域。

表21 2015年中国向印度专利申请中数量前五位的技术领域 单位：件

序号	领　域	2015年
1	数字通信	118
2	计算机技术	53
3	有机精细化学	35
4	电力机械、设备能源	34
5	电信	28

2. 专利法

印度专利法内容主要包括：专利保护客体、主体，专利申请的条件，专利保护的期限，专利权的范围，专利权的限制，专利的续展、转让、许可、质押与使用，共由23章构成。

3. 专利审查流程图

印度的专利申请及审查流程如图4所示。专利申请提交后将在18个月内公开，在此期间也可以根据申请人要求提前公开，之后申请人必须自专利申请提交之日起48个月内提出审查专利申请的要求；专利局将在收到实质审查请求之日起6个月内发出第一次审查意见通知书，审查意见通知书自发布之日起1年内，申请者均可对审查意见通知书做回应或者修正后的回答，逾期或者未按照要求修改视为放弃申请，并且1年的答复期限不能延长；审查员收到答复审查意见后认为符合要求的则会授予专利，认为不符合要求的可以再次发出审查意见通知书，在满足听证的基础上，如果仍然不满足授权要求，则该专利申请将被驳回。申请人对驳回决定不服的，可以在收到驳回决定3个月内向印度知识产权申诉委员会提出要求重新审查专利申请。另外，在专利授权之后、授权专利公告满1年之前的任何时间，任何利害关系人都可依据专利法规定的情形向专利局提出异议。

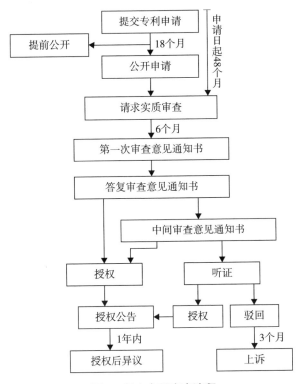

图4　印度专利审查流程

（四）哈萨克斯坦

1. 专利申请量统计

哈萨克斯坦2011—2015年的专利申请量如表22、表23、表24所示。可以看出，近5年哈萨克斯坦的3类专利申请量均呈现稳定并缓慢增长趋势，其中，发明专利申请中本国申请量远大于外国申请量，外国发明专利申请量近5年均在200件左右；实用新型专利申请中本国申请量与外国申请量相差不大，但是本国申请量增长较明显，外国申请量基本保持稳定；外观设计专利中本国申请与外国申请数量基本相等，整体也均保持稳定。

表22　2011—2015年发明专利申请量　　　　　　　　单位：件

专利申请	2011年	2012年	2013年	2014年	2015年
本国申请	1415	1373	1824	1740	1271
外国申请	185	130	212	272	232
总计	1600	1503	2036	2012	1503

表23　2011—2015年实用新型专利申请量　　　　　　单位：件

专利申请	2011年	2012年	2013年	2014年	2015年
本国申请	78	107	128	139	446
外国申请	65	69	80	64	84
总计	143	176	208	203	530

表24　2011—2015年外观设计专利申请量　　　　　　单位：件

专利申请	2011年	2012年	2013年	2014年	2015年
本国申请	136	123	138	107	94
外国申请	121	121	223	193	123
总计	257	244	361	300	217

表25为2012—2016年该国发明专利申请中IPC技术领域数量统计，可以看出，哈萨克斯坦的发明专利申请中主要涉及的技术领域是人类生活必需品、化学冶金以及作业运输，其中人类生活必需品领域的申请占总申请量的31.1%，化学冶金领域的申请占总申请量的24.7%，作业运输领域的申请占总申请量的13.6%，上述3个领域的申请占了总申请量的69.4%；另外，建筑物以及机械工程领域的申请也较多，分别为总申请量的9.4%和10.6%；而纺织造纸领域的申请较少，仅占总申请量的0.46%。

表25　2012—2016年该国申请中各技术领域数量

序号	IPC领域	2012年	2013年	2014年	2015年	2016年	总计
1	人类生活必需品	443	461	408	485	354	2151
2	作业、运输	207	205	198	191	141	942
3	化学、冶金	340	374	413	371	208	1706
4	纺织、造纸	5	14	8	3	2	32
5	建筑物	135	132	159	137	87	650
6	机械工程	125	162	170	167	109	733

续表

序号	IPC 领域	2012 年	2013 年	2014 年	2015 年	2016 年	总计
7	物理	81	94	82	94	75	426
8	电学	61	58	66	56	35	276

2. 专利法

哈萨克斯坦《专利法》是规定发明专利、实用新型专利和工业品外观设计的基本法律。根据该法规定，专利权是专利权人在一定时限内具有绝对性、排他性和地域性，按照自己的意愿使用的工业产权发明的权利。依照哈萨克斯坦参加的国际知识产权公约，外国自然人或者企业法人享受国民待遇。

3. 专利审查流程图

哈萨克斯坦的专利申请及审查流程如图 5 所示。申请人提交专利申请后，由国家知识产权局对申请文件进行形式审查，如果形审不合格，则通知申请人在 3 个月期限内进行补充修正，逾期未提交修改的视为放弃；补充或修改不符合要求或者改变专利实质的不予受理；形式审查完成后将通知申请人审查结果，发出形式审查结果之日起 3 个月内，若审查机构收到实质审查费缴纳证明文件，则对申请进行实质审查，对于符合条件的申请授予专利权，对不符合条件的则需要在 3 个月内补充材料，然后继续进行审查，审查结果符合条件则授予专利，不符合条件或者改变专利实质的将驳回申请；发出驳回通知之日起 3 个月内，申请人可以提出复审；自公布复审委员会的决定之日起 6 个月内，请求人有权向法院提起诉讼。

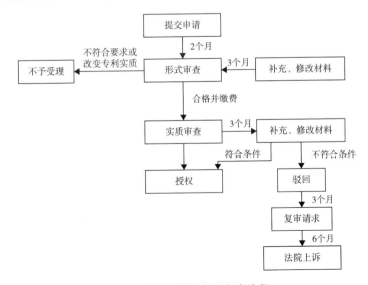

图 5 哈萨克斯坦专利审查流程

（五）俄罗斯

1. 专利申请量

根据 WIPO 的数据统计，2011—2015 年俄罗斯专利申请量数据如表 26 所示。可见，俄罗斯发明年受理量保持在 40000～50000 件，实用新型在万件以上，外观在 5000 件上下。受理量近 5 年基本持平。

表 26　2011—2015 年俄罗斯专利受理量　　单位：件

专利类型	2011 年	2012 年	2013 年	2014 年	2015 年
发明	41414	44211	44914	40308	45517
实用新型	13241	14069	14358	13952	11906
外观设计	4197	4640	4994	5184	4929

根据 WIPO 的数据统计，2011—2015 年我国在俄罗斯专利申请量数据如表 27 所示。可见，我国在俄罗斯的发明专利申请数量多，且授权率能够达到 50% 左右，在 2014 年甚至超过了 70%。

表 27　2011—2015 年我国在俄罗斯的发明专利申请量和授权数量　　单位：件

发明专利	2011 年	2012 年	2013 年	2014 年	2015 年
我国申请	393	544	458	598	860
我国授权	175	241	290	456	438

表 28 示出了 2011—2015 年俄罗斯授权专利的领域分布前八位的数量。可见，化学大类以及医药类是俄罗斯相对优势的技术领域。

表 28　2011—2015 年俄罗斯授权专利的领域分布前八位　　单位：件

领　域	2011 年	2012 年	2013 年	2014 年	2015 年
食品化学	5006	2924	3720	6044	2556
医疗技术	2426	2850	2842	2753	3073
测量	2089	2281	2541	2682	2782
城市工程	2063	2273	2301	2446	2434
材料、冶金	1962	2034	2261	1899	1902
其他特殊机械	1643	1880	2090	2041	2236

续表

领　域	2011 年	2012 年	2013 年	2014 年	2015 年
制药	1956	1996	1909	2029	1964
发动机、水泵、涡轮	1575	1780	2073	2342	2013

表 29 示出了 2011—2015 年中国申请人在俄罗斯公开的各技术领域的发明专利申请数量。可见，我国申请人在该国申请的技术领域主要集中在计算机、通信领域以及制药和化学领域。

表 29　2011—2015 年中国申请人在俄罗斯公开的各技术领域的发明专利申请数量

单位：件

领　域	2011 年	2012 年	2013 年	2014 年	2015 年
数字通信	58	75	180	162	113
无线电通信	19	17	44	28	21
计算机技术	11	7	33	29	26
有机精炼化学	12	13	23	25	21
制药	12	18	20	23	19
电力机械、设备能源	12	16	14	19	21
城市工程	6	4	13	15	31
化学工程	8	3	15	9	18

2. 专利法

俄罗斯民法典第四部分为俄罗斯知识产权法，其中第 72 章为专利权。俄罗斯专利法第 1349 条第 1 款规定专利权的客体是指在科技领域中符合本法典对发明和实用新型规定要求的智力活动成果以及在设计领域中符合本法典对工业品外观设计规定要求的智力活动成果。

3. 发明专利审批流程图

图 6 是俄罗斯发明专利申请审批流程图，具体来说，首先如果提交申请不是俄文，则需要在 2 个月内提交俄文译文。然后进行形式审查，自申请日 18 个月公布，自申请日 3 年内可以提出实审请求。专利局实审后确定申请是否可以授权，对授权后的专利公众可随时向专利纠纷委员会上诉，申请被驳回后，申请人可在 6 个月内向专利纠纷委员会上诉。

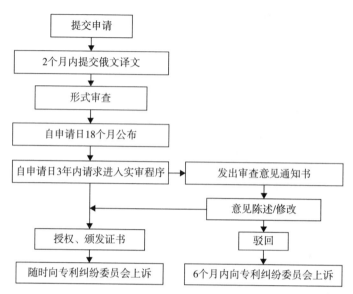

图6　俄罗斯发明专利申请审批流程

（六）欧亚专利组织

目前欧亚专利组织拥有8个成员国，即土库曼斯坦、白俄罗斯、塔吉克斯坦、俄联邦、阿塞拜疆、哈萨克斯坦、吉尔吉斯斯坦、亚美尼亚。另外，格鲁吉亚、乌克兰和乌兹别克斯坦也签订了欧亚专利公约，但还未获得批准。

1. 专利申请量统计

欧亚专利体系中的专利保护对象只有发明，2011—2015年欧亚专利局的专利申请量如表30所示。由表30可看出，近5年欧亚专利局的专利申请量基本保持稳定，总数维持在3500件左右；其中，通过PCT申请的数量要远大于通过成员国申请量以及直接向EAPO的申请量，通过PCT申请的数量大约占总申请量的82.8%；而通过成员国申请量和直接向EAPO的申请量均在300件左右，二者相差不大。而与中亚各国近年的申请量相比，欧亚专利局的申请量也要多于各国的申请量。

表30　2011—2015年欧亚专利局专利申请量　　　　单位：件

专利申请	2011 年	2012 年	2013 年	2014 年	2015 年
通过 PCT 申请	2897	3149	2795	2894	2832
直接向 EAPO 申请	323	353	292	305	263

专利申请	2011 年	2012 年	2013 年	2014 年	2015 年
通过成员国申请	340	444	348	374	396
总计	3560	3946	3435	3573	3491

　　表 31 为 2011—2015 年中国在欧亚专利局的专利申请量及授权量统计，由统计可看出，近年来，中国在欧亚专利局的申请量处于持续增长态势，2015 年的申请量已经接近 2011 年申请量的 2 倍，而对应的授权量同样也是稳定增长，2015 年授权量为 2011 年的 4 倍多。由此也可看出，我国申请人在欧亚地区的专利需求也在不断增加。

表 31　2011—2015 年中国在欧亚专利局的专利申请量及授权量　　单位：件

年份	中国在 EAPO 申请量	中国在 EAPO 授权量
2011	44	6
2012	44	10
2013	66	20
2014	62	16
2015	85	28

　　表 32 为 2011—2015 年该组织专利申请中技术领域前五位的专利申请量统计，可以看出，欧亚专利局的发明专利申请中主要涉及的技术领域是制药、有机精细化学、基础材料化学、土木工程以及生物技术；从 2015 年的申请量来看，其中制药技术领域的申请占总申请量的 20%，有机精细化学领域的申请占总申请量的 11.2%，基础材料化学领域的申请占总申请量的 6.2%，土木工程领域的申请占总申请量的 7.4%，生物技术领域的申请占总申请量的 6.8%，上述 5 个领域的申请占了总申请量的 51.6%。

表 32　2011—2015 年该组织专利申请中数量前五位的技术领域　　单位：件

序号	技术领域	2011 年	2012 年	2013 年	2014 年	2015 年	总计
1	制药	634	646	761	772	697	3510
2	有机精细化学	446	389	431	404	390	2060
3	基础材料化学	246	273	250	287	217	1273

序号	技术领域	2011 年	2012 年	2013 年	2014 年	2015 年	总计
4	土木工程	200	253	245	234	260	1192
5	生物技术	164	222	251	250	237	1124

表 33 为 2011—2015 年该组织专利申请中中国申请的技术领域前五位的申请量统计，可以看出，近 5 年中国专利申请中主要涉及的技术领域是制药，电力机械、设备能源，医疗技术，基础材料化学以及有机精细化学；而具体到每一年的申请量，各领域的申请量差别不大。

表 33　2011—2015 年中国向该组织申请中数量前五位的技术领域　　单位：件

序号	技术领域	2011 年	2012 年	2013 年	2014 年	2015 年	总计
1	制药	6	4	5	10	4	29
2	电力机械、设备能源	9	3	2	8	4	26
3	医疗技术	2	1	5	7	8	23
4	基础材料化学	2	1	8	7	4	22
5	有机精细化学	2	4	5	5	2	18

2. 专利法

欧亚专利制度的基本法律是 1994 年签订的《欧亚专利公约》，其内容主要包括：欧亚专利制度、欧亚专利组织、实体和程序专利法、PCT 适用、过渡条款、杂项规定、信息服务以及最终条款等，是欧亚专利制度的基础。

3. 专利审查流程图

欧亚专利的申请及审查流程如图 7 所示。专利申请提交后，EAPO 会对申请材料进行初步检查，确定申请材料是否完整；如不完整，申请人需要在 4 个月内补充材料；确定申请日后，EAPO 对申请材料进行形式审查；形式审查合格后，自申请日或优先权日起 18 个月后，EAPO 将公开专利申请，在此期间也可以根据申请人要求提前公开；专利申请公开后，申请人在专利申请公布日后 6 个月内可以申请实质审查，申请人提交实质审查请求书后，EAPO 组织至少由 3 人组成的审查小组对专利申请进行实质审查；如实质审查发现申请不符合可专利性的任何一项要求，则驳回申请；申请人可以在驳回申请通知发出之日起 3 个月内向 EAPO 委员会进行申诉；该委员会收到申诉申请后组织至少两名审查员对 EAPO 的驳回决定进行审查；如果通过了实质审查，EAPO 将专利登记于欧亚专利注册簿，并在登记后 6 个月内在 EAPO 公报上公开专利；专利颁发后，任何人都可以向 EAPO 提起异议。

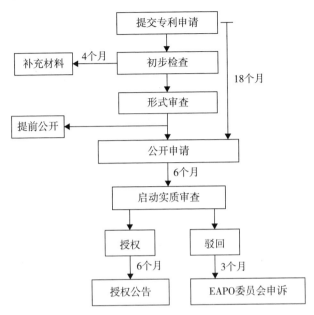

图7　欧亚专利审查流程

（七）维谢格拉德

维谢格拉德专利局（VPI）在 2016 年 7 月 1 日开始运营，它是由 4 个维谢格拉德国家（捷克共和国、匈牙利、波兰共和国和斯洛伐克共和国建立专利领域合作的政府间组织国家）组成的。VPI 被指定为专利合作条约（PCT）的国际检索单位（ISA）和国际初步审查单位（IPEA）。其作为中东欧的国际机构填补了 PCT 系统的一个地域缺口。目前，维谢格拉德专利局只承担国际检索与初步审查工作，与北欧专利局的性质类似。但由于该专利局处于成立初期，今后可能会有新的发展方向，并且该区域四国间合作密切，今后有可能会向单一专利、合作审查等方向发展。

（八）重点研究国家及组织的专利制度对比

通过分析"一带一路"部分国家或地区专利法与我国的专利法之间的异同，在不授权客体方面，新加坡、越南、印度、哈萨克斯坦、俄罗斯、欧亚专利组织对不授权客体的规定与我国对不授权客体的规定具有高度的一致性，主要包括：不能构成技术方案、违反社会秩序或社会道德、涉及动植物品种、疾病的诊断和治疗等方面。

另外，在实审有关规定方面，新加坡、越南、印度、哈萨克斯坦、俄罗斯、欧亚专利组织在享有优先权的期限以及实审是否审查创造性的规定上与我国专利法的要求是一致的，值得注意的是，印度没有不丧失新颖性宽限期的规定，俄罗斯提出复审的期限相比于我国以及其他国家都较长。

三、各重点国家及区域组织与我国合作现状

（一）新加坡

新加坡的知识产权保护体制在全球竞争力排名中位居第二，其历年专利申请量均位居东南亚各国首位，2016 年新加坡在华专利申请量也居"一带一路"沿线国家之首。目前，新加坡与我国有关知识产权的合作主要包括：2004 年 2 月，中新签署了《中国国家知识产权局和新加坡知识产权局合作框架备忘录》；2006 年 5 月，中新两局首次在新联合举办"透视中国知识产权制度"研讨会；2014 年 10 月，签署《中华人民共和国政府与新加坡共和国政府知识产权领域合作谅解备忘录》；2017 年 2 月，签署了《推进知识城知识产权改革试验三方合作框架协议》，中国国家知识产权局、新加坡知识产权局和广东省签署了三边谅解备忘录。

（二）俄罗斯

俄罗斯是世界上举足轻重的大国，也是传统的科技、经济强国，2015 年 5 月，中俄元首共同签署《丝绸之路经济带建设与欧亚经济联盟建设对接合作的联合声明》，在"一带一路"倡议下，双方在交通、能源、农业等各领域的务实合作持续深入。目前，中俄两国有关知识产权领域的合作主要包括：2005 年 10 月，时任局长田力普率我局代表团应邀访问俄罗斯知识产权、专利与商标局，参加该局建局 50 周年的庆祝活动。访问期间两局局长举行了会谈，并签署了有关两局 2006 年合作活动的会谈纪要。2006 年俄罗斯知识产权、专利与商标局局长鲍里斯·西蒙诺夫一行五人对我局进行了访问，签署了《中俄两局知识产权合作谅解备忘录》。2016 年 6 月，何志敏与俄罗斯联邦知识产权局副局长柳波芙·基里举行了双边会谈，就自动化、专利检索和审查、知识产权培训等领域合作交换意见，同意开展自动化专家交流、修订双边数据交换协议并进一步丰富数据交换内容。

（三）欧亚专利组织

欧亚专利组织作为欧亚地区统一的专利申请和保护体系，其专利制度以及专利保护等水平均与国际接轨，同时近年来其专利申请量以及中国向欧亚专利局的申请均占欧亚地区专利申请量的很大比重，同时欧亚专利局与中国国家知识产权局近来也开展了多方面的合作：签署了《中国国家知识产权局与欧亚专利组织关于交换工业产权保护文件的协议》；2007 年 4 月，欧亚专利局副局长法耶措夫对国家知识产权局进行友好访问，就我国知识产权制度和保护状况进行考察，并就双边合作事宜举行了会谈；2007 年签订了《中国国家知识产权局与欧亚专利组织谅解合作备忘录》；2016 年 12 月，中国国家知识产权局和欧亚专利局在北京共同主办欧亚专利制度报告会；2017 年 9 月，中国国家知识产权

局局长申长雨在京会见欧亚专利局局长索里·特莱芙列索娃一行，双方就进一步深化双边合作关系进行了深入交流，并签署专利审查高速路（PPH）合作谅解备忘录和数据交换协议。

（四）马来西亚和越南

马来西亚和越南的知识产权发展迅速，其知识产权保护程度均处于东南亚地区的领先位置。但近年来我国在马来西亚和越南的申请量的增长速度却没有处于"一带一路"沿线国家中的前几位。目前，我国与马来西亚和越南有关知识产权的合作主要包括：2015年中国知识产权局和马来西亚知识产权局签署了《中华人民共和国国家知识产权局与马来西亚知识产权局数据交换协议》《中华人民共和国国家知识产权局与马来西亚知识产权局知识产权领域合作协议》；2006年越南代表团来华学习中国国家知识产权局的经验，以加强两国合作。

（五）乌克兰

乌克兰的知识产权法律保护制度与知识产权国际保护体系具有较高的一致性，其近年来知识产权发展迅速，而专利申请量的增长速度却较为缓慢。目前，中国与乌克兰的知识产权的合作主要包括：2002年11月，我国与乌克兰两国签订了政府间的知识产权合作协议；2007年12月，乌克兰知识产权局副局长Mr. Chebotaryov Valentin访华，双方就专利领域的合作达成共识。

（六）维谢格拉德

维谢格拉德专利局（VPI）是专利合作条约（PCT）的国际检索单位（ISA）和国际初步审查单位（IPEA），其作为中东欧的国际机构填补了PCT系统的一个地域缺口。目前，VPI及其成员国与我国的知识产权合作包括：2011年3月，时任国家知识产权局副局长李玉光率团访问波兰专利局，签署了《中华人民共和国国家知识产权局与波兰共和国专利局谅解备忘录》；2017年6月5日，申长雨率团访问捷克工业产权局，与该局局长约瑟夫·克拉托切夫举行会谈，双方还共同签署了《中华人民共和国国家知识产权局与捷克共和国工业产权局在专利审查高速路领域开展合作的联合意向声明》，中国国家知识产权局与捷克工业产权局签署了《中捷数据交换合作协议》；2001年我局与匈牙利知识产权局正式签署合作协议；2015年4月，匈牙利知识产权局局长本德塞尔率团访问中国国家知识产权局，两局在北京签署了新的合作谅解备忘录；2015年4月，匈牙利知识产权局局长率团访问中国国家知识产权局，签署了《中华人民共和国国家知识产权局与匈牙利知识产权局关于专利审查高速路试点的谅解备忘录》；2015年10月12日，中国国家知识产权局局长申长雨率团访问匈牙利知识产权局；2017年5月，中国国家知识产权局、波兰专利局、匈牙利知识产权局、捷克工业产权局等机构的负责人和四川省知识产权局、相关企业负责人展开交流研讨。

（七）菲律宾

菲律宾属于发展中国家、新兴工业国及世界新兴市场之一，是东盟主要成员国，也是亚太经合组织的 24 成员国之一。中国与菲律宾有关知识产权的合作主要包括：2006 年，菲律宾与中国签订了知识产权双边合作协议；2017 年 7 月 24 日中菲知识产权制度与政策高级研讨会在广东省举办；2017 年 11 月 24 日中国与菲律宾在马尼拉正式签署了《中华人民共和国知识产权局与菲律宾共和国知识产权局知识产权领域合作谅解备忘录》。

（八）印　度

印度是金砖国家之一，同时也于 2017 年 6 月正式加入了上海合作组织。中印两国间有关知识产权的合作主要依靠金砖国家合作以及上海合作组织等开展，主要包括：2017 年 4 月，第八届金砖国家知识产权局局长会议在印度新德里召开，国家知识产权局局长申长雨与印度专利、外观设计、商标和地理标志局局长举行了双边会谈，双方就审查业务、人员交流、数据交换以及遗传资源、传统知识和民间文艺等议题进行了交流，并就尽快正式签署两局合作谅解备忘录，不断加强双边知识产权合作发表共同声明。

（九）哈萨克斯坦

哈萨克斯坦是"一带一路"倡议中中亚地区的重要国家，中哈开展的有关知识产权领域的合作主要包括：2006 年 12 月，哈萨克斯坦共和国总统努·阿·纳扎尔巴耶夫对我国进行了国事访问，双方将加强在打击假冒伪劣产品和侵犯知识产权行为方面的合作；2017 年 4 月，副局长何志敏在京会见了来华参加"2017 年中国知识产权保护高层论坛"的哈萨克斯坦共和国司法部副部长；2017 年 9 月，应哈萨克斯坦共和国司法部及其下设的国家知识产权局邀请，中国国家知识产权局局长申长雨率团访问哈萨克斯坦，与哈司法部磋商并签署了首个中哈知识产权领域合作谅解备忘录，正式建立了双边合作关系。

四、已有合作方式

各重点国家及区域组织与我国合作方式主要涉及宏观层面的合作以及具体项目合作。

（一）宏观合作

在宏观上的合作包括签署合作框架协议、合作备忘录、知识产权保护合作协定、双边/多边合作以及金砖合作等直接的合作方式，还有通过区域组织进行的间接合作。

我国分别与新加坡、匈牙利等国签署了知识产权合作框架备忘录；与新加坡、菲律宾、柬埔寨等国签署了知识产权领域合作谅解备忘录、与欧亚专利组织签署了谅解合作备忘录，其中与柬埔寨的合作明确了柬埔寨认可中国局的授权有效发明专利，中国局为柬埔寨提供检索及评估等服务；与马来西亚、吉尔吉斯斯坦签署了知识产权领域合作协议；与乌兹别克斯坦签署了知识产权保护合作协定，与吉尔吉斯斯坦签署了知识产权协定；中国国家知识产权局、广东省、新加坡知识产权局三方合作框架协议以及三边谅解备忘录；与印度局长举行双边会谈，就审查业务、人员交流、数据交换以及遗传资源等议题进行交流，并就尽快正式签署两局合作谅解备忘录，不断加强双边知识产权合作发表共同声明；与金砖各国间一道共同召开金砖国家知识产权局局长会议。

本文研究的 13 个国家全部加入了 WIPO、巴黎公约和专利合作条约，只有乌兹别克斯坦没有加入 TRIPs 协议；据环境报告记载，乌兹别克斯坦正努力与世界贸易组织相关制度接轨以早日加入 WTO，因此，其国内知识产权制度及其实施也向 TRIPs 协议的标准看齐。

（二）具体项目合作

在我们研究的 13 个国家和 2 个区域组织中，中国与新加坡、捷克、匈牙利、波兰、俄罗斯、欧亚专利局签订 PPH 协议，仅捷克、马来西亚和欧亚局与我国签署了数据交换协议及学习交流层面的合作；仅柬埔寨与我国签署谅解备忘录承认我国的授权有效发明专利，中柬备忘录的签署使得中国申请人获得专利保护的途径更便利，加快了中国申请人在柬专利申请的审查速度，缩短了授权周期，有利于我国申请人的知识产权保护。同时，在广州建立了一个面向新加坡的改革试验区。

可见，数据交换、PPH 协议以及承认我局的审查结果对于我国申请人在合作国的专利申请方式、专利审查周期以及授权都是有利的，但是，与我局开展上述三方面的深入合作的国家并不多，而我局与各国在知识产权纠纷处理等方面的交流与学习还有所缺乏，不利于我国申请人在各国可能涉及的侵权与被侵权的纠纷处理，合作类型还有待完善和创新。

五、小　结

国家知识产权局与各国主要涉及的交流业务包括：知识产权制度、审查业务完善、审查员培训和知识产权改革试验区等。根据各国家及组织地区的知识产权环境以及我国与其已有的知识产权合作方式，结合我国在该国家及地区的经济投入和专利申请量、知识产权保护需求，对不同类型的国家和地区分别提出针对性的合作方式建议。

例如就知识产权环境而言，乌兹别克斯坦没有加入欧亚专利组织，因此，针对乌兹别克斯坦向后的合作模式应该格外注意双边的合作。可以看出各国都在向高标准的知识产权制度发展，致力于建设良好的知识产权环境，这对于我国申请人在各国寻求专利保护是有利的。乌克兰和印度的审查周期较长，对于乌克兰我们则可以通过合作与交流，影响他的审查流程，简化其审查程序，甚至直接认可我国的审查结果。对于印度，向后的合作中我们则可以提供审查员培训，甚至可以提供专利检索与评估服务。这些都是我们相关审查部门可以切实提供的业务服务。对于国内企业重点申请的国家以及技术领域，可以在重点技术领域审查方面与各国进行交流合作，加快审查速度。

就各国的经济、科技发展来说，我国企业与"一带一路"国家在农业/化学/医药等优势领域上是有重叠的，而我国相对于"一带一路"国家在通信等领域是有技术优势的。对于重叠领域，要分析潜在的争端并且寻求相应的知识产权纠纷的解决方案；对于较优的技术领域，探索辅助我国申请人能够快速占领专利市场的专利合作机制。探索 SIPO 与相关国家或地区的专利机构在专利授权、确权、保护、运用等方面的有效合作机制，以更好地为我国企业的海外市场拓展服务，助力企业"走出去"。

参考文献

［1］ 徐向梅. 俄罗斯经济增长的多角度分析［J］. 当代世界社会主义问题，2009，3（1）：104.

［2］ 国家知识产权局. PCT 法律文件汇编 2009［M］. 北京：知识产权出版社，2010：157.

［3］ 国家知识产权局. 专利审查指南 2010［M］. 北京：知识产权出版社，2010：107.

［4］ 尹新天. 中国专利法详解［M］. 北京：知识产权出版社，2012：80.

［5］ 曹俊丽，等. 服务于"一带一路"战略的东盟国家知识产权环境研究（国家知识产权局课题，2015 年）［EB/OL］. http：//www.xueshu.sipo.

［6］ 胡岸，等. 知识产权国际合作助力企业"走出去"：探索与研究（国家知识产权局课题，2015 年）［EB/OL］. http：//www.xueshu.sipo.

［7］ 雷珺. 中国—东盟司法合作研究（1991—2014）［D］. 云南：云南大学，2015：139.

［8］ 国家知识产权局规划发展司. "一带一路"沿线国家专利统计快报（2017 年）［EB/OL］. http：//10.1.2.6：8124/jcms_ public.

高效能专利审查质量管理体系建设研究[1]

刘　梅　夏　鹏

摘　要：本文对质量管理体系的发展脉络进行了梳理，比较了六西格玛管理体系与 ISO 9000 管理体系的适用性特点，同时通过对国内、国外先进专利审查机构质量管理模式的分析确定了适合中国专利审查机构的质量管理体系，并对国内专利审查机构现有的管理模式进行了功能分解，与 ISO 9000 管理体系的组织背景、领导作用、策划、支持、运行、绩效评价与持续改进七大模块进行了对应比较，提出了现有模式所面临的主要问题与相应的改进措施，为国内专利审查机构建设高效能专利审查质量管理体系提供了有益的借鉴。

关键词：专利审查　质量管理　ISO 9000　两大体系

一、问题的提出

经过 30 多年的发展，我国的专利制度不断成熟和完善，取得了突出的成绩。2017 年，我国发明专利申请量达到 138.2 万件，连续 7 年稳居世界首位，实用新型和外观设计申请量分别为 168.8 万件和 62.9 万件，PCT 国际专利申请受理量 5.1 万件，排名跃居全球第二，我国已成为名副其实的专利大国。当前，我国经济在世界主要国家中位于前列，国内生产总值稳居世界第二，对世界经济增长贡献率超过 30%。数字经济等新兴产业蓬勃发展，创新型国家建设成果丰硕，天宫、天眼、大飞机等一系列重大科技成果相继问世，中国特色社会主义进入了新时代。为服务国家创新驱动发展，近年来相继出台了《国家创新驱动发展战略纲要》《国务院关于新形势下加快知识产权强国建设的若干意见》《"十三五"国家知识产权保护和运用规划》《深入实施国家知识产权战略行动计划（2014—2020 年）》等重要文件，对知识产权工作提出了新的更高的要求。作为知识产权链条中的重要一环，专利审查质量是影响专利质量的重

---

[1] 本文源于天津中心 2016 年课题"高效能专利审查质量管理体系建设研究"，课题负责人：刘梅；课题组成员：肖东、夏鹏、包毅宁、高欣、宋光、刘江、邹伟彪。

要因素，为保证知识产权事业又好又快发展，近年来国家知识产权局不断创新举措，持续提高专利审查工作能力水平。经过几年的努力，专利审查员已达12000余人的规模，发明专利审查周期稳定在22个月，2016年实用新型、外观设计平均结案周期3个月，专利复审平均结案周期11.9个月，专利无效平均结案周期5.1个月，审查质量有了明显提升，各项工作都取得了显著的成绩。然而，随着创新能力和知识产权意识逐渐加强，我国专利申请量迅速增加，社会对专利审批工作的要求也不断提高。为应对新的挑战与要求，探索建立科学高效的专利审查质量管理体系，有效提高专利审查管理水平，是当前摆在我们面前的亟待解决的问题。

二、质量管理体系比较研究

（一）质量管理体系的演进

质量管理标准是质量管理发展的产物。随着社会的不断进步，对质量的认识由狭义的产品质量扩展到广义的质量。伴随质量概念的演进，质量管理的观念和方法也不断更新，历经了"质量检验""统计质量控制""全面质量管理"三大历史阶段。

质量检验阶段（19世纪70年代—20世纪初）：20世纪初，F. W. 泰勒提出将产品质量管理的计划与执行分开，对计划的执行必须有检查、有控制。通过质量检验，不仅可以挑选出不合格品，还可以总结生产的方法、技术、管理、设备等多方面的问题。然而，该阶段的检验都属于事后检验的质量管理方式。

统计质量管理阶段（20世纪20年代—50年代）：1924年，美国数理统计学家W. A. 休哈特提出控制和预防缺陷的概念，运用数理统计的原理提出在生产过程中控制产品质量的"6σ"法，开创了在质量管理中应用数理统计的先河。统计质量管理的特点是在生产过程中发现问题，并反馈到生产的始点，及时纠正错误，起到了预防的作用。其管理模式由检验人员的质量控制发展到专门的控制工程师、质量保证工程师以及相关的技术人员来进行质量管理。

全面质量管理阶段（20世纪50年代至今）：质量管理专家朱兰博士和费根堡姆首先提出了全面质量管理的概念，即一个组织以质量为中心，以全员参与为基础，目的在于通过顾客满意和本组织所有成员及社会受益而达到长期成功的途径。全面质量管理的特点为"三全一多"，即全员参与的质量管理、全过程的质量管理、全组织的质量管理和多种方法的质量管理。

（二）全面质量管理体系的内容

随着科技的进步和质量管理水平的发展，"全面质量管理阶段"派生出不同的分支，其中在世界范围内应用最广、影响力最大的两种理论分别是六西格玛质量管理体系和ISO 9000质量管理体系。

1. 六西格玛管理体系（6 Sigma，6σ）

六西格玛方法在 20 世纪 80 年代作为一种质量指标在摩托罗拉公司出现，并逐渐发展成为一种管理体系，随后为通用、戴尔、惠普、西门子、索尼、东芝等众多跨国企业所关注和尝试，在世界范围内被广泛采用。

（1）简介

六西格玛管理体系是一种顾客驱动的追求卓越绩效和持续改进的系统科学，推行以顾客为中心、以数据为基础的管理理念，以全面质量管理为基础，以"零缺陷"为目标，以六西格玛质量水平为标尺，以统计技术为手段，以突破性改进为方式，通过改进并优化过程，旨在消除变异、稳定流程、获得顾客满意和显著提高组织绩效，使顾客和公司双赢。

六西格玛管理法是一种统计评估法，核心是追求零缺陷生产，防范产品责任风险，降低成本，提高生产率和市场占有率，提高顾客满意度和忠诚度。六西格玛管理既着眼于产品、服务质量，又关注过程的改进。六西格玛管理体系包含六西格玛改进（DMAIC）和六西格玛设计（DFSS），如图 1、图 2 所示。DMAIC 已在世界范围内获得了广泛的应用和巨大的成就，所谓 DMAIC 就是保持设计方案不变，对现有流程进行改进，使流程趋于"完美"。与 DMAIC 相比，DFSS 致力于先期的设计质量，是一种商业、工程过程，追求的是"预防"，即从一开始就定位于客户，用正确的方法，在问题萌芽尚未发展的情况下，最大可能地预防问题的出现，防患于未然，用最低的成本满足客户期望。

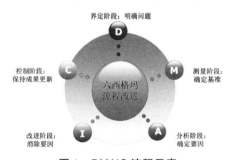

图 1　DMAIC 流程示意

图 2　DFSS 流程示意

（2）体系的应用

六西格玛管理作为一种全新的企业管理系统，在企业管理中发挥了巨大的作用，图3示出了六西格玛管理体系在世界500强企业中的应用趋势，可以看出，越来越多的知名企业在质量管理中运用六西格玛管理体系来控制产品质量，目前，20%以上的500强企业已经实施或正在实施六西格玛管理法。

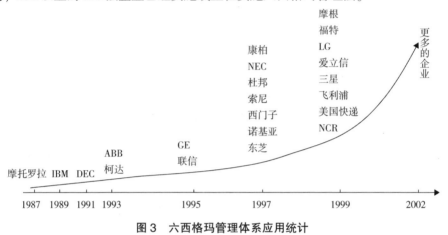

图3　六西格玛管理体系应用统计

从上述六西格玛管理体系的应用情况可以看出，六西格玛管理法经过多年的实践，已经在企业界取得了相当大的成功，帮助众多国内外企业提高了质量管理水平，但在企业界以外的领域，六西格玛管理法应用的实例较少，特别是行政部门，少见有成功应用的案例，显示六西格玛管理法在应用领域上存在一定的局限性。

2. ISO 9000 质量管理标准体系

ISO 9000 质量管理体系并非是单一的质量管理标准，而是由一系列相关标准构成的，因而一般被称为 ISO 9000 族标准。ISO 9000 族标准指的是国际标准化组织（ISO）质量管理和质量保证技术委员会（TC176）制定的所有国际标准。ISO 9000 族标准的主要目的在于强调质量管理，使组织通过实施 ISO 9000 族标准能够满足顾客的质量要求和适用的法律法规，增强顾客满意度，并通过追求上述目标实现组织绩效的持续成功。首份 ISO 9000 系列标准于 1987 年出版，新版 ISO 9000 系列标准已于 2015 年 9 月发布❶❷，目前已通过 ISO 9001 标准认证的组织共有 100 多万个。

（1）简介

ISO 9000 族标准包括 22 个，其中"质量管理体系—基础和术语（ISO 9000）"

---

❶　ISO 9000：2015 国际标准［S］. 2015-09.

❷　ISO 9001：2015 国际标准［S］. 2015-09.

与"质量管理体系—要求（ISO 9001）"最具代表性，属于核心标准。其中，ISO 9001 代表了 ISO 9000 质量管理体系的基本要求，同时也提供了质量管理认证的基本条款；ISO 9000 则界定了质量管理体系所使用的基本概念与术语，ISO 9001 与 ISO 9000 相结合才构成一个完整的质量管理标准。

ISO 9001：2015 依据管理体系标准的框架分为 10 项条款，依次为范围、规范性引用文件、术语和定义、组织环境、领导作用、策划、支持、运行、绩效评价以及持续改进。其中，条款 1~3 限定的范围、规范性引用文件与术语，相当于标准的参考指引，不属于实质要求；组织环境、领导作用、策划、支持、运行、绩效评价以及持续改进 7 项条款则提出了标准的具体要求。

（2）应用

随着质量管理体系的不断发展，ISO 9000 标准从最初在企业的应用，逐步扩展到许多领域，一些行政部门也逐渐开始使用该标准以符合提高政府服务质量这一要求。

就国内情况而言，我国一些行政部门在管理中应用 ISO 9000 是从 20 世纪 90 年代末开始，在应用 ISO 9000 标准的行政部门中，有检验检疫局、质量技术监督局、税务局、邮政局、公安局、检察院、工商局、环保局、地方人民政府、行政审批中心、海关等众多部门。

3. ISO 9000 管理体系的优势分析

前述介绍了六西格玛管理体系和 ISO 9000 管理体系，可见，两者虽然都建立在全面质量管理的基础上，但是 ISO 9000 质量管理体系和六西格玛却各有千秋、各有侧重❶❷❸❹❺（见表1）。

表 1　六西格玛与 ISO 9000 对比表

特点	六西格玛	ISO 9000
是否有文件记录	是	是
是否具有专门的公共服务分类	否	是

---

❶ 周胜生，等. 基于六西格玛理论的中心审查质量管理体系研究［R］. 国家知识产权局学术委员会 2010 年度自主课题研究报告.

❷ 汤志明，等. 专利审查质量管理中引入 ISO 9001 标准的可行性研究［R］. 国家知识产权局学术委员会 2012 年度专项课题研究项目.

❸ 魏保志，等. 基于 ISO 9000 的发明实审质量管理体系应用研究［R］. 2012 年审查协作北京中心专项课题.

❹ 张仁杰. PDCA 循环简介及对中心审查业务管理工作的启示［J］. 专利审查与实践，2015（3）：105-120.

❺ 葛树，等. 改进实体审查质量的政策研究及局级检索质量管理模式研究［R］. 国家知识产权局学术委员会 2010 年度专项课题研究项目.

特点	六西格玛	ISO 9000
是否可获得认证	否	是
是否有专门机构进行修改	否	是
过程模式	DMAIC 及 SIPOC	PDCA
目的	要求几乎完美	提出基本要求
是否重视顾客	是	是
是否强调统计工具的应用	是	否

对于专利审查质量管理而言，相对于六西格玛，ISO 9000 质量管理体系主要具有以下优势：

1）认证对象上更为适用。在有关 ISO 9001 标准认证业务范围的《认证机构认证业务范围分类表》中，第 36 大类（共 39 大类）"公共行政管理"的第 1 中类"国家行政及国家经济及社会政策管理"的第 1 小类涉及"一般的公共服务"，专利审查机构行使政府行政管理职能，为公众提供专利审批等公共服务，属于上述认证业务范围，而其他质量管理体系则不具有专门的公共服务分类。实践中，ISO 9000 质量管理体系也已应用于世界范围内的多个行政部门。

2）认证方式上更权威。ISO 9000 质量管理体系是标准化的质量管理体系，是目前唯一可认证的质量管理体系，认证结果能够得到世界范围内的认可。专利审查机构作为提供公共服务的政府机构，获得权威认证会在很大程度上加大社会的认可度。

3）发展过程上更规范。ISO 9000 质量管理体系具有全球性的标准化机构对其进行修改与完善，能够提供系统、完整、统一的管理标准，不断随技术发展变化和质量管理需求而进行相应的更新。随着知识产权事业的发展，社会公众对专利审查工作也提出了更高的要求，采用既能与时俱进又能保证规范性要求的质量管理体系无疑可以使专利审查机构更快地适应环境的变化，同时也可避免标准随意改变带来的风险。

4）具体实施上更易操作。ISO 9000 只对质量管理体系提出要求，对如何达到要求没有规定。六西格玛不仅仅和产品质量有关，对某些与产品质量没有直接关系而对顾客满意有直接关系的工作也是有要求的，也就是说，六西格玛的目标更多、要求更高、难度更大，对于公共行政管理单位来说，实施起来难度较大、可行性小。

三、国外专利审批机构引入质量管理体系情况

随着专利日益成为国家发展的战略资源和国际竞争的核心要素，世界各国高度重视专利制度价值功能的发挥和专利制度的适应性调整。特别是西方发达国家，由于专利制度起步较早，知识产权保护意识更为强烈，对专利审查工作提出了更高的要求。因而，以美欧为代表的西方国家的审批机构无论是对法律制度的完善还是管理方式的探索，都走在了世界的前列，它们对专利审查质量管理体系的探索以及经验无疑给我们提供了重要的参考价值。

（一）欧洲专利局

EPO 在 2007 年根据审查人力和业务情况，以"质量使命"和"审查质量战略"为要求，基于 ISO 9001 标准建立了质量管理体系。2014 年 12 月，EPO 包含检索、审查、限制/撤销和异议等在内的专利审批工作获得国际质量标准 ISO 9001 认证，由此成为美日欧中韩五局中首个审批全流程获得认证的单位。通过引入 ISO 9001 认证，形成覆盖专利审批、信息公开和授权后程序在内的所有与专利申请有关的业务的质量管理体系，有效保证了专利审查全流程的质量控制，全面提高服务满意度。

（二）英国知识产权局

专利申请量快速增长成为全世界范围内的基本趋势，这也导致很多专利审批机构，包括 UKIPO 的审查周期延长。针对审查员数量不足以应对不断增长的专利申请量的问题，UKIPO 多年来也持续改善检索与审查的效率。

为了提高自身的服务来提升顾客满意度、维持审查的质量以及提升针对对外委托的检索和审查的信赖度，UKIPO 以取得 ISO 9001 标准认证为目标组织了 ISO 小组，以该小组为中心推进各项活动，经过 9 个月的准备时间，在 2003 年 3 月取得了 ISO 9001 标准的认证。认证的评价项目除检索、审查和授权过程外，还涉及审查员培训、质量保证手续、IT 系统、工作流程、与顾客的关系等。

通过引入 ISO 9000 质量管理体系，更有效地保障 UKIPO 能够提供顾客看重的高品质服务，即提供一流的高品质的专利，进而能够高效地组织管理，提高授权操作效率；进一步促进完善知识产权政策，缩短审查周期，提高专利授权质量，保证审查服务满意度。

（三）美国专利与商标局专利培训学院

美国专利与商标局（USPTO）专利培训学院运用大学模式，为新审查员提供了丰富的培训项目，课程不仅包括强化专利审查培训以及实习，还包括"软技巧（soft-skill）"教育，截至 2009 年，培训学院已经培训了 3000 余名审查员。随着培训规模的不断壮大，需要引入先进的质量管理体系，确保 USPTO 能够为新审查员提供最好的培训服务，并且持续改进培训服务质量。

USPTO 专利培训学院于 2009 年获得 ISO 9001：2008 国际标准认证证书，通过一系列专业性要求，为专利培训学院满足学员需求和提高满意度提供了评价基准。通过培训质量的不断改进，这种大学式的培训项目已经成为一种培训及培养大量专利审查员的有效方式，获得 USPTO 国际合作伙伴和专利利益团体的广泛赞扬和效仿。

（四）其他国家的专利审批机构

2006 年，芬兰国家专利和注册局（NBPR）的 PCT 国际专利申请程序通过 ISO 9001 标准认证。2007 年 11 月，将认证范围扩大到覆盖从受理申请到新颖性检索和专利性审查的整个国家专利申请程序，以及国际 PCT 申请程序。

瑞典专利和注册局（PRV）已获得 ISO 9001 标准的认证，成为世界上少数几个对整体运作进行了认证的专利审批机构。通过质量认证、与客户持续沟通以及对于目标的管理，PRV 努力达到审查时间、处理和检索的质量方面在各知识产权局中名列前茅这一目标。

除以上国家之外，包括法国、澳大利亚、丹麦、希腊、捷克、斯洛文尼亚和保加利亚均通过引入 ISO 9000 标准，建立了自己的审查质量管理体系。

（五）引入 ISO 9000 质量管理体系产生的效果

引入 ISO 9000 质量管理体系会对专利审查工作产生良好的效果，以下将以认证较早并且认证最为全面的欧专局为例，对 2015 年认证后审查数量、审查效率、审查质量的变化情况进行详细分析。

1. 审查案件量显著增长

2011—2016 年，欧专局的审查人员数量变化较小，5 年时间审查人员累计仅增加了 8.8%，其中，ISO 9001 通过后的 2015 年、2016 年共增加 89 人，总人数为 4310 人。

在审查数量方面，认证前的 2011—2014 年，检索量、国际初审量与欧洲审查量工作量变化不大，检索量共计增长了 9%；国际初审量共计增长了 8.4%；欧洲审查量共减少 8.6%。认证后的 2015 年与 2014 年相比，检索量增长 11.8%，国际初审量同样增长 19%，欧洲审查量增长 18%，2016 年较 2015 年检索量增长 2.8%，初审量下降 2.0%，欧洲审查量增长 21.4%（见图 4）。

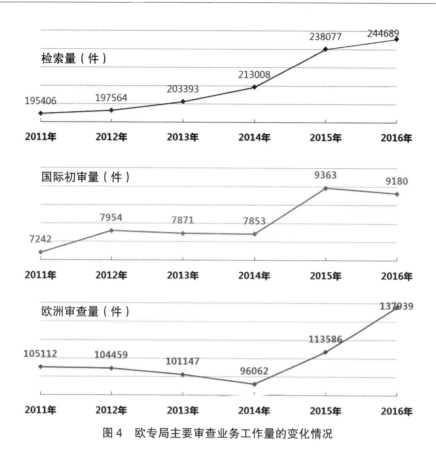

图 4　欧专局主要审查业务工作量的变化情况

2. 审查效率不断提高

表 2 示出了欧专局各种审查周期以及服务准时性（on-time）的变化情况，可以看出，2015 年和 2016 年较上年一通与结案的审查周期均有降低，服务准时性也有较大提高。

表 2　欧专局各种审查周期以及服务准时性（on-time）的变化情况

周期指标	2014 年	2015 年	2016 年
进入实审——一通（月）	5.5	5.5	5.1
进入实审—授权（月）	26.2	23.5	23.3
国际检索准时性（百分比）	84.0%	90.3%	94.9%
加快检索准时性（百分比）	69.8%	86.1%	—
加快审查执行准时性（百分比）	60.7%	62.5%	—
加快审查案件进入实审——一通（月）	—	3.4	3.1

表 3 为欧专局各种客户服务响应速度的变化情况，2015 年较 2014 年在电话咨询响应速度以及客户问题解决速度上均有提高，2016 年基本保持了 2015 年的水平。

表 3　欧专局各种客户服务响应速度的变化情况

项　　目		2014 年	2015 年	2016 年
电话咨询响应速度（20s 内应答）	客服	90%	96%	98%
	EPO 总机	98%	99%	99%
客户问题解决速度［2 天（16h）内解决］	一般信息问题	98%	99%	89%
	在线服务问题	80%	88%	
	程序问题	85%	89%	

3. 审查质量持续提升

从 2011—2016 年授权与异议（opposed）情况看（见图 5），欧专局授权量在 2011—2014 年基本保持平稳，2015 年授权量较上年增加了 3806 件，2016 年增长达 27521 件；异议专利数量一直处于比较稳定的状态。

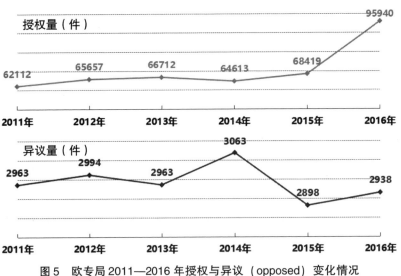

图 5　欧专局 2011—2016 年授权与异议（opposed）变化情况

图 6 示出了欧专局 2013—2016 年客户满意度的变化情况，从图中可以看出，几年来客户满意度一直保持在 76% 以上，2015 年和 2016 年客户满意度达到 79%。

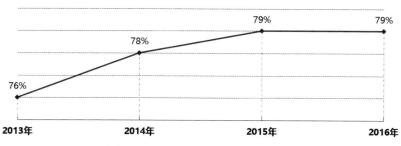

76%　　　　78%　　　　79%　　　　79%

2013年　　　　2014年　　　　2015年　　　　2016年

图 6　欧专局 2013—2016 年客户满意度的变化情况

表 4 示出了欧专局投诉登记的变化情况，与 2014 年相比，2015 年在审查方面服务的投诉事件数量和比率明显降低，2016 年基本保持了 2015 年的水平。

表 4　欧专局投诉登记的变化情况　　　　　　　　　　单位：件

项　　　目	2014 年		2015 年		2016 年	
	数量	占比	数量	占比	数量	占比
审查产品和服务方面	191	53%	167	39%	166	37%
专利管理产品和服务方面	86	24%	107	25%	112	25%
其他产品和服务方面	83	23%	154	36%	171	38%
合　　　计	360	100%	428	100%	449	100%

4. 小　　结

从以上情况可以看出，借助于 ISO 9000 质量体系提升审查机构自身的审查质量管理水平，在国外特别是西方发达国家已经取得了相当多的成功经验，表明这确实是一条非常稳妥且能够获得普遍认可的途径，对于处于新的发展阶段的国内审查机构来说，无疑有着极好的借鉴价值，可帮助我们尽快缩小与世界先进审查机构之间的差距。

四、国内专利审查机构引入质量管理体系可行性分析

随着国家"知识产权战略"的实施，我国发明专利申请量大幅增长，审查任务量也随之加大。面对上述情况，专利审查部门机构一直对构建审查质量管理体系开展着不懈探索，以便提升管理效能，提高审查质量。以下，我们将通

过对 ISO 9000 体系特点的全面分析，对将其引入专利审查机构的可行性进行论证❶❷❸❹。

（一）适用性分析

为对 ISO 9000 体系的引入适用性进行客观全面分析，我们首先从宏观入手，分析体系的原则与组织目标的一致性、框架的兼容性、方法的应用环境，然后从微观上分析体系的具体要求与现行管理间的差距，确定引入的成本、难度，最终确定引入体系的效益。

1. ISO 9000 体系原则框架比较研究

总结 ISO 9000 体系的方法论内容，包括管理原则、PDCA 循环框架、风险思维方法以及文件实证方法。以下通过与专利审查质量管理工作的以上几个方面分别进行比较，判断二者的吻合度。

（1）管理原则

ISO 质量管理原则是由 ISO/TC176 在总结质量管理实践经验的基础上提出的，ISO 9000 共有七项质量管理原则。

1）以顾客为关注焦点。专利审查机构最直接的顾客是专利申请人，从某种意义上来说，审查机构的存在依赖于顾客，需要理解申请人当前和未来的需求，满足申请人不断提升的审查质量要求，保持申请人的信任。

2）领导作用。在审查机构的质量管理过程中，领导层的质量意识以及重视程度起到了关键作用。领导层统筹考虑各层级的质量管理工作，贯彻质量管理要求；制订质量目标与保障计划，并通过切实可行的措施予以实现；定期对员工提供专业化培训，提升和增强全体员工的质量意识和凝聚力，确保组织质量管理在全过程顺利开展。

3）全员参与。专利审查工作在某种意义上讲属于独任审查，因而每个审查员均应是质量管理活动的重要参与者。在质量管理体系中，最直接参与审查过程与质量控制的是审查员，他们的质量意识和工作质量将直接影响质量管理体系的运行。

4）过程方法。审查机构的质量管理工作对应于一个"大"的过程，其由相互作用的众多"小"的过程构成。从制订审查计划，到具体的执行，即发明专利的实质审查工作，再到审查工作的监督与检查，最后通过处置，从而持续提高中心的审查质量。当然其中"小"的过程可以由一些更小的过程来构成，例如实质审查工作可以包括互检、裁决、指导、会审等一系列过程。

---

❶ 彼得·梅瑞尔. 2015 版 ISO 9001 标准应用（一）[J]. 上海质量，2015（11）：38-42.

❷ 彼得·梅瑞尔. 2015 版 ISO 9001 标准应用（二）[J]. 上海质量，2015（12）：23-25.

❸ 彼得·梅瑞尔. 2015 版 ISO 9001 标准应用（三）[J]. 上海质量，2016（1）：22-25.

❹ 彼得·梅瑞尔. 2015 版 ISO 9001 标准应用（四）[J]. 上海质量，2016（2）：42-45.

5）改进。改进对审查工作来说至关重要，审查机构通过数据分析建立审查质量监视机制，可以通过各层级质量检查工作发现审查中的问题。针对问题的根源建立针对性的解决与预防措施，将检查活动转化为实际有效果的行动，这需要改进活动发挥作用，否则任何质量管理体系都将流于形式。

6）基于证据的决策。审查机构普遍建有审查数据跟踪与检查制度，其中涉及三方面的工作，即客观科学的统计与检查、发现本质的原因分析和基于证据的科学决策。基于证据的决策是审查机构采取行动的基础，这有效避免了主观臆断，降低了内外部风险的影响，保证审查机构的目标、决策与行动的一致性。

7）关系管理。审查活动虽然直接作用于申请人，但也涉及了众多的利益相关方，例如代理人与公众。通过建立与代理人、公众良好的沟通与反馈机制，及时传达审查机构的目标、能力与价值观等方面的信息，加强双方对目标与价值观的共同理解，维护审查机构与相关人的信任关系，从而提高为相关方创造价值的能力，同时也能带来机遇，降低外部风险。

（2）体系框架

PDCA 循环框架是 ISO 9000 体系的核心内容，通过 PDCA 框架的衔接将 ISO 9000 质量管理体系各组成部分有机地联系在一起，形成了统一的系统。PDCA 是 Plan、Do、Check 与 Act 四个步骤的简称：

Plan—策划，根据顾客要求和组织方针，为提供结果建立体系目标及其过程，以及所需的资源；

Do—实施，实施所策划的安排；

Check—检查，根据方针、目标和要求，对过程、产品和服务进行监视和测量，并报告结果；

Act—处置，必要时采取措施以改进过程绩效。

PDCA 循环框架是过程分析的结果，即组织的质量管理体系必须基于产品或服务的产出过程建立，也就是说过程将是质量管理体系最基础的分析对象，任何产品或服务的产出流程都将被逐步分解至最小的过程对象，进而加以分析与理解，这种分解过程也被称作组织过程的识别。

组织过程是一种嵌套的体系结构，一系列相互连接与作用的"小"的过程构成一个"大"的过程，过程之间通过输入与输出相连，前一个过程的输出是后一个过程的输入。

PDCA 循环最终将通过过程分析所识别出的组织过程组织起来，构成了组织质量管理体系的框架结构，其与质量管理体系的关系如图 7 所示：

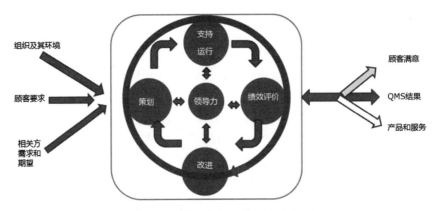

图 7　质量管理体系中的 PDCA 循环

　　具体到审查业务过程，经过多年审查实践的积累，当前的专利审查过程已经相对成熟与固定，各个审查过程之间范围、职责也比较明确，因而具有良好的识别基础。PDCA 的方法能够直接作用到影响服务质量的各个关键环节的重要因素之一就是流程之间作用关系明确以及相互衔接顺畅，进而在整体上提高专利审查服务质量。

　　从图 8 可以看到，专利审查的过程大致上可以采用以下方式：案源调配、请求确定文本、理解发明、检索和通知书处理这条主线来流动，同时根据实际情况的不同进行要求分案、要求补正、单一性缴费等事务处理，并最终形成授权、驳回以及视撤等不同的审查结果。

　　通过将识别出的审查过程与 PDCA 循环相对应，为审查机构的质量管理工作提供了一个科学的管理模式，参见图 9。从审查过程的分解与对应结果上看，目前已有的审查过程能够比较便捷地与 PDCA 过程相融合，通过 PDCA 来指导现有的管理模式可以帮助审查机构对管理职责进行合理和全面的策划，同时也可以对专利审查的执行和完成情况进行详细的规定。此外，应用 PDCA 过程还可以对检查、分析和改进的过程进行全面规范，同时明确不同角色在 PDCA 过程中的作用与职责，以保障各部门、各岗位按职责要求进行体系的运行，进而完成审查机构能够准确地理解顾客当前和未来的需求的目标，在此基础上充分满足顾客要求。

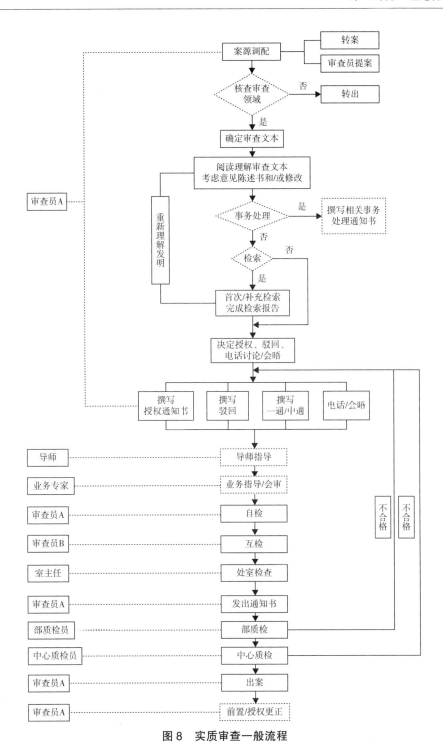

图 8 实质审查一般流程

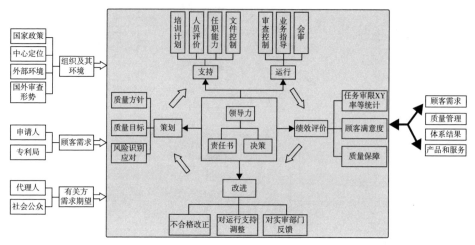

图 9　实质审查 PDCA 过程分解

（3）采用的方法

1）基于风险的思维方法。

风险是 ISO 9001：2015 中新引入的概念❶❷，组织需要双管齐下地实施成功的管理和消除失败的管理，主要体现在需要组织实现质量要求、维持质量稳定和提高质量水平方面。也就是说："要取得怎么样的成功就需要预防怎么样的失败。"

ISO 9000：2015 将风险定义为"不确定的影响"，相对于宽泛的定义，基于风险的方法在某种程度上是一种自然而然的做法。

虽然在中心的质量管理工作中并没有明确提出风险分析概念，但风险分析方法可以作为过程方法的一部分用于指导审查业务。例如，在新审查员培训活动中，可以考虑延长集中培训时间，缩短部门培训时间，或者缩短集中培训时间，延长部门培训时间，通过考虑风险来确定采取适合的培训方式。

通常认为风险是负面的，但在基于风险的方法中也可以发现机会，即机会与风险总是成对出现的。例如：如果延长集中培训时间，则培训过程更为易控，培训结果更为一致，但却减少了新审查员在培训活动中接触本领域实际审查工作的机会，另外也会对部门的任务指标带来影响，如果延长部门培训时间，则会带来相反的结果。

2）基于文件的实证方法。

ISO 9000：2015 版对文件化信息的定义为：需要组织加以控制和保持的信

---

❶　吴士权. 风险概念在 ISO 9001：2015 标准中的导入及要求［J］. 上海质量，2015（9）：52-56.

❷　田武. ISO 9001：2015 标准中有关"基于风险的方法"的理解［J］. 质量与认证，2015（10）：47-51.

息及其承载的媒介。新版标准中 7.5 文件化信息的条款关注文件的编制和更新及控制要求，未对文件的层次、形式提更多的要求。新版标准对文件化信息的要求更加灵活务实，体现为以下特点❶：

减少了强制性的文件和记录的要求，只要能提供让人相信的证据就不用刻意去"做"记录，留给组织极大的灵活运用空间。

新版标准并不强制组织建立记录，只要能够支持过程已按策划实施的信心即可。对证据的形式也更加灵活，不光是文字，影像、声音、痕迹、外部信息、数据分析等都能作为证据提供。

新版标准中对于文件化信息的要求更强调的是结果的证据；更强调的是动作产生的结果和有效性；更强调有没有做，而不是有没有。

在审查业务进行与管理过程中会产生大量的文档，借助 E 系统基本实现了对审查业务文档的维护与留存，审查记录得到妥善维护为中心依据证据决策提供了前提条件，这些审查与管理记录将成为进行决策的重要依据，通过基于文件的实证方法，一方面可以建立发布、实行、监督、追溯与反馈一系列文件管理制度，为审查机构的质量管理提供实证保证；另一方面也可为各项决策提供科学的依据。

2. 体系的匹配度分析

为了能够对 ISO 9001 标准要求做出客观统一的评判❷❸❹，以下采用评分方式来反映 ISO 9001 标准与审查机构现有质量管理制度之间的匹配度，并计算各模块的符合度。

（1）组织背景

组织背景是指组织内部和外部与组织目标、战略方向有关，影响质量管理体系实现预期结果能力的事务。各专利审查机构被授权从事行政审批事务，因而国家政策与环境可以说是审查机构最重要的背景知识。国家专利管理部门会根据国家政策的变化对审查机构提出相应的专利审查要求，审查机构根据上述要求开展工作，因此审查机构的背景环境是比较明确的。

组织背景中的相关方包括直接顾客、最终使用者、供应链涉及者、立法机构等。申请人属于审查机构的直接顾客，还有两类重要的相关方分别是社会公众与专利代理人。专利审查本质是寻求私人利益与公众利益之间的一个平衡点，势必会对公众利益造成影响，因而社会公众也是组织环境需要考虑的重要方面。专利代理人则是在专利审查中提供居间服务，与申请人、审查员相

❶ 吴士权. 形成文件的信息是怎么回事？[J]. 上海质量，2015（10）：55-59.
❷ 赵灿. ISO 9001：2015 的关键变化和应对方式（上）[J]. 上海质量，2015（10）：19-22.
❸ 赵灿. ISO 9001：2015 的关键变化和应对方式（下）[J]. 上海质量，2015（11）：46-48.
❹ 蒂莫西·洛奇尔. 如何用技术满足 ISO 9001：2015 的新要求 [J]. 上海质量，2015（7）：41-43.

交互。

在质量管理过程中，通过质量保障体系和业务指导体系不断监测运行过程，并持续改进。审查机构及其各业务部门均按照上级要求制订任务计划与质量保障计划，并在运行中进行落实，通过两大体系与审查业务数据对审查工作的监督检查，获得评价与反馈，进而持续改进管理方法，以此来实施质量管理。在该过程中，下一级别接收来自该级别以上的所有反馈。

由上述分析可知，目前的质量管理方法已基本具有 PDCA 的过程方法框架，实质上已经在采用过程方法来开展质量管理，对每个过程也能确定其输入和输出，并且这些过程之间的顺序关系和相互作用关系也是基本清楚的。但是，还存在过程之间衔接不够紧密的问题，例如测量及相关的绩效指标粒度尚不够精细，审查数据的自动化分析手段也略显单一，导致对过程的有效运行和控制尚有待提高。

根据 ISO 9001 标准与专利审查机构现行组织背景的比较，该项符合度为 80%。

（2）领导作用

质量是审查工作的生命线，审查机构非常重视质量管理工作，均以授权清晰适当、驳回客观公正为目标，审查过程中始终贯彻客观、公正、准确、及时的要求，与建设世界一流的专利审查机构的战略方向保持一致。在目前的审查实践中，质量保障体系和业务指导体系已纳入到质量管理工作中。审查质量采用层级化管理，各层级权责明确，能及时有效地传达质量管理的各项政策，制定措施以保障审查质量。各级负责人听取对质量管理运行情况的分析汇报，支持持续改进与创新。

在作用和职责方面，审查机构中各级均有明确的职责，能够确保质量管理体系与组织目标相符合，并保持运行的有效性，同时也能够确保过程之间的相互联系与相互作用。审查机构定期召开业务会，汇报交流质量管理工作状态，并根据情况召开质量保障会议，部署下阶段的重点工作，确保审查质量。

从以上分析可以看出，目前审查机构初步建立了符合 PDCA 原则的质量保障体系，但 PDCA 过程之间的衔接尚不够紧密；同时，也制定了质量保障的指导思想与总体目标，但尚未提出质量方针的概念，也未有成体系的文件对质量方针进行解释说明。

最后，根据 ISO 9001 标准与专利审查机构现行制度的比较，该项符合度为 80%。

（3）策划

质量目标作为审查机构质量管理体系运行期望实现的效果，设定过程中需要考虑组织及其环境和顾客及相关方需求，在达成质量目标的过程中还需要应对风险和机遇。审查机构现有的质量管理体系虽已有明确的质量目标、具体的实施措施和修订变更机制，但在应对风险和机遇方面，目前的质量管理体系虽在制订计划时予以了考虑，但尚未形成系统的归类和处理方式。

1）应对风险和机遇的措施。

上级质量管理规章明确规定在审查质量（如结案准确率）、审查数量、审限周期和顾客满意度等方面的预期结果及相应实施措施，通过上岗前的各项培训，以及业务指导体系等措施，根据监控数据与发现的具体问题持续改进申请人、代理人、公众和专利局对专利产品的满意度。

在专利审查质量管理过程中，审查机构在制订计划时对已有的风险有所考虑。在审查计划的执行过程中，国家政策以及申请环境等因素也会导致突发的情况。伴随着风险的解决将迎来质量管理体系的相应提升和改进的机遇，例如把握好授权质量，引导申请人和代理人提高专利申请质量。

面对专利审查质量管理过程中出现的各种风险，各审查机构应积极制定切实有效的管理措施。对于不可彻底避免的风险，如结案不能完全准确，通过加强培训、提升审查员能力，加强监督，提升各级质保和核准签发效能来保证结案不准确率处于可接受的范围。对于可避免的风险，各审查机构通过规章约束防范，争取做到防微杜渐。但目前已有的风险识别规范对质量管理体系运行中存在的风险总结得不够全面，审查机构也没有用于识别风险以及保障应对的系统性规定。因此，可以看出，审查机构的质量管理体系构建过程中基于风险出发的意识不足，有待进一步加强改进。

2）质量目标及其实施。

目前，审查机构在各级规章中规定了若干质量保障的指导思想，并明确规定了包括审查质量（如结案准确率）、审查数量、审限周期和顾客满意度等方面的质量目标，与 ISO 9001 质量目标基本符合，同时也制定了与质量目标相一致的实施策划，但在质量目标完成推进的时间表有待进一步完善细化。

3）变更。

为贯彻提升专利审查质量的新精神，及时应对专利审查现状出现的问题，改善专利审查质量和顾客满意度，审查机构会及时调整质量管理体系的质量目标和实施措施。新的质量目标和实施措施的制定与颁布需要经过讨论确定，其明确规定了质量目标的实施主体和责任人，充分考虑其可实现性，包括资源和能力。通过将 ISO 9001 标准与审查机构现行制度的比较，该项符合度为 90%。

（4）支持

首先需要明确审查质量管理体系所需要的资源，这在审查机构的审查计划与质保计划中已经有一定的体现，但在自身情况的系统评估上还有一定欠缺。以下将从物力、人力、文件三个方面对质量管理体系的支持情况进行说明。

1）物力保障。

审查机构目前已能够保证硬件设施的要求，在过程环境方面，上级单位可提供政策性的保障，审查员是完成专利审查工作的重要因素，他们的心理认知会对质量保障工作产生巨大影响，对此审查机构应从多方面予以关注。

2）人力支持。

主要从知识、能力、意识、沟通4个方面进行了规定。

知识方面。目前主要通过业务培训与学习的方式来传播业务知识，这就需要进一步对知识文件信息进行统一留存与管理，利用信息化手段加强知识获取的便捷性，改进知识的传播手段，及时将新的知识传递给审查员，保障审查员的学习效果，将学习效果体现在审查员的审查工作中。

能力方面。首先，ISO 9001确定了工作人员需具备的必要能力，审查机构主要通过入职招聘、岗前培训与上岗考核，上岗后的年度考核来确认，但未对审查员所具备的能力进行系统性归纳，也未形成相应的文件信息；其次，标准规定需提供合适能力培养方式，目前审查机构已经形成系统的岗前培训以及上岗后的提高培训，基本能够满足审查员能力的培养要求；再次，标准规定了对人员能力的评价措施，而目前招聘时有较为完善的招聘流程与要求，入职后有分阶段考核与质保措施，但还欠缺对审查员个人能力的评价与跟踪；最后，ISO 9001对个人能力要求形成文件信息，目前在审查管理中均有较为完备的招聘、考核、质保数据留存。

意识方面。目前，审查机构大都还没有制定相应的质量方针，相关的质量目标也不够明确，欠缺统一、规范化的理解与记录，审查员在意识方面还有待提升。

沟通方面。目前各沟通渠道较为畅通，能够将沟通内容层层传达至审查员，并且也能够随时响应各级反馈。

3）文件留存。

ISO 9001对文件留存的规范较为具体，从内容到形式都有涉及，而审查机构基本已经建立起各项规章制度，并以文件的形式进行了留存，但目前尚不够全面，例如有的缺少质量方针的相关规定，质保制度也尚未形成文件信息等；在文件信息的编制与更新上，文件评审与批准制度一般比较完善，文件信息也具有基本的表示和说明，对文件格式也有具体的要求；在文件控制上，目前主要通过邮件或网站等方式，缺乏统一的管理留存，保存的文件不够全面，更新的时效性也有欠缺。因而，需要提供更为便捷、全面的文件获取途径，对文件做到基本保护，避免泄密、误用等情况。

最后，根据ISO 9001标准与专利审查机构现行制度的比较，该项符合度为71%。

（5）运行

在确定了质量管理体系所需要的资源支持后，还需要明确质量管理体系的运行情况。以下将从策划过程、需求与顾客、运行过程、后续过程4个方面进行说明：

1）策划过程。

首先，标准要求建立运行过程的规范。审查机构在《专利法》《专利法实施细则》《专利审查指南》等法律法规的基础上，根据专利审查精神与要求，要求授权清晰适当，驳回客观公正，并将审查要求进一步细化为质量目标以及内部控制措施。目前对业务指导、会审、标准执行一致等已建立起一系列规范，可以在量上得到保证，未来还可在质上进一步提高。此外，标准要求保持规范的充分的文件信息，基本的文件信息能够得到保持，但某些活动，例如业务指导、会审等相关规范的文件信息的保持尚有不足。

其次，标准对于具体的策划过程是从目标、需求、验证、绩效及交付几方面考虑，审查机构在制订各种业务计划时也是从授权清晰适当、驳回客观公正的原则出发，结合具体的质量目标，同时考虑审查中存在的各种风险以及人力、物力的需求，对绩效进行验证，已经有了相对完整的一套考核方式，结案后的活动则是根据局内的统一规范来执行。但目前在策划过程中，对风险还缺乏系统的分析，特别是未形成专门的风险分析记录。另外，绩效数据虽然已经比较全面，但如何更高效利用这些绩效数据对质量情况进行监控尚需进一步研究。

2）需求与顾客。

专利审查属于行政审批的一部分，具有不可拒绝性，因而专利审查机构没有对需求进行评审的过程。目前，审查机构根据自身审查能力制订审查计划，与申请人则通过电话讨论、会晤、外部反馈进行有效沟通，机构内部制定的《岗位风险防控手册》中对相应的风险有所识别与规定，能够具有一定的风险防范。

3）运行过程。

审查机构通过各种指标监督审查情况，对审查员进行上岗考核，保证审查员具备相应的能力与资格，每年还会对审查员进行年度考核，另外还规定了其他考试与资格评定。

在质量控制方面，审查机构通过质量保障体系以及业务指导体系对审查质量进行控制，通过审查数据对任务完成情况进行监控，预防人为错误的发生。

借助 E/S 系统可实现输出的标识和可追溯性，包括专利审查过程中的申请文件、修改文件，以及申请人信息等，通过 E 系统保证上述文件信息的安全，避免丢失、损坏或者泄密的发生，但生成的文件信息尚不全面。

案件的签发具有详细要求与审核流程，例如自检、互检、裁决、强制会审与指导等，用以保证服务达到相应的要求。对变更控制有相应的审查管理措施，例如：经会审或指导改变审查意见，按照相应的程序对部门、个人任务量调整，均有文件保存，是整体的调整，并不涉及单个的产品或服务。但是任务调整整体性较差，有随机的可能，人员工作调动、生病或者是其他因素也会带来不确定性。

4）后续过程。

根据专利法律法规的要求，以及审查员的主动更正或后流程反馈等，对交付的案件进行修订修正，能够有效降低审查错误的风险，例如更正、外部反馈等，对客户的建议、投诉也会做出客观的回应。

根据 ISO 9001 标准与专利审查机构现行制度的比较，该项符合度为 84%。

（6）绩效评价

发明专利申请实质审查服务的绩效评价对象为审查全过程的各环节，案件的审查过程和审查结论均是监视和测量的对象。

1）总体原则。

绩效评价首要目标是确保质量管理体系的符合性与有效性，即与审查机构目标相一致，并能够有效地运行。

审查机构普遍按照相应规定建立了相应的质量保障过程与监测过程，通过上述过程对案件的审查进行监视和测量，进而将质量保障的目的体现在质量保障工作中。目前质量保障评价的内容主要有：审查任务量完成情况、审查周期情况、审查逻辑和审查策略等，具体衡量的指标包括授权率、驳回率、视撤率、漏检率、首次结案周期、结案准确性、法条适用准确性、是否漏检等，上述内容与指标均经过了多年审查实践的检验，能够反映审查质量的基本情况。随着审查质量要求的提高，质量保障体系也需要进一步提高自己的运行效能，但目前仍欠缺对质量保障体系运行效能进行评价的方法。

审查机构质量保障体系为以两大体系为核心的多级质量保障体系。抽检过程可以针对未出案的案件的事前质检，也可以针对已结案案件进行事后质检和评价。质量监测的时机主要体现在各月、各季度、各年的任务节点，同时针对特定的目标人群、案件类型和抽样时间进行调整；定期对抽样评价的结果进行分析，一般每月、每季度、每半年、每年进行，并形成相应分析文件信息。

2）顾客满意。

顾客满意的信息是评价组织质量管理体系绩效的一个重要方面，组织的顾客往往有不同的类型。对于发明专利申请实质审查服务而言，顾客主要为申请人，满意信息主要包括申请人对发明专利申请实质审查服务提供的时间性、正确性、一致性等。获取顾客满意信息的渠道主要为调研、座谈、后流程反馈、审查业务投诉平台等，手段相对单一，也较少对整个顾客满意度定期进行分析评价并制定解决方案。

3）数据分析与评价。

在专利审查过程中，涉及很多数据，如审查任务、审查周期、质检结果数据等，涵盖实质审查工作大部分内容。一方面，各审查部门会将上述数据按月、季度、年进行汇总和分析，通过相关数据验证审查过程中各环节的适宜性、充分性和有效性，进而发现问题；另一方面，相应管理部门也会同步收集相关数据，并对审查机构内部整体数据进行统计分析，把握审查质量的发展变化，比较各审查部门、各领域之间的数据差异，从而有效促进整体实质审查工作的提高。

4）内部审核。

目前审查机构对质量管理体系的内部审核主要体现在质检结果的复检，以及定期的质量汇报方面。但是，审核方案的策划、实施、检查与改进方面做得还不够到位，没有文件明确规定审核的频次、方法、范围以及结果要求等内容，欠缺对整个质量管理体系运行情况开展内部审核的规范。

此外，标准还要求设立内部审核员，目前审查机构内部审核员的角色普遍由质保员充任，没有相应的制度予以规范，职责与工作内容也应进一步明确。

对于标准的文件要求，目前主要体现在质量分析报告等文件均会提交给业务负责人进行审核。根据中心质量保障体系运行的结果，业务负责人及时采取适当举措以纠正典型问题、提高整个体系的运行水平。

5）管理评审。

目前审查机构根据质量数据和质量分析报告进行管理评审，考察机构质量保障体系的运行情况。管理层根据质量情况对质量保障重点和方向提出要求，对评审中发现的问题要求相关部门予以修正或改进。在进行质量管理评审时，会考虑以下因素：针对以往管理评审发现的质量问题所制定的举措的执行情况和执行效果、质量管理中发现的质量问题及其纠正措施、对案件审查过程和结论的评价、来自申请人及专利局的反馈等。对于评审中发现的运行问题会要求相关部门予以修正或改进。

在审查中，与质量管理体系有关的外部或内部的变更体现在：法、细则、指南的修改，审查政策的变化，机构工作重点的变更，以及机构人员结构的变化等。

最后，根据 ISO 9001 标准与专利审查机构现行制度的比较，该项符合度为 88%。

（7）持续改进

组织以顾客为关注焦点，而顾客的要求是不断变化的，因此要满足顾客的要求、不断增强顾客满意度，就必须持续改进。采取纠正和预防措施是保证组织持续改进的有效方法。

1）不符合与纠正措施。

在专利审查中，"不符合要求"的情况包括：发出存在质量问题的通知书，结案存在质量问题，审查标准执行不一致，审查程序不节约等。发生不符合要求的情况时做出的响应包括：对个案情况，将各级质检不合格的结果、各级反馈意见转达相应审查部门和审查员，监督其进行答复和整改；对共性问题则会要求予以重点关注，拿出应对措施，避免相同问题的发生。

然而，目前对纠正措施的制定并没有形成固定的工作机制，未制定预防措施，以及对纠正/预防结果进行验证的评价措施，对于质量不合格的具体情况，随后采取措施的文件记录和结果评价也有所欠缺。

2）改进。

质量管理体系不是一成不变的，它需要根据专利法和专利审查指南的修改、专利局审查政策的变化、审查机构的发展阶段需要、审查质量状况等因素进行调整。目前，审查机构根据顾客满意情况和质量数据会从质量管理体系进行适当的调整。此外，标准还要求在改进中对风险与机遇进行识别，审查机构会考虑改进可能带来的风险和效果，但尚不是系统的风险分析方法，因而也无相关分析文件留存。

最后，根据 ISO 9001 标准与专利审查机构现行制度的比较，该项符合度为 80%。

（二）前期实践探索情况

根据前期研究和经验积累，已有个别审查机构针对发明专利申请实质审查开展 ISO 9000 质量管理标准体系建设并在 2012 年通过了 ISO 9001 标准认证。为评估引入的效果，对上述机构的管理者和审查员进行了问卷调查和座谈，并对结果进行了深入分析。分析结果显示，实施 ISO 9000 体系取得了以下效果：

1）质量要求更加明确。ISO 9000 体系通过其质量方针—质量目标—质量计划三级结构使每个管理者、审查员都能注意到、意识到质量要求。

2）提高了责任意识。责任意识是质量管理工作的基础，ISO 9000 体系对明确各级"管理职责"有着重要作用，特别是审查员层面，对 ISO 9000 在促进责任意识方面的作用给予了积极肯定。

3）提高质量管理的精细化程度。按 ISO 9000 要求建立的业务表单提高了对会审、指导、质检案件的追踪效果，通过 ISO 9000 的质量管理体系实现了对不同业务室、审查领域乃至审查员的有针对性的管理。

4）提高质量管理措施的针对性。质量管理工作的一个重要方面是完善质量检查与改进措施之间的衔接，ISO 9000 体系通过 PDCA 循环改善了各个管理阶段之间的衔接问题，进而提高了管理措施的针对性。

5）保证质量管理措施的有效性。ISO 9000 体系促进了质量管理措施实施情况的检查与评估，促进了质量问题纠错效率的提升。

6）促进对质量管理体系运行情况的监督。ISO 9000 体系确实能够提高质量管理运行情况的监督效果，使各级管理者能够掌握质量管理工作的运行情况，进而能够及时、准确地发现问题、解决问题。

7）提高质量管理文件的管控效率。ISO 9000 体系正是将文件管理作为其核心之一，在实施 ISO 体系过程中，自身的文件管控效率得到了很大的提高，这也是实现质量管理资源共享的重要一步。

8）保证了审查质量的持续改进。ISO 9000 体系促进了不合格案件的处理效果，使不合格案件得到更及时与准确的纠正，提升了质量问题纠错效率，使审查质量得到持续改进。

（三）引入质量管理体系的预期效果分析

根据前述 ISO 9000 体系与审查质量管理的对比分析、实证研究以及前期探索的结果可以预期，专利审查机构通过引入 ISO 9000 体系来改进自身的质量管理体系至少可以取得以下效果：

1. 质量保障目标更为明确，提高了审查员的责任意识

目前审查机构普遍尚没有建立质量方针—质量目标—质量计划这样完整的三级体系，虽已有一些质量保障指导思想，但均未形成对应的质量方针，也未通过文件加以阐释。ISO 9001 标准要求具有质量方针—质量目标—质量计划由宏观到微观的递进关系，这是一个逐步具体化的过程，质量方针规定质量保障体系原则性的要求，即把握管理体系的根本目的，质量目标是对质量方针的细化，即将原则性要求具体化为一些质量指标，其中一些指标可以进行量化，这样原则性的方针就变为了可以监测的具体要求，质量计划则是对质量目标的进一步分解细化，即提出如何分阶段按步骤来实现上述目标。在这样一个逐级递进的三级结构中，每一级都有相应的内容、责任人与落实要求，每一级均将在 ISO 9000 体系的 PDCA 循环中发挥作用与得到检验，并且从已有运行经验来看，质量方针—质量目标—质量计划三级结构确实能够更好地反映审查机构对质量的整体要求，使各级了解质量保障的目标，明确自身的职责。

2. 促进质量管理资源的共享，有利于标准执行一致

目前审查机构的审查质量保障体系与审查业务指导体系已经基本建立，各项审查业务管理制度与操作规定也不断完善，但发布与宣传手段还比较单一，在实际工作中存在由于信息不畅而导致的标准执行不一致的问题。

文件管理是 ISO 9000 体系的一项核心内容，其对质量管理相关文件的发布、维护、更新、回收均有详细的要求与规定。通过完善的文件管控措施，ISO 9000 最终实现在需要的场所能够及时获得适用的文件，进而达到在运行中的规范的统一、执行的一致。审查机构依据 ISO 9000 的文件管理要求建立起相应的资源共享制度，必然能够促进已有制度、规定的贯彻，已有案例的利用，进而能够使已有成果切实指导审查工作，做到标准执行一致。

3. 协调业务体系运行方式，促进运行效能

目前审查机构的审查质量保障工作与审查业务指导工作是分别在各自体系

下发挥对质量管理工作的保障与指导作用，缺乏紧密的互动。

ISO 9000 体系以 PDCA 循环为核心，强调的是 PDCA 不同模块之间的相互作用与反馈，因而可以将质量保障体系与业务指导体系与 PDCA 循环结合起来，进而发挥两大体系相互配合、相互促进的作用，提高两大体系的运行效能。

4. 加强质量分析与跟踪手段，提高质量管理的精细化管理水平

审查质量管理最终的作用对象一个是人，另一个是案件，目前所使用的监控方法与分析方法虽然经过了多年实际运行的检验，但在精细化程度上还不够。一方面，当前电子系统对案件信息的跟踪记录不够全面，对案件审查法条使用与审查结论的变更主要还是依赖于手动记录；另一方面，数据分析方法也较多地倚仗人工，导致数据分析结果不精细。

ISO 9000 体系特别强调对服务处理过程的跟踪，其主要通过完善的记录措施来保持对产品或者服务的追踪，如果能够将其完善的服务跟踪机制加以自动化，那么必然有利于对审查案件处理过程的有效监控，保障质量管理措施的落实与贯彻，另外，按照 ISO 9000 体系的标准要求实现对管理对象的不同粒度化管理，可以提供不同的管理视角，保证按照不同的管理对象出台更为精细化的管理措施。

5. 加强质评与改进环节的衔接，提高质量保障措施的针对性

ISO 9000 体系通过具体的标准要求来保证 PDCA 循环的紧密衔接与相互作用，可以利用 PDCA 循环来加强机构质评环节与部门执行环节的沟通，从而使机构质评更为准确地定位问题，部门管理更有针对性地出台管理措施。从已有的运行经验来看，ISO 9000 能够有效促进质量评价与业务管理之间的互动，对质量问题更为及时地出台有针对性的管理措施。

6. 建立多样化的评价体系，改善质量管理体系运行监督效果

目前各审查机构对质量管理体系运行情况的监督主要还是依赖于各种审查业务数据以及质量评价结果，上述监督方式虽然运行多年，但主要还是依赖于数据分析与个案审查结果分析，难以对质量管理措施是否得以有效落实以及部门的执行情况进行全面评价。

ISO 9000 体系是面向过程的质量管理体系，数据分析与对结果的检查监督只是其评价方式的一部分，其更多的还是对过程运行情况的监督与评价，ISO 9000 体系通过内审制度来更准确地获知质量管理措施在部门的具体执行过程，进而获得对质量管理措施落实与执行更为全面的评价，改变单纯依靠数据与结果分析带来的片面性。

7. 通过更完善的反馈机制保证审查质量的持续改进

目前的审查工作中，质量保障体系与业务指导体系正在逐步完善，但仍缺乏对质量保障体系中纠错措施以及业务指导体系中指导要求最终落实情况的监

督，影响了审查质量的持续改进。

在 ISO 9000 体系中，改进也是 PDCA 循环中的一环，其同样需要按照标准要求对改进结果进行跟踪与检验，因而 ISO 9000 体系实现了闭环管理，如果将质量保障体系与业务指导体系放到 PDCA 循环中去运行，那么将使纠错措施以及指导要求最终的落实情况得到有效监督，通过结果的反馈可以进一步改进质量保障工作与业务指导工作，最终实现审查质量的持续改进。

五、总　结

当前，我国经济发展进入新常态，创新成为引领发展的第一动力，必须由创新驱动打造发展新引擎。在新常态下，科技发展进入由量的增长向质的提升的跃升期，知识产权的作用日益凸显，知识产权事业也随之蓬勃发展。目前，虽然我国已成为名副其实的专利大国，但与美欧等发达国家相比，在很多方面还存在一定差距。在新的形势下，专利申请数量增长迅速，公众对专利审批速度和质量的要求与有限的审查资源间的矛盾日益突出，专利审查工作面临着前所未有的挑战。习近平总书记在博鳌亚洲论坛上提出"提高知识产权审查质量和审查效率"，对专利审查工作提出了要求，同时也指明了当前专利审查工作努力的目标和方向。创新管理模式，提高管理效能，建立先进科学的质量管理体系对世界一流审查机构的建设至关重要。

实践证明：质量管理体系在组织内部治理上发挥着重要的作用，越来越多的组织采用质量管理体系构建了自己的质量管理制度，取得了良好的效果。通过分析现有质量管理体系的特点，从适用性的角度出发，发现 ISO 9000 质量管理体系更为适合行政审批机构。不少西方先进国家的专利审批机构目前已引入了 ISO 9000 质量管理体系，建立了领先的质量管理制度，经过几年的运行，效果良好，加强了管理的规范性，有效提升了审查质量和效率。国内也有审查机构对引入 ISO 9000 质量管理体系进行了有益的探索，取得了初步成效。我们将专利审查机构现行质量管理体系与 ISO 9000 体系在原则框架、标准要求等方面进行了适应性分析，ISO 9000 体系能够准确定位现行质量管理体系的不足与问题，并给出有效的解决措施。因此，从理论和实践两方面均能证明，引入 ISO 9000 体系来构建专利审查机构自身的审查质量管理体系，确实是一条提升专利审查质量管理水平与效能的有效途径，能够满足专利事业在新的发展阶段对审查机构所提出的新要求。在前期探索的基础上，建议国内专利审批机构结合各自的发展阶段和人员、业务状况和发展特点，适时引入 ISO 9000 质量管理体系，建立先进高效的质量管理模式和规范的管理制度，充分发挥审查资源的效能，不断提升专利审查质量和效率，为创新驱动发展保驾护航。

提升专利审查管理效率研究[❶]

——以审查员自我管理为视角

刘　锋　李　皓　龙巧云　杜　峰　张　涛

杨姗姗　于乔木　赵韦韦　孟　渊

摘　要：随着我国知识产权事业进入新的发展阶段，对专利审查管理效率提出了新的要求，审查员作为专利审查的主体，自我管理能力直接影响专利审查管理效率。本文通过统计分析和调查问卷的形式研究了审查员自我管理现状，探索了适合审查员的自我管理体系，从时间管理、知识管理、情绪管理和行为管理方面给出了具体、可操作的自我管理建议及规范，使自我管理更好地与组织管理结合，提升专利审查管理效率。

关键词：管理效率　自我管理　专利质量　统计分析

一、前　言

近年来，我国知识产权工作形势日新月异，知识产权综合发展水平持续提升，发明专利申请量稳步增长。2017 年，我国发明专利申请量 138.2 万件，同比增长 14.2%。申长雨局长在 2018 年专利审查工作座谈会时强调：要努力提高专利审查质量和效率，推动知识产权事业高质量发展。为了实现这一目标，国家知识产权局制定了一系列专利审查管理措施，而加强审查员的自我管理是提升专利审查管理效率的重要方式之一。

就专利审查工作而言，我局在流程优化、自动化系统支持、管理体系完善

---

❶ 本文源自天津中心 2017 年专项工作"专利审查员自我管理研究"，项目负责人：刘锋；项目组成员：李皓，龙巧云，杜峰，张涛，杨姗姗，于乔木，赵韦韦，孟渊。

等方面为审查工作提供了有力的保障；而审查员的自我管理能力受成长环境、家庭背景、教育背景以及生活方式的影响，呈现个性化、多样化的特点，表现出不同的审查习惯、审查方式，而审查习惯和审查方式的不同也决定了工作效率的不同。

自我管理能力通常是指管理部门把一个阶段的工作或一个完整的项目交给员工个人或一个小组自我管理、自我完成，管理部门只提出工作进度、质量、安全等有关要求和应注意的问题；从员工角度来说，自我管理能力是指员工个人根据单位的发展战略和目标，制订工作计划，实施控制，通过自我管理去实现目标。

专利审查工作具有一定的独立性，因此，审查质量和效率一方面依赖于组织、流程方面的支撑，另一方面依赖于审查员的自我管理。审查员在工作过程中的自我管理——时间管理、情绪管理、知识管理、行为管理等对于审查工作有着极大的影响。其中，对时间的掌控能力直接影响着审查效率，而情绪的合理把控能够使得审查员处于一个良好的审查状态，知识的储备则有利于审查员不断趋近本领域技术人员从而使审查结果更加客观公正，对自我行为的合理约束则有助于审查员理智冷静地面对和处理审查工作中出现的问题以更好地为创新主体服务。因此，审查员做好自我管理可以更高效地进行审查，确保实现"客观、公正、准确、及时"的审查目标。

国家知识产权局经过多年的发展，已经在组织管理方面积累了较多的经验，管理体系日益完善，而在组织管理的框架下发挥审查员个人主观能动性，提高自我管理能力能够提高审查员工作的主动性和创造性，不仅能够提升审查质量，也能够促使组织的管理成本降低，有效提升专利审查管理效率。

二、专利审查员的自我管理现状和问题

本文采用理论研究、数据分析和问卷调查等方式对专利审查员自我管理现状进行研究。

（一）理论分析

专利局拥有庞大的专利审查员队伍，而青年审查员占了大多数，审查员基本上都具有硕士学位或博士学位，是一个高学历的年轻集体，属于典型的知识型员工。青年审查员拥有较高的个人素质、较强的自主性、独特的价值观，大部分人具有较为强烈的个性，能进行高价值的创造性劳动，具有良好的社会责任感和奉献精神，有强烈的自我价值实现欲望。

（二）数据分析

专利审查工作具有独立性，而审查质量所产生的社会影响较大，从相关数据分析来看，审查质量总体上与工作年限呈现正比的关系。因此，需要通过审查员的自我管理，提高获取、积累知识的能力，促使年轻审查员快速成长，在

组织管理正确的引导下来实现自我能力和审查效率的"双提升"。

时间管理能力是影响审查效率的重要因素，从考勤系统统计的情况来看，工作日审查员人均出勤时间大于 10 小时/日，并且周六日存在加班情况，反映出审查工作效率不够高，审查员需要提高时间管理能力。

（三）问卷调查

为进一步了解审查员的自我管理现状，随机选取了部分审查员，通过调查问卷的方式进行实证研究，以更有针对性地制定相关的自我管理措施。

自我管理涉及的因素比较多，本文选取时间管理、知识管理、情绪管理和行为管理等与审查效率较为密切的因素进行研究。结合不同阶段专利审查员的成长规律，探索适合专利审查员岗位发展需求的自我管理体系，从而为培育专利审查员的自我管理能力提供相应的指导。调查问卷总共包括 59 题，囊括时间管理、知识管理、情绪管理和行为管理等方面，发放并收回调查问卷162 份。

在时间管理方面，从图 1、图 2 可以看出偶尔加班是一个比较普遍的现象，工作年限在 2~3 年的审查员经常加班的比例较大，在加班的原因中，对于工作年限在 4 年以上的审查员而言主要是需要多学知识，而对于工作年限在 2~3 年的审查员而言，宿舍生活单调也是加班的原因之一。

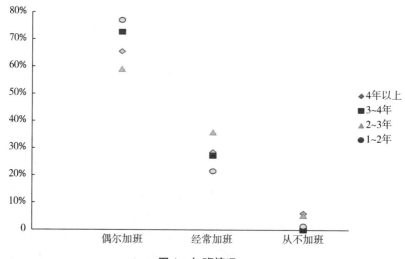

图 1　加班情况

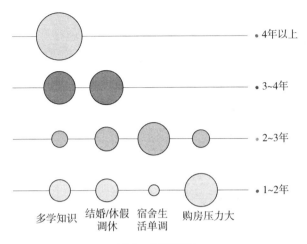

图2　加班情况

对于制订计划的情况，从图3、图4可以看出，工作年限在4年以上的审查员做事喜欢提前制订计划，较新的审查员制订计划的比重较少；从读书学习的情况来看，较大比重的审查员没有制订出学习计划或即使有制订学习计划也很少去执行，基本上处于想起来就学习，想不起来就不学习的状态。可见，审查员需要加强时间管理，进一步提高执行力。

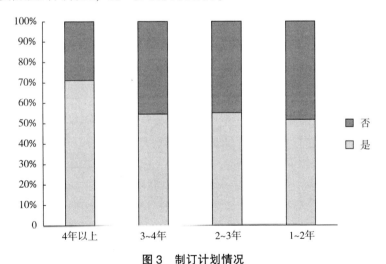

图3　制订计划情况

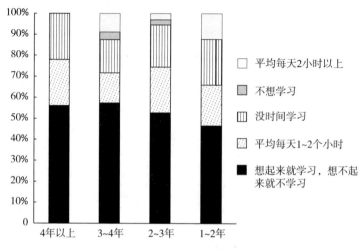

图 4　读书学习的情况

图 5、图 6 反映的是审查员知识管理情况，可以发现，审查员对于与审查相关技能的提升普遍都有需求，而从主动获取知识的内容来看，工作年限在 4 年以上的审查员主动获取相关法律知识的比重较大，工作年限在 1~2 年的审查员主动获取审查技巧知识和专业技术知识的比重较大，工作年限在 2~3 年的审查员会主动去获取相关法律知识、专业技术知识和审查技巧知识。从整体分析来看，所有审查员都有自我提升的需求，但主动获取知识的能力需要进一步提升。

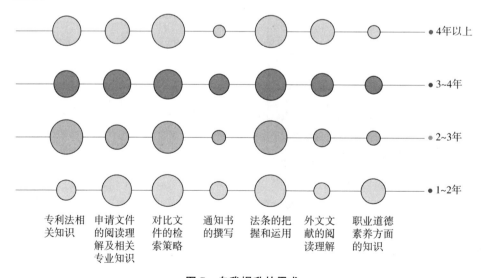

图 5　自我提升的需求

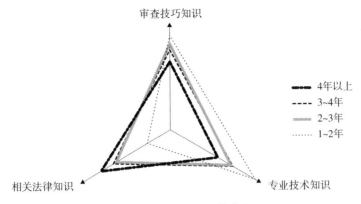

图 6　主动获取知识的内容

　　从情绪管理来看，审查员的工作和生活会有压力，同事和家人的鼓励和支持能够对工作情况起到积极影响，从图 7、图 8 的分析可以看出部分审查员需要学会自我情绪调节。

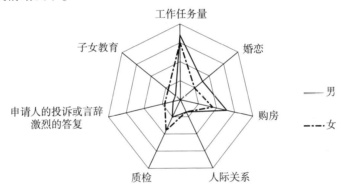

图 7　日常压力的来源

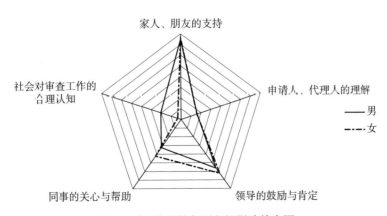

图 8　对工作能够起到积极影响的方面

从行为管理来看，审查工作是一个与创新主体不断沟通的过程，在沟通的过程中，有时会遇到不理解的申请人或代理人，可能会出现不愉快的情况，如遭受谩骂、威胁等。对于此类情况，绝大部分审查员都能理智冷静处理，但也有部分审查员需要进一步学会沟通技巧，以更好地与申请人/代理人进行高效交流（见图9）。

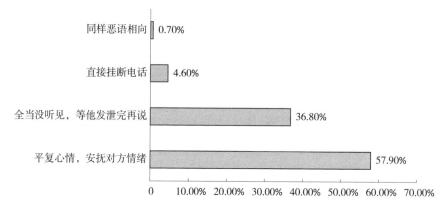

图9　遇到态度恶劣的申请人/代理人的处理情况

（四）小　结

从上述分析可以看出，专利审查员自我管理现状如下：

1）时间管理方面，个体间存在一定差异，部分审查员需要加强时间管理，工作条理性、统筹协调方面还待加强，审查效率还有较大的提升空间，尤其是需要加强制订计划和执行计划的能力。

2）知识管理方面，受到客观条件的影响较大，不同工作年限的审查员对于审查业务方面能力侧重点不同，但均有提升的需求，总体来看，审查员主动获取知识的能力还需提升。

3）情绪管理方面，均在工作任务、工作质量方面存在一定压力，但都具有较好的情绪察觉能力，家人、朋友、同事的支持能够起到积极的作用。

4）行为管理方面，责任意识较强，会自觉地维护中国专利的形象，在与代理人/申请人沟通交流方面，大多数专利审查员能够积极冷静地处理工作中的不愉快，但部分审查员仍需要进一步学会沟通技巧，以便更顺畅地与申请人/代理人进行高效交流。

三、专利审查员自我管理建议和自我管理体系的建立

本文希望通过系统化的时间管理、知识管理、情绪管理和行为管理来实现自我管理与组织管理的有机统一、提高审查管理效率、促进审查员成长成才。

通过外部工具、规范化的文件使自我管理成为习惯，以在审查工作中表现出更高的管理效率和更多的创新性；而自我管理意识的提升能够促进更高层次的自我管理，比如建立领导力、做出理性决策等。

（一）自我管理建议

1）时间管理方面，时间管理能力是决定审查效率的核心因素。可通过制订固定的工作日程表，一旦定下来即严格遵守，有条不紊且高效地开展一天的工作。对于如何实现工作目标，首先要确定一个可操作目标，确定一个务实的目标，将目标细化，比如：不是"我打算要写那份报告"，而是"我今晚要花半个小时设计表格，明天花半个小时填写报告，在接下来一天，把报告修改完善并打印出来"。

在执行能力上，可以尝试打造一套属于自己的"在执行的过程中一整套的流程和习惯"。例如：①认识到自己明确的具体目标，并写到最显眼的地方；②认识到每天消耗时间的事情有哪些；③杜绝一切干扰，一段时间内只专心做好一件事；④持续不断地规划，阶段性地只做一件事；⑤专注和极简，消灭消极想法、培养积极想法。

2）知识管理方面，良好的知识管理能力是提升审查效率的重要途径。青年审查员在不同阶段需要掌握和储备的知识众多，应对各种知识的侧重点及权重比例进行划分，即划定在特定时期需要重点掌握和储备的知识范畴。这样不但可以提高知识储备效率，也可以将所掌握的知识有针对性地应用于实践中，从而有效提升学习效率。

3）情绪管理方面，情绪和审查效率之间的影响是相辅相成的，良好的情绪有助于提升审查效率，而高效的审查又能够促进良好的情绪状态，形成良性循环。要做好情绪管理，就要提升情绪管理方面知识的储备，提高对情绪的感知能力；转变思维方式，合理表达情绪；增强行动力，积极主动调适情绪。

4）行为管理方面，优秀的行为管理能力是良好审查效率的外在体现。作为专利审查员，客观、公正、准确、及时地做好审查工作是我们的工作目标，因此，在工作中要严格遵守工作纪律，自觉维护中国专利的形象。在工作过程中经常需要跟申请人/代理人交流，事先充分准备、事中灵活应对、事后认真总结可以有效提升沟通质量和效率，是确保良好审查效率的基本要素；在沟通方面，制订相应的沟通规范有助于提升审查效率和行为管理能力。

（二）自我管理体系的建立

为了帮助审查员更好地进行自我管理，本文通过资源整合、流程保障和工具支撑提出了一套专利审查员的自我管理体系。

资源整合方面，可收集与审查相关的法律法规、分类体系、检索策略、审查策略、后续程序等相关资源，在内部建立一个数据库，实时更新，以便自我学习提升使用。

流程保障方面，审查员可以在案件审查过程中建立一系列规范化的操作方法，比如在审查过程中倡导个人建档，制定相应的案件档案表、个人数据监控方法和相应的表格进行自我积累，图 10 是案件档案表的一个示例，仅供参考。

案件基本信息								一通处理情况		中通处理情况							结案情况			复审情况			结案周期
月份	序号	申请号	申请日	分类号	申请人	发明名称	进案日	对比文件使用	使用法条	检索亮点、经验总结	申请人答复是否修改	是否坚持前次审查意见	使用法条	是否补充/更换证据	更换原因	处理经验总结	结案类型	是否有遗留问题	处理亮点、经验	复审意见	处理结果	经验总结	

图 10　案件档案表

工具支撑方面，可以采用工作计划表来对某段时间的工作进行规划，并严格执行计划，同时可以采用一些相关的时间管理 APP，以更高效地利用时间。图 11 是一个工作计划表的示例，仅供参考使用。

工作计划表　2017年10月16日　周一　　返回周　　返回月

顺序	一定要完成的工作	具体内容及方法	重要程度	紧急程度	计划完成时间	完成情况	备注
1	工作任务A	XXXX	1	1	本日	完成	
2	工作任务B	XXXX	2	2	三天内	进行中	
3							
4							
5							
顺序	紧急任务/临时任务	具体内容及方法	重要程度	紧急程度	计划完成时间	完成情况	备注
1	临时工作C		3	1	本日	完成	
2	临时工作D		2	2	本日	未完成	
3							
4							
顺序	有时间就完成的工作	具体内容及方法	重要程度	紧急程度	计划完成时间	完成情况	备注
1	工作E		1	2	持续	进行中	
2	工作F		1	3	持续	进行中	
3							
4							

图 11　工作计划表

四、总　结

本文针对目前知识产权事业发展新形势下的新要求，提出了通过提高审查员的自我管理能力来提升专利审查管理效率的途径。

通过统计分析、实证研究等多种研究手段，从与审查工作最密切相关的时间管理、知识管理、情绪管理和行为管理四个方面全面了解审查员在自我管理方面的基本现状。其中在时间管理方面，青年审查员需要提高时间管理意识，需要加强制订计划和执行计划的能力；知识管理方面，审查员均有提升知识储备的需求，但主动获取知识的能力还需提升；情绪管理方面，审查员均在工作任务、工作质量方面存在一定压力，但普遍具有较好的情绪察觉能力，家人、朋友、同事的支持能够起到积极的作用；行为管理方面，审查员的责任意识较强，但需进一步学会沟通，以便更顺畅地与申请人/代理人进行高效的交流。

在上述分析的基础上，结合审查员自身工作情况，本文针对性地提出了诸多具体的、可执行的对策和建议，同时通过资源整合、流程保障和工具支撑提出了一套自我管理体系，以提高审查员自我管理综合能力，为专利审查管理效率的提升提供有力保障。

第二部分

审查实务

创造性判断中结合启示类型分析

陈 琼

摘 要： 采用三步法进行创造性判断的核心和难点是结合启示的判断，本文基于区别技术特征被现有技术公开的情况，将对比文件公开的情况分为 4 种类型，结合本申请实际解决的技术问题给出 4 种类型下是否存在结合启示的判断方法，并通过实际案例进行分析和讨论。笔者认为，对结合启示的判断关键在于准确站位本领域，要从整体上考量本申请和现有技术的技术方案，从特征本身以及基本原理等方面出发，客观地判断和分析技术特征在其整体技术方案中所能起到的作用以及产生的影响，再确定要保护的发明从整体上对本领域技术人员是否显而易见。

关键词： 创造性　结合启示　显而易见　本领域技术人员

一、引 言

发明专利的实质审查过程中应用最多也是最重要的法条之一就是《专利法》第 22 条第 3 款有关发明具有突出的实质性特点和显著的进步，具备创造性的规定。

创造性的评判过程一般情况下遵循"三步法"，根据《专利审查指南2010》第二部分第四章第 3.2.1.1 节的规定❶，判断要求保护的发明相对于现有技术是否显而易见，通常可按照以下 3 个步骤进行（即"三步法"）：先确定最接近的现有技术，然后确定发明的区别特征和发明实际解决的技术问题，最后判断要求保护的发明对本领域技术人员来说是否显而易见。在"三步法"

---

❶ 中华人民共和国国家知识产权局. 专利审查指南 2010 ［M］. 北京：知识产权出版社，2010：172-174.

中最大的难点就是对于显而易见的判断，即现有技术中是否存在某种技术启示，使本领域技术人员能够将区别特征应用到最接近的现有技术以解决其存在的技术问题。

请大家看这样一个例子，本申请请求保护一种电子产品压紧移动机构，并具体限定了压紧机构的具体结构、移动机构的具体结构、二者的连接关系和该电子产品压紧移动机构使用时的相互联动。对比文件1公开了加工金属板的压紧机构，其具体结构与本申请相同，对比文件2公开了一种直线运动平台，其具体结构与本申请的移动机构相同，那么这样的两个对比文件相结合是否能够得到本申请呢？

再来仔细解读"三步法"，不难发现在进行创造性的判断时要考虑以下几个因素：①最接近现有技术的确定，不仅要考虑技术领域、技术问题、技术效果和公开的技术特征，还要进一步确定该现有技术是否具有改进的动机，这是创造性判断的基石；②技术问题的确定，根据要保护的发明与最接近的现有技术的区别特征，重新确定出发明实际所解决的技术问题，准确的技术问题是创造性判断的支柱；③现有技术整体上是否能够给出结合启示，这是创造性判断的上层建筑，是创造性判断的核心和难点。上述例子中，首先对比文件1的技术领域与本申请不同，其次对比文件1的压紧机构是否存在使其移动的动机，对比文件2的移动机构是否能直接用于对比文件1的压紧机构，本申请的技术方案从整体上看压紧机构和移动机构之间是否存在相互关联的关系，这些问题都是需要深思的。显然，在该例子中虽然对比文件1与对比文件2的特征都与本申请相同，但将二者结合得到本申请并不是显而易见的。

在审查中，对创造性的判断是否准确，直接关系到对案件走向判断是否正确，尤其是对第三步创造性结合启示的判断。对创造性结合启示的判断过程并不是简单地将现有技术进行拼凑和叠加就认为能够得到本申请，比如上述例子中简单将两篇对比文件公开的技术特征进行叠加并不能够得到本申请，一定要从整体上考量现有技术之间是否能够进行结合而得到本申请❶❷❸。为进一步分析如何进行创造性结合启示的判断，在此笔者根据审查实践，基于区别特征被现有技术公开的情况，将对比文件公开的情况分为以下4种类型：

若本申请的权利要求1包括技术特征A、B、C和D，作为最接近的现有技术的证据1公开了特征A、B和C，

❶ 中华人民共和国国家知识产权局. 审查操作规程［M］. 北京：知识产权出版社，2011：75-88.
❷ 徐晓明，等. 机械领域创造性评价方式研究——关于创造性审查标准和技术启示. 国家知识产权局学术委员会一般课题 Y070101，2007.
❸ 崔伯雄，等. 创造性评判中现有技术的结合启示研究. 国家知识产权局学术委员会一般课题 Y130506，2013.

1）证据 2 公开了特征 D，且特征 D 在证据 2 中所起的作用与其在本申请中所起的作用相同。

2）证据 2 公开了特征 D，证据 2 中所记载的特征 D 的作用与本申请不同。

3）证据 2 公开了特征 E，特征 E 与特征 D 存在差别，但特征 E 在证据 2 中所起的作用与其在本申请中所起的作用相同。

4）证据 2 公开了特征 E，特征 E 与特征 D 存在差别，且证据 2 中记载的特征 E 的作用与本申请特征 D 的作用不相同。

基于对上述 4 种类型创造性结合启示判断的思考，并结合实际案例进行探讨，以期对大家有所启示和帮助。

二、创造性结合启示 4 种类型的判断方法

在进行创造性结合启示的判断时，首先要将本申请的技术方案作为一个整体进行考虑，从而准确判断出区别特征在本申请的技术方案中所起的作用，其次要将现有技术的技术方案作为一个整体进行考虑，客观判断与区别特征相同或相似的特征是否能够产生与区别特征相同的技术效果，最后综合现有技术的相关方案和本领域技术人员的一般知识，确定要保护的发明从整体上对所属领域技术人员是否显而易见。

具体判断过程参照图 1 来进行进一步说明。

对于第一种类型，区别特征为证据 2 中披露的相关技术手段，该技术手段在该证据 2 中所起的作用与该区别特征要求保护的发明中为解决其技术问题所起的作用相同，即现有技术能够给出将区别特征应用到最接近的现有技术以解决其存在的技术问题的启示，这种启示会使本领域技术人员在面对所述技术问题时，有动机改进该最接近的现有技术并获得要求保护的发明，也即发明是显而易见的情形。

对于第二种类型，证据 2 披露了区别特征，但证据 2 中记载的作用与本申请不同，此时就需要审查员站位本领域技术人员，从基本原理等出发，先分析确定该区别特征在证据 2 的整体技术方案中客观上能够产生的技术效果，然后判断该效果是否与区别特征在本申请中效果的关系，进而确定证据 2 是否能够给出结合启示。

对于第三种类型，证据 2 披露了不同于区别特征的技术手段，但其与区别特征具有相同或类似的作用，此时在进行结合启示的判断时就要从特征本身出发。判断过程可遵循以下步骤，先确定证据 2 中特征与区别特征的差别，然后结合区别特征在整个方案中对其他结构或其他工艺步骤所产生的影响确定这些差别是否能够给本申请带来其他预料不到的技术效果，最后客观判断证据 2 中特征与区别特征是否是不需要付出创造性劳动的替换，换句话说就是客观判断本领域技术人员是否能够通过公知的变化或利用公知的原理对证据 2 中的特征

进行改型，从而将其应用于最接近的现有技术而获得本申请。

对于第四种类型，证据2披露的特征与本申请不同，作用也不同，直观上来看，这种情况下，证据2是不能够给出技术启示的，或者说即使结合了也不能够直接得到本申请。然而也有特殊情况，即虽然作用不同，但本领域技术人员能够判断该特征必然能够起到本申请所记载的作用，且证据2所公开的该特征与本申请的特征能够进行不需要付出创造性劳动的替换，同时没有产生预料不到的技术效果，这种情况下本申请依然不具备创造性。

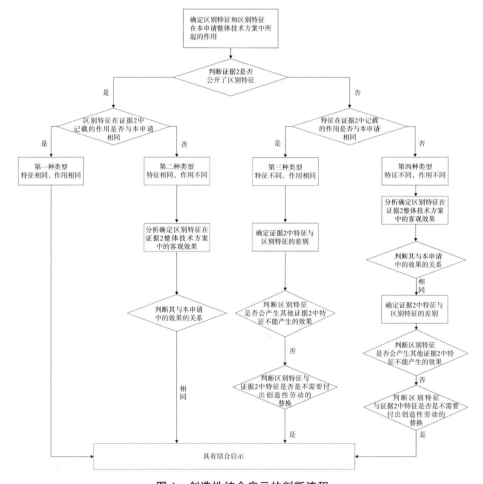

图1　创造性结合启示的判断流程

三、实际案例探讨

为更加具体地探讨4种类型结合启示的判断，下面将以实际案例为基础进行探讨分析。

【案例1】

权利要求请求保护一种透明电路膜片，包括从下至上依次排布的基材层、导电油墨层和保护层，所述基材层所用材料为PET，所述导电油墨层为聚合物PEDOT：PSS。本申请解决了现有技术中ITO膜导电图像成型过程中产生大量的工业废水污染问题，不需要采用铟元素，节约了成本。

对比文件1公开了透明导电层包括从下至上依次排布的PET基材层、导电纳米线溶液和导电金属油墨溶液的混合溶液涂层、保护层。

对比文件2公开了一种图案基板，包括透明基板层和透明图案层，图案层使用通过对聚乙撑二氧噻吩（PEDOT）掺杂聚苯乙烯磺酸（PSS）所提供的PEDOT/PSS系材料。对比文件2中并未记载图案层采用上述材料的作用。

案例分析：该案例可归属于第二种类型，虽然对比文件2没有记载采用PEDOT/PSS系材料作为图案层材料的作用，但当采用该材料时，必然不必使用ITO膜作为导电材料，也必然能够达到本申请所记载的上述技术效果。由此可见，对于本案，对比文件2可以给出对比文件1解决其技术问题的技术启示。

【案例2】

权利要求请求保护一种线路板制造方法，包括以下步骤：在形成有线路和焊盘的线路板上印刷阻焊油墨；将阻焊曝光菲林贴附在所述线路板上的所述阻焊油墨上，所述阻焊曝光菲林上包括焊盘开窗和轮廓开窗线，所述焊盘开窗与所述线路板上的所述焊盘对应，所述轮廓开窗线与线路板欲成型形状轮廓对应；将所述贴附有阻焊曝光菲林的所述线路板进行曝光处理；将曝光后所述线路板通过相应药液进行显影和腐蚀，以将所述焊盘开窗和轮廓开窗线对应的阻焊油墨去除，其他部分的所述阻焊油墨形成阻焊层；对显影腐蚀后的所述线路板进行切割成型。发明点在于制作阻焊层上的轮廓开窗线，这样在线路板外形加工完成后，工作人员直接通过目视检测线路板外形边缘的痕迹是否完整就可以判断线路板的外形加工是否合格。

对比文件1公开了具有焊盘的线路板的阻焊层的制作过程，未公开所有涉及轮廓开窗线的部分以及最后的切割成型步骤。

对比文件2公开了一种线路板的制作方法，具体为在线路板本体上设有与单体线路板对应的、用于判断单体线路板是否冲偏的冲偏标记；制作时，在蚀刻线路时，同时蚀刻冲偏标记，检查时，目视冲偏标记是否完整，如果完整，则判断单体线路板的外形尺寸在要求范围内，如果不完整，则判断外形尺寸不在要求范围内。

案例分析：该案例可归属于第三种类型，对比文件2所公开的技术特征与本申请的有一定差别，但作用相同，都是在进行线路板切割成型时通过标记线条的完整性来判断线路板成型尺寸是否合格，即为上述第三种情况。此时，对比文件1与对比文件2结合能够直接得到的技术方案为在制作线路时蚀刻出冲偏标记或轮廓线，从而可以在线路板成型之后判断外形加工是否合格。下面我们要重点考虑的问题就是通过蚀刻铜箔制作出轮廓线和通过阻焊层的开窗制作出轮廓线是否需要付出创造性的劳动，是否产生了预料不到的技术效果。对于本案，虽然在制作线路的同时或是制作阻焊层的同时制作出轮廓线并没有造成工艺流程的增加，但通过曝光显影制作阻焊层上的轮廓线的工艺却较蚀刻工艺简单，同时由于蚀刻得到的轮廓线是铜，在成型过程中若冲压到轮廓线会造成冲压刀具的磨损。因此，在对比文件2公开内容的基础上，本领域技术人员在没有其他任何启示的情况下，并不能想到将轮廓线的制作从蚀刻线路步骤变更到阻焊开窗步骤，且通过阻焊开窗来制作轮廓线能达到更好的技术效果，即本申请相对于对比文件1和对比文件2具备创造性。

【案例3】

本申请请求保护一种杯子，包括圆柱形杯体和杯盖，其中杯体为陶瓷材料，杯体中间部位上设置有隔热环。

对比文件1公开了一种杯子，包括圆柱状杯体和杯盖，其中杯体为陶瓷材料。

对比文件2公开了一种杯子，包括杯体，杯体外面设有杯套，能够起到防滑的作用。

案例分析：该案例可归属于第四种类型，对于这种情况，若本领域技术人员能够确定该防滑杯套一定具有隔热的功能，则其与第三种类型类似，可按照第三种类型的判断方法进行后续的判断；若本领域技术人员不能确定防滑杯套具有隔热的功能，则对比文件1与对比文件2无结合启示。

四、结　语

通过对上述案例的梳理可以看出，"三步法"评判创造性的过程中，正确站位本领域技术人员非常重要，这是审查员对于显而易见性判断是否准确的决定性因素。在实际审查过程中，证据2公开了区别技术特征，并且明确其作用与本申请也相同的情况是有限的，大多数时候都会出现特征不完全相同、作用不完全相同或者二者均不完全相同的情况。此时，就要求审查员能够站位本领域技术人员，从基本原理等出发，客观判断分析该相同的特征在证据2的整体技术方案中是否能够产生与本申请相同的效果，或者，从特征本身出发，结合该特征在整个方案中对其他结构或其他工艺步骤所产生的影响，客观判断证据2中的特征与本申请的特征是否属于不需要付出创造性劳动的等效替换，判断本申请的该特征较对比文件是否会产生其他预料不到的技术效果。因此，对于创造性结合启示的判断关键在于正确站位本领域，客观准确地分析技术特征所起的作用以及其在整个技术方案中产生的影响。本领域技术人员虽然不具备创造能力，但其应当知晓申请日或者优先权日之前发明所述技术领域所有的普通技术知识，能够获知该领域所有的现有技术，并且具有应用该日期之前常规实验手段的能力，从而在本领域技术人员拥有这些能力的情况下，对本申请以及对比文件做出客观的分析，才能客观地进行创造性评判。

促进审查技术水平趋近本领域技术人员的思考

任盈之

摘 要：本文在梳理现有专业技术培训内容基础之上，结合天津中心独立审查上岗审查员规模不断扩大这一实际情况，对基本技术素养和全岗技术素养的培养方式进行了探讨，以期对中心提升审查员技术素养提供参考，以满足审查岗位在不同阶段对审查员趋近于本领域技术人员能力的需要。文中重点阐述了"走出去"的培养方式，发挥审查员自我提高的主观能动性，提升审查员准确站位本领域技术人员的能力，促进审查质量和审查效率的提升。

关键词：本领域技术人员　技术素养　培训　审查质量　审查效率

一、引 言

2016 年 12 月 8 日国家知识产权局印发的《专利质量提升工程实施方案》❶中，将"专利审查质量提升工程"纳入四项重点工程之一。专利审查是知识产权保护的源头和专利工作的基础，应当全面提升审查质量和效率，充分发挥专利审查工作向前促进科技创新水平提升、向后促进专利市场价值实现的双向传导作用。在审专利申请的质量和效率对推动科研人员创新热情、鼓励创新主体的研发积极性有着重要影响。审查员作为专利审查的主体能否准确站位本领域技术人员，是实现专利审查"客观、公正、准确、及时"的基础保障，是对世界一流审查部门的审查员提出的能力要求。

从知识层面来说，本领域技术人员不仅要知晓普通技术知识，还要能够获

---

❶ 国家知识产权局办公室关于印发《专利质量提升工程实施方案》的通知. 国知办发管字〔2016〕47 号.

知本领域的现有技术以及相关领域的现有技术；从能力层面来说，本领域技术人员具备应用申请日前常规实验手段的能力，在"能够促使寻找"的前提下，具有跨领域寻找技术手段的能力，具备合乎逻辑的分析、推理或者有限的试验的能力并且不具备创造能力。审查员通过集中学习、技术讲座等"请进来"的培训方式能够快速从中汲取技术知识和审查方法，而常规实验手段的能力、合乎逻辑的分析、推理或者有限的试验的能力很难通过日常培训、审查来准确掌握，前沿领域技术更新迅速，处在研发和生产一线的高新企业、科研院所对技术的现状更具有发言权，因此如果更多地以"走出去"的方式开展专业技术培训，便能够促进审查员的技术水平更接近本领域技术人员，从而加强审查人才队伍建设的"技能支撑"。

二、基础技术素养培养

基础技术素养培养主要面向新审查员，大部分新审查员初出校门，对技术的知识储备主要包括两部分，一是学校所教授的各学科基础知识，二是研究生阶段所钻研的某一特定领域的技术知识。前者的知识宽度为后期的学习打下了坚实基础，后者的知识厚度已经可以使该审查员成为这一特定领域的"专家"，但是研究生阶段每个人所研究的技术方向比较局限，导致这一特定领域通常很窄，很难满足一个审查员的审查单元所覆盖的相应技术领域。刚迈出校门的新审查员学习能力都比较强，此时应主要通过"请进来"的方式开展专业技术培训，新审查员能够以学生的角色迅速接受和吸收这些知识。充分利用技术专家库、专利分析类研究成果等资源，借助技术说明会、分析成果宣讲会等形式，并通过审查员技术综述撰写能力的培养，加强审查员对发明创造的理解，提升审查员的技术素养和站位本领域技术人员的能力。

在咨询、查询类平台方面，开展技术专家库使用培训，定期收集、汇总技术专家库的使用、维护情况，促使审查员提高对技术专家库的利用率和使用效率；号召审查员充分利用审查智库资源，通过案例指导，着力提升法律理解和适用能力。技术专家库和智库分别为审查员在技术问题和案例指导方面提供了帮助，然而在向技术专家库咨询时还存在回复不及时的问题，而且技术专家并不了解审查工作的各项法律条文适用规则和审查思路。另外在日常审查工作中，当审查员遇到技术难题时，通过咨询相关领域的资深审查员来解决问题是最常见的方式之一，但新审查员队伍不断壮大，同时资深审查员还没有成长起来，在这种情况下，寻求咨询的审查员通常"无功而返"。相对应的，局内审龄在 5 年以上的老审查员数量颇多，基于局内的审查员资源，笔者认为可以从审查领域出发，建立审查员信息数据库，推选相关领域审查专家，以达到在审查员范围内解决问题的目的。在求助资深审查员的同时，充分利用新审查员在研究生阶段所钻研的"某一特定领域的知识"这一宝贵财富，建立内部技术人才库，填写读研期间的研究方向（如毕业设计、竞赛、项目涉及内容），更进一步达到在部门内部解决问题的效果。

在专业技术讲座方面，积极与相关技术领域企事业单位接洽，承办技术说明会，示范引导审查员关注相关审查领域的技术发展情况，加强作为申请人主体的企事业单位与审查员的良性互动；帮助审查员充分利用技术专家库的资源，根据审查员的反馈信息定位授课方向，邀请技术专家库中相应领域的专家解读本领域前沿技术知识。然而，在开展技术说明会或者专家讲座前，组织者还应做好沟通，保证专家宣讲内容是审查员想要了解的技术内容，同时，也让专家了解专利审查相关知识，例如创新性评判中关于隐含公开的技术特征的判定等，使专家在内容表述中更有针对性，所提供的技术信息更便于应用到审查工作中。

三、全岗技术素养培养

全岗技术素养培养主要面向独立上岗审查员，经过一段时间的培养，独立上岗审查员不断趋近于本领域技术人员，然而对于常规实验手段的能力、合乎逻辑的分析推理或者有限的试验的能力掌握的不同，使得审查员在运用相关知识对发明进行创造性判断时存在差异，为了降低差异性，对能力尺度准确站位，进阶技术素养提升期应当更多地引入"走出去"的方式开展专业技术培训，同时引导审查员从被动接受培训到主动研究、分享转变，全方位促进审查员的技术水平接近本领域技术人员。

1. 以前沿技术为导向，促研发审查双向共进

前沿领域技术更迭迅速，5G、"互联网+"、物联网、区块链等概念已全方位展开应用，随之而来的是逐年递增的相关专利申请量。审查员并非处在研发和生产一线，仅仅通过日常培训与审查所获取的知识很难匹配前沿技术的更迭速度，而高新技术企业（如华为、腾讯、阿里、百度等）处于技术研发一线，对技术的发展情况掌握第一手资讯更为迅速，对技术发展方向定位更为准确。此外，企业需要快速将自身的研发成果完成专利转化，以在市场竞争中斩获先机。派员前往企业调研、实习，一方面企业能够了解审查工作的各项法律条文和审查思路，方便科技成果转化；另一方面审查员能够向技术人员、研究人员学习前沿技术知识，便于审查员日后对申请文件的技术方案所解决的技术问题和带来的技术效果进行确认。审查机构掌握了尖端技术的实质，能够更好地准确站位，确认申请文件的发明高度，达到研发、审查互促共进的目的。对于本地企业还可建立长期合作模式，根据双方需求定期开展巡回审查、会晤、讲座等，提升审查员的主观能动性，让技术学习与交流成为常态。

2. 以重点高校为突破，谋产学研用多方合作

产学研相结合，是科研、教育、生产不同社会分工在功能与资源优势上的

协同与集成化，是技术创新上、中、下游的对接与耦合。为了使科技成果更好地转化为现实生产力，进一步提出了产学研用，"产学研用"与"产学研"，虽然只有一字之差，但后者进一步强调了应用和用户，突出了以市场为导向，必须努力实现体制机制、合作模式、创新人才培养这三大突破❶。可见，科技成果专利化、专利成果转化是产业应用的关键环节。笔者认为应借此机会发挥专利审查工作的优势，融入产学研用的多样化合作模式，不仅为破解科技与经济脱节这一长期困扰我国技术创新体系建设的问题贡献力量，也为审查员前往高校学习建立基础。具体来说，可以将本地重点院校重点学科作为突破口，抛出橄榄枝，突出本单位作为国家专利行政部门在科研成果专利化方面的经验与优势，提供合理指导，避免出现因急于授权而导致获得的权利要求保护范围过窄从而难于转化的问题。同时依赖于与企业的良好合作，积极协助高校完成专利成果转化，谋求产学研用多方合作的长效机制。

3. 以地理优势为依托，晓会议论坛成果热点

学术会议、学术论坛以促进科学发展、学术交流、课题研究等学术性话题为主题，一般都具有国际性、权威性、高知识性、高互动性等特点，参会者往往都会将自己的研究成果以学术展板的形式展示出来，使得互动交流更加直观、效果更好。审查员通过参加行业学术会议、论坛，能够提高对相关技术发展的认知，提升对站位本领域技术人员重要性的认同感。例如，由国家发改委、科学技术部、工业和信息化部、国家互联网信息办公室、中国科学院、中国工程院、中国科学技术协会和天津市人民政府共同主办的世界智能大会已连续两年（2017、2018）在津举行，大会通过会议报告、展览、赛事和智能体验等一系列活动，汇集了无人机、智能驾驶、智能语音识别、窄带物联网等领域的新进展、新趋势，与相应的审查领域具有很高的专业匹配度，通过参加这类学术会议，审查员了解了前沿领域的最新举措，对技术的发展方向也有了新认识，这些参会经历和收获为审查员准确站位本领域技术人员开展审查工作提供了很大的帮助。同时，为了更多、更有组织性地参与此类学术会议、学术论坛，培训中还应依托京津冀协同发展的优势，收集汇总京津冀地区的会议、论坛信息及时发布给审查员，方便审查员了解和参加。

4. 以法律法规为支撑，观复审口审资源共享

准确站位本领域技术人员不仅包括专业技术层面，也包括法律思维层面，观摩口审程序能够促进审查员对专利申请复审程序及专利无效程序的了解，通过行政确权到司法阶段的整个法律体系的审查实践，以法律思维为基础来提升技术素养。复审委从2016年开始组织开展"重大案件公开审理"活动，主动向社会公众公开审理过程，这些案件通常处于技术领域前沿，证据繁多、事实

---

❶ 马德秀. 产学研用合作创新推动战略性新兴产业发展［J］. 中国科技产业，2011（1）：16-17.

认定复杂，公知常识适用争议大，审查员通过观摩不但能够了解相关技术，而且能够促使其建立证据意识，加强对事实认定的把握能力，提高正确适用公知常识的能力。审查员从复审看前审，归纳总结前审过程中应当注意的问题、案件走势判断与把握等，提升逻辑思维能力，让审查员从不同角度考量针对不同领域不同案情法律如何适用的问题，从而基于法律思维层面提升准确站位本领域技术人员的能力，进而促进审查标准的执行一致，为重大案件、疑难案件的审查质量提供重要保障。培训中应根据复审委的口审安排选择合适的案件组织审查员观摩，以便加强口审观摩的计划性，实现优质学习资源的有效共享。

5. 以技术分享为手段，传实践经验以点带面

外出调研、高校合作、学术会议、观摩口审等"走出去"的方式固然形式新颖、效果突出，但由于人力、物力、财力等客观因素，参与其中的必然只能是部分资深审查员，难以实现审查队伍素质的整体提升。面对上述受众面偏小的问题，笔者认为应充分调动资深审查员的积极性，大力倡导资深审查员"现身说法"，注重发挥传帮带的作用，在内部管理上细化传帮带的操作规程或细则，将"走出去"的所学、所思、所用"引进来"，将所获取的知识、技能以共享、分享、讨论等多种互动宣讲形式应用到审查实践和教学培训中去，由被动接受变为主动研究，以点带面，使"走出去"带来的优势效果惠及全体审查员，使得审龄较短的审查员能够获得资深审查员的指导和帮助，促进审查员队伍的整体技术水平不断接近本领域技术人员。

四、小　结

无论是"请进来"还是"走出去"，都需要审查员发挥主观能动性，积极自我提升，才能不断趋近于本领域技术人员。审查员自身应主动学习质量保障、典型案例、业务指导等成果，从中找差距，从而发现知识水平和能力水平中的问题，进一步寻求咨询平台、技术讲座等方式解决问题，方能起到事半功倍的效果。同时，运用企业调研、学术会议、高校合作等多样化的培养方式进一步激发审查员的学习热情、分享热情，形成良性循环，全方位提升站位本领域技术人员的能力。

创造性审查中如何把握技术实质

宫玉龙　徐书芳

摘　要： 本文结合一个具体案例，论述了在创造性审查过程的理解发明构思、解读权利要求保护范围、确定最接近的现有技术、突出的实质性特点和显著的进步判断、申请人意见陈述分析、重新确定技术贡献等环节如何站位本领域技术人员把握发明的技术实质，进而准确评判发明的创造性的方法，有助于准确运用创造性法条，能够为提高发明专利的审查质量和审查效率带来帮助。

关键词： 站位本领域技术人员　创造性　技术启示

一、前　言

众所周知，"本领域技术人员"在《专利法》《专利审查指南 2010》中是极其重要的概念，《专利法》第二十六条第三款判断说明书是否充分公开时，需要"以所属技术领域的技术人员能够实现为准"❶，《专利法》第二十二条第三款判断是否具备创造性时，"本领域技术人员"是创造性判断的主体，这个概念在一定程度上是将"法律"意义上的审查员和"技术"意义上的技术人员进行了统一，有助于审查人员统一审查标准。

站位本领域技术人员，在进行创造性的评判过程中，需要准确理解发明，把握发明构思，并确认权利要求的保护范围；分析现有技术，寻找和确定"最接近的现有技术"；分析和确定发明与最接近现有技术的区别特征，突出技术实质，以便使"本领域技术人员"基于区别特征进行创造性贡献的评价；最后

---

❶　中华人民共和国专利法［M］. 北京：知识产权出版社，2009：7.

基于该区别特征全面审视现有技术，以"本领域技术人员"的视角判断该区别特征是否在现有技术中得到技术启示，以准确把握创造性高度，下面就审查过程中的一个实际案例进行深入理解与分析。

二、站位本领域技术人员具体案例分析

1. 准确定位技术问题

某专利申请涉及一种低相位噪声的电感电容压控振荡器，申请人在背景技术中给出了现有技术中 3 种典型的电感电容压控振荡器，如图 1 所示。现有技术存在的问题在于电路噪声性能较差，为了克服高的噪声，引入了 RC 滤波电路，但是，一方面电阻会贡献噪声，另一方面 RC 滤波电路也会进一步导致集成电路需要占用较大的基片（wafer）面积。

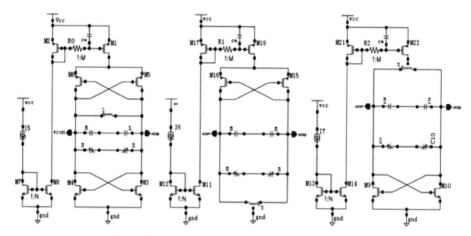

图 1　现有技术中 3 种典型的电感电容压控振荡器

为了克服上述现有技术存在的不足，本申请的电感电容压控振荡器，在压控振荡器的振荡幅度大于某个阈值之后，通过把尾部电流源关断，使压控振荡器依靠谐振腔中储存的能量继续振荡，而不再继续引入偏置电路的噪声，达到降低尾部电流源噪声传递到谐振腔的噪声能量，进而降低相位噪声的目的，本申请基于现有技术进行改进的电感电容压控振荡器电路如图 2 所示。

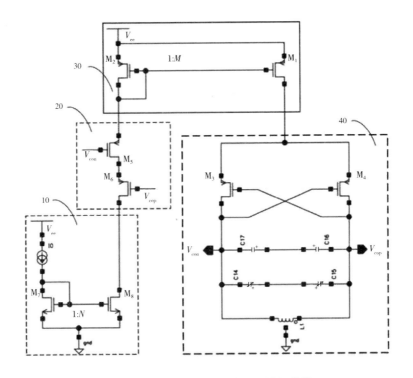

图 2　本申请改进的电感电容压控振荡器

2. 准确把握本申请发明构思

站位本领域技术人员，首先需要准确理解发明，把握发明构思，基于以上分析可知，本申请通过在压控振荡器与偏置电路之间搭建反馈回路，反馈回路将压控振荡器的输出信号反馈回输入端的镜像恒流源处，通过控制晶体管的通断进而对噪声进行抑制，同时去掉了占用较大基片面积的 RC 滤波电路，以达到改善电路噪声和减小基片面积的技术效果。

"权利要求书应当以说明书为依据，清楚、简要地限定要求专利保护的范围。"❶ 在准确把握发明构思之后，站位本领域技术人员，则需要进一步明确权利要求的保护范围。权利要求的保护范围应当与申请人在说明书中所公开的技术内容对现有技术的贡献相适应，可以允许申请人在其公开的实施方式或实施例的基础上进行概括，但本领域技术人员应当能够合理地预测到所概括的保护范围所涵盖的技术方案与上述实施方式或实施例相比，均能够解决相同的技术问题。

本申请权利要求 1 如下：一种低相位噪声的电感电容压控振荡器，包括第

---

❶　中华人民共和国国家知识产权局. 专利审查指南 [M]. 北京：知识产权出版社，2009：173.

一镜像恒流源、第二镜像恒流源、压控振荡器，其特征在于：所述电感电容压控振荡器还包括动态电流源噪声抑制电路，所述第一镜像恒流源的输出连接至所述动态电流源噪声抑制电路以作为后续电路的偏置，所述动态电流源噪声抑制电路受控于所述压控振荡器的输出，用于在所述压控振荡器的输出高出阈值后关断偏置电流，其输出连接至所述第二镜像恒流源。

由当前权利要求 1 可知，该电感电容压控振荡器包括顺序连接的第一镜像恒流源 10、动态电流源噪声抑制电路 20、第二镜像恒流源 30、压控振荡器 40，其中动态电流源噪声抑制电路受控于压控振荡器的输出。站位本领域技术人员理解该权利要求的保护范围，权利要求 1 针对发明点部分采用了概括表述方式"动态电流源噪声抑制电路受控于压控振荡器的输出"，即凡是通过反馈回路将压控振荡器的输出引至输入端以实现恒流源控制的方案，均在其保护范围之内，本领域技术人员能够预测到上述概括的保护范围所涵盖的技术方案能够解决相同的技术问题。

3. 确定最接近的现有技术，寻找最佳技术起点

基于上述发明构思及权利要求的保护范围，寻找和确定最接近的现有技术。站位本领域技术人员，通常需要先从相同或相近技术领域的现有技术中寻找，并优先选择与本申请的发明构思一致的现有技术。在上述实际案例中，与本申请的发明构思相似的有以下现有技术：专利文献 CN101409530A，记为备选文献 1，其公开了一种电感电容压控振荡器，包括电流源 $I_{B1} \sim I_{Bn}$，其作用相当于第一镜像恒流源，电流镜电路 320，相当于第二镜像恒流源，振荡模块 110，相当于压控振荡器，以及将振荡模块的输出经过反馈控制电路 130 引至输入处的控制开关 $W_1 \sim W_n$（相当于动态电流源噪声抑制电路）以实现基于振荡模块的振幅控制晶体管的导通与关断，达到系统规定的相位噪声规格，并且第二镜像恒流源处没有采用 RC 滤波电路，因而避免了占用较大的基片面积，电路如图 3 所示；专利文献 US2007013456A1，记为备选文献 2，其公开了一种电感电容压控振荡器，通过将压控振荡器的输出经过反馈控制电路 20 引至电源处的晶体管 P_1 和 P_2 进而调节电流大小，如图 4 所示。

将上述备选文献 1 和备选文献 2 的发明构思与本申请的发明构思进行比较后，可发现备选文献 1 在技术领域、技术问题、技术效果这三方面与本申请一致，所采用的技术手段与本申请的相近度最高，故将其作为重塑发明过程的最佳技术起点，即最接近的现有技术，记为对比文件 1。

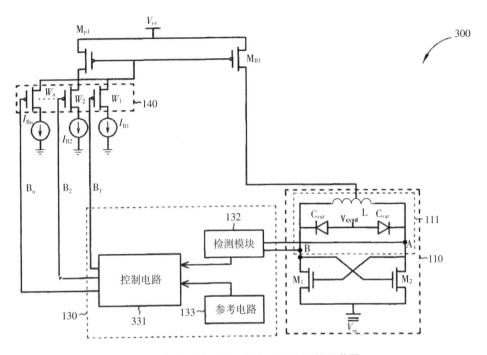

图3 备选文献1公开的电感电容压控振荡器

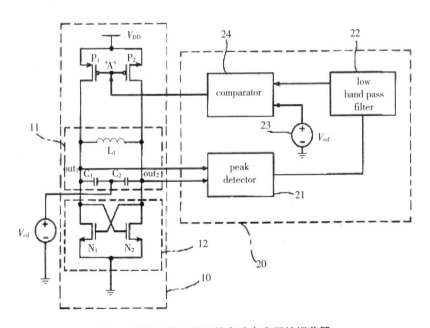

图4 备选文献2公开的电感电容压控振荡器

4. 判断本申请是否具有突出的实质性特点和显著的进步

站位本领域技术人员，在获知最接近的现有技术之后，本领域技术人员需要分析和确定发明与最接近现有技术的区别特征，突出技术实质。通过上述对本申请权利要求1保护范围的确认以及对比文件1公开内容的分析，区别技术特征为本申请采用的电流源为镜像恒流源，对比文件1仅公开了电流源，未公开电流镜电路。基于以上区别可以确定，权利要求1实际解决的技术问题是如何提高基准电流源电路的电流输出。

《专利审查指南2010》规定在创造性评判过程中，现有技术整体上是否存在某种技术启示，即现有技术中是否给出将上述区别特征应用到最接近的现有技术以解决其存在的技术问题的启示，这种启示会使本领域的技术人员在面对所述技术问题时，有动机去改进最接近的现有技术并获得要求保护的方案。EPO审查指南则明确采用"could-would"方法，即针对申请实际解决的技术问题在现有技术中是否整体上给出了技术启示，会（不仅仅是可能或能够）使得本领域技术人员在面对客观上要解决的技术问题时根据该技术启示能够改变或调整最接近的现有技术，从而得到权利要求的技术方案，并获得权利要求所获得的技术效果。换句话说，would体现的是现有技术教了何种技术手段解决了何种技术问题，因此本领域技术人员在面对同样的技术问题时会（would，明确的意愿）按照现有技术的教导去改进最接近的现有技术，而could则更多地表现为一种解决同样技术问题的可能性，故"could-would"方法在判断中关键是看本领域技术人员是否能从现有技术中获得解决技术问题的技术启示（would），并且会在该技术启示下以同样方式改进最接近的现有技术，而不是仅仅只看现有技术中公开的手段是否客观上能够解决要解决的技术问题（could）；即现有技术中是否存在解决该技术问题的改进动机，存在解决该技术问题的改进动机后，本领域技术人员还得从现有技术中获得存在解决该技术问题的关键技术手段，只有两者同时存在才可以对最接近的现有技术进行改进或调整以获得更好的技术效果并获得本申请的技术方案，这点与《专利审查指南》中对本领域技术人员在判断本申请是否具有突出的实质性特点与显著的进步是一致的。

那么回归本案例，站位本领域技术人员，采用电流镜电路对电流进行放大是压控振荡器偏置电路中常用的一种技术手段，该技术手段在本申请背景技术中3种典型的电感电容压控振荡器电路已有体现，基于证据优先原则，专利文献CN102545780A作为现有技术也给出了相应的证据，记为对比文件2，如图5所示，其公开了压控振荡器的偏置电路中采用电流镜电路与基准电流源连接（could）用以提高电流输出，并且对比文件2与本申请均属于相同的压控振荡器技术领域。由此可见，对比文件2公开了第一镜像恒流源，并且对比文件2公开的上述内容在对比文件2中所起的作用与对应的区别在该权利要求中的作用相同，均是采用电流镜电路实现压控振荡器的偏置电路，也即现有技术中给出了压控振荡器偏置电路中采用电流镜电路提高基准电流源电流输出的技术启示，故本领域技术人员有动机（would）将对比文件 2 公开的上述特征应用于对比文件 1 中以解决其存在的技术问题，以实现提高基准电流源电路电流输出的目的（即 EPO 审查指南中 could-would 同时满足的情形）。故站位本领域技术人员，当前权利要求 1 请求保护的技术方案在对比文件 1 的基础上结合对比文件 2 不具有突出的实质性特点和显著的进步，不具备《专利法》第二十二条第三款规定的创造性。

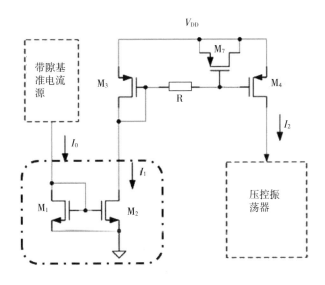

图 5　对比文件 2 公开的压控振荡器偏置电路

5. 与申请人进行有效沟通

申请人在收到站位本领域技术人员的审查员发出的审查意见通知书之后，虽然专利法没有要求申请人也要站位本领域技术人员，但是会存在一个申请人基于该审查意见通知书将自身对所属领域的技术认识重新调整并提升为接近本领域技术人员的过程，进而明确其要求保护的方案相对于最接近的现有技术的贡献点在哪里。申请人站位本领域技术人员后，能够发现本申请相比于对比文件 1 的技术贡献在于动态电流源噪声抑制电路的具体实现方式以及该电路直接受控于压控振荡器的输出信号，故将动态电流源噪声抑制电路的具体实现方式和连接关系在权利要求 1 中予以限定，提交了意见陈述书和经修改的权利要求书，并在意见陈述书中对上述新增内容与现有技术的区别做进一步阐释，以克服审查员指出的创造性缺陷。

修改后的权利要求 1（下画线部分为申请人加入内容）：一种低相位噪声的电感电容压控振荡器，包括第一镜像恒流源、第二镜像恒流源、压控振荡器，其特征在于：所述电感电容压控振荡器还包括动态电流源噪声抑制电路，所述第一镜像恒流源的输出连接至所述动态电流源噪声抑制电路以作为后续电路的偏置，所述动态电流源噪声抑制电路受控于所述压控振荡器的输出，用于在所述压控振荡器的输出高出阈值后关断偏置电流，其输出连接至所述第二镜像恒流源；所述第二镜像恒流源将所述动态电流源噪声抑制电路输出的偏置电流镜像为一较大电流供给所述压控振荡器；所述动态电流源噪声抑制电路包括串联连接的第五PMOS管与第六PMOS管，所述第六PMOS管漏极接所述第一镜像恒流源输出端，源极连接所述第五PMOS管漏极，所述第五PMOS管源极连接至第二镜像恒流源的偏置输入端，所述第五PMOS管与第六PMOS管的栅极分别接所述压控振荡器的两输出端。

审查员接收到申请人的意见陈述后，站位本领域技术人员，通过检索现有技术，发现现有技术中并没有将压控振荡器的两输出端直接与镜像恒流源处的晶体管进行相连以实现通过晶体管的通断控制噪声的证据（could），也并非本领域的公知常识，此时，审查员再次站位本领域技术人员，评判其创造性高度，则需进一步考虑是否为本领域技术人员"容易想到"。在创造性评价中，"容易想到"可分为4个逻辑层次"何人去想""在何基础上想""为何去想"以及"如何想"，只有4个逻辑层次层层打通，权利要求请求保护的技术方案才能够称之为"容易想到"。

①对于"何人去想"，很显然指的是本领域技术人员；②对于"在何基础上想"，创造性判断中应当以最接近的现有技术为基础进一步去想，其意义在于如果最接近的现有技术不需要用区别技术特征的手段进行改进或者根本没有动机改进为本申请的技术方案（would），即便该技术手段在本领域中很常见（could），也不能够用容易想到来评述权利要求的创造性；③对于"为何去想"，指的是本领域技术人员为什么要对最接近的现有技术进行改进，即为何要解决区别技术特征实际解决的技术问题，其是"容易想到"的关键一环，是本领域技术人员寻求技术手段的前提（would），否则，"容易想到"即在此处走向终结；④对于"如何想"，即采取何种技术手段能够解决最接近的现有技术存在的技术问题（could）。

6. 重新确定申请人所做出的技术贡献

再次回归本案例，站位本领域技术人员，对比文件1公开了通过反馈控制电路将压控振荡器的输出引至输入端晶体管以实现基于压控振荡器的振幅控制晶体管的导通与关断，其中反馈控制电路包括振幅检测模块、参考电路以及控制电路，控制电路基于振幅检测电路检测的压控振荡器的振幅与参考电路提供的高低参考电压值进行比较，如果振幅过大，则控制相应的晶体管截止。由此可知，"容易想到"的前两层已然满足，也即本领域技术人员已明确最接近的现有技术所公开的内容，那么，本领域技术人员是否有动机在此基础上将对比文件 1 中反馈控制回路的全部元件丢弃，而直接将压控振荡器的输出引至输入，并在输入处增加另一晶体管，使压控振荡器输出的一对相位差为 180°的信号分别控制两个串联晶体管的通断呢？再次站位本领域技术人员，一方面，对比文件 1 已经在反馈控制回路中引入控制电路，并基于控制电路对振幅与阈值的大小关系的判断结果输出对晶体管的控制信号，也即已经解决了本申请背景技术中指出的现有技术中存在的技术问题，其不仅能够达到与本申请相同的技术效果，还能够通过参考电路调节阈值大小，故本领域技术人员没有动机（would）对其反馈方式和动态电流源噪声抑制电路的具体实现方式进行修改，也即在此基础上去掉控制电路、检测模块和参考电路并在输入端添加新的晶体管使压控振荡器的输出与两个晶体管直接相连，仅依靠晶体管额定的阈值电压进行镜像恒流源的导通与截止，上述技术手段能够（could）实现本申请的技术方案；另一方面，需要考虑技术方案的改进是否属于要素省略，也即省去已知电路中的一项或者多项要素，是否依然能够保持原有的全部功能，或者带来意想不到的技术效果，本领域技术人员容易理解，对比文件 1 中的电路在去掉控制电路、检测模块和参考电路后，将无法实现利用压控振荡器的互补信号实现单晶体管控制，且无法实现参考电压阈值调节，没有取得意想不到的技术效果。因此"容易想到"即在此处走向终结，不能用来评述修改后的技术方案。

在本案例中，申请人想要的权利要求的保护范围为动态电流源噪声抑制电路受控于压控振荡器的输出，而不论动态电流源噪声抑制电路和反馈回路的具体实现方式。站位本领域技术人员，现有技术中不仅包括诸如申请人背景技术以及对比文件 2 中所述的压控振荡器，该类压控振荡器会存在较高的噪声问题和/或基片面积问题，也存在将压控振荡器输出通过反馈控制回路引入输入端电流源处的压控振荡器电路，审查员基于现有技术的证据，授权的权利要求的保护范围为动态电流源噪声抑制电路受控于压控振荡器的输出，并进一步限定了动态电流源噪声抑制电路和反馈回路的具体实现方式，授权的技术方案的保护范围与申请人在说明书中所公开的内容对现有技术的贡献相适应，不仅实现了申请人权益与贡献的平衡，而且客观上鼓励了发明创造。

三、结　语

本文结合审查过程中的一个具体案例，将站位本领域技术人员贯穿整个审查过程，从准确理解发明、把握发明构思、确认权利要求保护范围，到分析现有技术、寻找和确定"最接近的现有技术"、分析和确定申请的方案与最接近现有技术的区别特征，以及基于该区别特征全面审视现有技术，判断该区别特征是否在现有技术中得到技术启示，从而准确把握创造性评判高度，本文从多方面进行了深入细致的探讨，最终给予合理的授权范围，实现申请人利益与社会公众利益之间的平衡。

提升审查员技术和法律素养的途径和方式

郭向尚　吴　垠　夏春英

摘　要：本文调查研究了审查机构对外交流的主要方式与内容，提出在对外交流的基础上，通过"走出去"的方式建立与企业、学术界的密切联系，建设审查员实践基地，通过"引进来"的方式引入技术领域专家，建立前后审反馈交流机制，搭建内部交流平台，使审查员能够贴近研发一线，及时获得技术、法律方面的专业指导，提升审查员的技术与法律素养。

关键词：本领域技术人员　引进来　走出去

一、前　言

知识产权是发展的重要资源和竞争力的核心要素，在 2014 年召开的国务院常务会议决定部署加强知识产权保护和运用，助力创新创业，升级"中国制造"。2018 年 4 月 10 日上午，国家主席习近平出席博鳌亚洲论坛开幕式并发表题为《开放共创繁荣　创新引领未来》的主旨演讲，强调加强知识产权保护是完善产权保护制度最重要的内容，也是提高中国经济竞争力最大的激励。随着国家创新战略的实施以及政策的大力支持，国内的发明申请量呈大量增长的趋势，审查质量也成为实现知识产权价值的重要保障环节。而如何加强专利审查质量管理、完善专利审查标准、优化专利审查方式、提升专利审查能力也成为能否实现创新驱动发展的重要因素。

可以说，创造性的高度影响着创新主体创新活动的积极性，而本领域技术人员的能力水平的认定最终决定了创造性的高度。然而，国家知识产权局的实审审查员大都是刚刚毕业的硕士研究生，虽然也是各个专业的精英，但技术革新的速度远远超过审查员知识更新的速度。因此，要把一名行业新手培养成为一名趋近于本领域技术人员的专利审查员，不仅需要良好的培训体系，更需要审查员自己不断的积累。

　　面对如此多的挑战，国家知识产权局在培养专利审查员，使其准确站位本领域技术人员方面也做了很多工作❶。本文将主要从"走出去"和"引进来"两方面着手，探讨如何健全审查员的培养机制，使专利审查员能够更好地站位于本领域技术人员，并在现有制度的基础上，对培养体系和模式做出进一步思考。

二、审查人员"走出去"

（一）巡审调研

　　自 2015 年开始，"知识产权走基层服务经济万里行"活动（以下简称"万里行"活动）已经开展将近 3 年的时间了，从国家知识产权发展战略来讲，这是深入产业和地方一线，提供量身定制服务，继续巩固和发展知识产权公共服务品牌的重要举措；而从审查员的角度来讲，"万里行"的附属活动——企业巡审，则给予了审查员一个与专利发明人和企业知识产权从业人员交流沟通的好机会。一方面，能够对相关企业的专利申请布局进行总体把握；另一方面，在与申请人讨论的过程中，对于案情也会有更深入的了解。

　　此外，为了提高审查员的业务水平，还可以组织审查员与研发人员进行交流，了解企业对专利技术保护的需求，扩大审查员的知识视野，促进其对技术发展状况的了解，并学习借鉴企业研发人员在检索方面的经验；而在审查员与企业交流的过程中也可以向企业宣传专利申请及保护的相关知识，指导企业运用知识产权战略，实现双方共赢。可以说，此类活动既可以提高审查员的技术认知水平，又可以解答申请人在申请前准备、审查中答复和授权后运用等知识产权方面的问题，很大程度上提高了审查员站位本领域技术人员的能力。

（二）参加展会及学术会议

　　为了了解各个行业最新的发展趋势，汲取最新的研究成果。我局还为审查员提供了参加学术会议和相关展会的机会，这一举措有助于审查员开阔眼界，了解行业前沿技术。例如，天津中心光电部曾派控制领域审查员参加了第九届智能人机系统与控制论国际会议，了解了有关语言识别、神经网络算法的一些最新进展，使得审查员对于相关学者的研究成果有了进一步的认识，从而为趋近于本领域技术人员提供了很大的帮助。此外，由于审查员的工作性质所限，要想深入到每一家与审查领域相关的企业中进行实地调研，并与企业技术人员充分交流并不现实。因此，积极外派审查员参加技术展览会的活动也成为审查员实现"走出去"，拓展与提高自身知识储备的重要途径之一。审查员可以通

---

❶ 李玉坤. 浅论新专利审查员的成长［M］. 2014 年中华全国专利代理人协会年会第五届知识产权论坛论文，2014：312-319.

过与参展企业技术人员的深入交流了解相关领域的主流技术以及行业发展的趋势和发展规律，这对于知识储备的更新与拓展不失为一种高效的方式。同时，参展的审查员也应该结合自身审查领域，在参展过程中做到有针对性的学习，在有限的展会时间内实现学习效率的最大化。

（三）建设审查员实践基地

为了进一步加强国家知识产权局审查员实践基地的建设和管理，保障审查员专业技术培训活动，国家知识产权局批准设立了依托地区内企事业单位的实践基地。通过举办审查员专业技术实践、专业技术调研和专业技术实习等培训活动来提高专利审查员的技术能力。实践基地具体承接审查员专业技术调研培训项目，以了解技术发展趋势和企事业单位知识产权保护状况为目的，使审查员深入生产和研发一线，直接向企事业单位的技术人员学习技术，补充和更新知识结构，了解相关领域的技术发展情况、热点技术及行业发展趋势。同时，结合企业自身对知识产权保护的需要，可以举办面向企业科研人员宣讲专利知识的活动，为企业的专利布局和产权保护提出合理的规划和建议。

三、技术与法律支撑"引进来"

（一）专家库的建立

如今专利申请涉及的知识丰富多维，夹杂多个领域。面对这种情况，国家知识产权局开展了专利审查技术专家咨询项目，建立了审查技术专家库以提供技术咨询，以此充分发挥技术专家作用，帮助专利审查员全面了解现有技术，准确把握发明高度。目前，已经通过国资委和中科院完成了大部分技术领域的专家征集工作，并通过工信部、国内知名企业以及审查部门推荐等途径继续补充专家。

审查员通过点击中国专利审查技术专家管理系统中的"审查技术专家库"一栏即可进入专家查询界面。审查技术专家库中的技术专家按所属技术领域进行了划分，其涵盖的技术领域包括机械、光电、化学、通信、医药生物、电学及材料等七大技术领域，且系统对每项技术领域又进行了两级细分，便于审查员快速、准确地找到合适的技术专家进行技术咨询，提高了审查效率。同时，审查技术专家库还提供了"关键词""分类号""擅长领域""专家姓名""单位""专家星级"等选项，供审查员进行筛选，进一步提高了提问效率。

随着"专家库"的引进和使用，审查员在审查过程中遇到自己不了解的专业技术时，可及时通过审查技术专家库找到相关技术领域的技术专家进行提问，通过技术专家专业、极具针对性的解答，使审查员能够更为精准地理解技术方案，从而不断地趋近本领域技术人员，做到客观公正审查。

（二）建立局内部及与法院的反馈和交流机制

作为国家行政执法部门，实质审查的工作与法律密不可分，司法原则在专利法中有明确的体现，专利审查员想要在审查工作中做到客观、公正、及时、准确的审查，不仅需要具备较强的专业技术知识，还需要具备较强的法律认知和法律思维，两者缺一不可。而专利审查员通常是理工科专业背景出身，相比之下，对背景技术及技术方案的理解更加透彻，但对法律普遍原理、原则理解不够深入，由此导致在一定程度上出现了审查有所偏颇的问题。因此，专利局初审部门、实审部门、复审部门以及法院相互之间均建立了良好的反馈与交流机制，专利复审委员会以及实审部门也会定期请知识产权法院的专家来进行法院判例的讲解，使审查员认识到审查质量与侵权诉讼之间的联系，认识到授权专利背后的法律效力及其蕴含的经济利益和社会效益，以便于在技术能力和法律思维方面都能够获得较大的提升。

（三）中心内部资源交流

我们还可以利用中心内部资源在系统内部进行不同学科之间的技术交流。例如，天津中心光电部对每位审查员的主审领域、在校研究方向和擅长领域进行了统计，组成了光电部内部专家库，这样在遇到不同学科的技术知识时可以方便快速地找到相关领域的审查员进行交流；对于涉及一些共性的问题可以组织相关领域的审查员进行技术讲座。从审查单元来看，光电领域审查单元中的光测量、电测量、信号传输系统和控制系统中会涉及通信领域审查单元中的信号处理、无线传输等方面的技术知识。为此，光电部与通信部进行了合作，由通信部审查员进行了无线通信相关知识的讲座，并就前期收集的相关问题进行了解答，这种交流平台的搭建使得审查员更趋近本领域技术人员。在此基础上，未来还可以从知识供给的角度进行交流融合，为后续类似问题的审查提供参考。

四、关于培训体系和培养模式的进一步思考

除了上述已经采取的培养机制之外，我国《专利法实施细则》第四十八条还规定：自发明专利申请公布之日起至公告授予专利权之日止，任何人均可以对不符合专利法规定的专利申请向国务院专利行政部门提出意见，并说明理由。也就是说，在帮助审查员无限接近"本领域技术人员"的道路上，尤其对现有技术的理解和检索方面，我们可以借助于公众的智慧和力量。但是，在《专利法实施细则》和《专利审查指南2010》中，对于公众意见的法律地位、作用以及社会公众如何提供审查意见等问题并没有详细的规定。

对此，我们可以借鉴国外的先进审查经验，取其精华，去其糟粕。如日本专利局为了节约审查程序建立了第三方信息提供制度，第三方可向日本专利局在线提交可用于评价专利申请新颖性和创造性的对比文献以及证明专利申请说

明书公开不充分的证据❶。同时，其还于 2008 年 6 月推出了一种试验性专利审查制度，试图通过招募几百名包括大学研究者在内的参与者，让他们根据最新的海外学术会议的论文、已有的专利技术和非专利产品技术对提交的专利申请提出意见，来核查企业的发明是否适合专利申请。❷ 而为了改善计算机领域的审查，美国专利局率先在计算机领域推出同行专利评议试点项目，即在申请公开后，由申请相关领域的同行专家为审查员提供对比文件和评论作为参考，有助于审查员在较短时间内掌握更多背景技术，明确检索方向，缩小检索范围，从而提高审查质量，缩短审查周期。

此外，美国专利局还与纽约法学院合作推出了试验性的项目——公众专利评审。任何人都可以通过注册到"同行专利"这一网站进行参与，当专利申请人在网上发表专利时，学者、同事乃至潜在竞争对手等有相关技能的人都可以发表评论，以提供给审查员在审查时参考。为了激发公众专利评审的热情，还设置了相应的奖励机制。

然而，在我们引进上述国外制度的过程中还会遇到诸多问题。

首先，我国的技术基础和知识储备还比较薄弱。尤其在尖端科学领域中，许多核心技术仍然为美国等西方国家所掌握。而科技发展水平和同行专利项目有效实施之间是相辅相成的，其能够得以实施正是建立在其国内强大的科技基础之上，并得到来自计算机和信息技术领域的科技力量的鼎力支持，才得以不断实施与拓展。因此，我们也需要不断完善基于软件的服务解决方案，推动同行专利项目不断拓宽与发展，为专利审查员、科研人员、社会相关领域的专家更便捷地使用该系统创造条件。

其次，企业的思想观点和公众的参与意识还有待提高。在此基础上，如何设置一个合适的激励制度也是激发广大公众参与热情的重要因素之一。如果激励机制运用不当，很可能会在提升公众参与积极性的同时造成公众意见在一定时期内的激增，这势必会导致审查效率的降低。而且，一些与专利申请相关的利害关系人或利害关系团体也存在通过不断提供公众意见故意拖延审查进度，从而谋取非法利益的可能；此外，对于公众所提供证据的可信度的考证也是审查过程中不得不正视的问题。

因此，面对着发明人不断修正完善自己的专利申请，减少后续诉争的期望，面对着国家知识产权局提速专利审查和提高审查质量的愿望，面对着社会公众能看到一个更加透明、公正的决策程序的期望，我们在"客观、公正、准

---

❶ 罗赟. 浅谈交叉领域的"本领域技术人员"——从"阿尔法"谈起 [J]. 中国发明与专利，2016（7）：16-20.

❷ 袁晓东，刘珍兰. 专利审查中现有技术信息不足及其解决对策 [J]. 情报杂志，2011（3）：84-88.

确、及时"的道路上还需要一步一个脚印，踏踏实实地走下去。

五、结　语

在"双创"的时代背景之下，我国社会经济呈现出新的发展格局，展现出创新发展的巨大推动力。为了更好地推进专利事业发展，专利审查人才的培养是专利事业发展的内在需求，也是文化建设的重要抓手。在新的历史时期，加速人才队伍建设是基于专利事业全面发展的战略性考量，有着积极重要的现实意义。

而从审查员的自身角度来讲，要想不断趋近于本领域技术人员，除了要拥有一颗不断学习、不断努力的恒心，还要保持对新知识的学习热情和渴望，不断加深对案情的理解，调整心态，不急不躁，珍惜各种交流、学习的机会，高质量地完成专利审查工作，为建设知识产权强国贡献自己的一份力量。

本领域技术人员跨领域技术能力
对创造性评判的影响

王婷婷

摘　要：跨学科跨领域发明涉及两个以上技术领域，在进行创造性评判时，审查员需要具备去其他技术领域寻找技术手段或将某一技术领域的技术转用到该领域的能力。本文从审查指南的规定出发，借鉴他局有关本领域技术人员跨领域技术能力的有关规定，结合具体案例，对所属领域技术人员的"跨领域技术能力"进行了探讨，对跨学科跨领域发明的创造性评判提供一定参考。

关键词：本领域技术人员　跨领域　创造性

一、引　言

本领域技术人员也被称为本领域的技术人员、所属技术领域的技术人员。准确地认定本领域技术人员所具备的知识和技能水平对客观地进行创造性评判至关重要。在审查实践中进行创造性判断时，往往会遇到一些对比文件虽然公开了发明的某些技术特征，但技术领域与本申请并不相同的情况。此外，随着科技的发展，越来越多的交叉学科涌现，对本领域技术人员在交叉领域的能力范围提出新的要求❶。如何对不同领域的对比文件所公开的技术方案能够给出技术启示进行准确的判断、对本领域技术人员的"跨领域技术能力"进行认定，直接影响着创造性高度的把握。本文从我国审查指南以及他局关于本领域技术人员的有关规定出发，结合审查实践中的具体案例，对所属领域技术人员的"跨领域技术能力"提出一些粗浅的想法。

---

❶ 罗赟. 浅谈交叉领域的"本领域技术人员"——从"阿尔法"谈起［J］. 中国发明与专利，2016（7）：16.

二、审查指南的规定

为了统一审查标准、避免主观因素影响，《专利审查指南 2010》第二部分第四章第 2.4 节对"所属技术领域的技术人员"的概念进行了定义❶：发明是否具备创造性，应当基于所属技术领域的技术人员的知识和能力进行评价。所属技术领域的技术人员，也可以称为本领域的技术人员，是指一种假设的"人"，假定他知晓申请日或者优先权日之前发明所属技术领域所有的普通技术知识，能够获知该领域中所有的现有技术，并且具有应用该日期之前常规实验手段的能力，但他不具有创造性。如果所要解决的技术问题能够促使本领域的技术人员在其他技术领域寻找技术手段，他也具有从该其他技术领域中获知该申请日或优先权日之前的相关现有技术、普通技术知识和常规实验手段的能力。由上述定义可知，本领域技术人员的领域一般被限定为发明所属技术领域，但在现有技术存在启示的情况下，其领域可扩展至相近或相关的其他技术领域，也即在存在技术启示的情况下，本领域技术人员具备一定的从其他技术领域寻找技术手段的能力。

《专利审查指南 2010》第二部分第四章第 4.4 节中列举创造性判断时的几种不同类型发明时，针对转用发明进行了举例说明：转用发明是指将某一技术领域的现有技术转用到其他领域中的发明。如果转用是在类似的或者相近的技术领域之间进行的，并且未产生预料不到的技术效果，则这种转用发明不具备创造性，例如将用于柜子的支撑结构转用到桌子的支撑。而如果转用能够产生预料不到的技术效果，或者克服了原技术领域中未曾遇到的困难，则这种转用发明具备创造性，例如将飞机中的主翼用于潜艇中。此外，审查指南关于创造性"三步法"中如何确定最接近的现有技术时，也规定了最接近的现有技术可以是虽然与要求保护的发明技术领域不同，但能够实现发明的功能，并且公开发明的技术特征最多的现有技术。在确定最接近的现有技术时应首先考虑技术领域相同或相近的现有技术。这也说明了在某些特定的条件下，本领域技术人员可以利用非发明所属技术领域的现有技术作为改进的基础，将某一技术领域的现有技术转用到其他领域中。

由我国审查指南的上述规定可知，在进行创造性评判时，虽然应首先考虑相同或相近领域的技术作为最接近的现有技术以及寻找技术启示的来源，但也没有完全排除本领域技术人员应用其他领域的技术以及寻找技术手段的能力。在特定情况下，本领域技术人员具备一定的将某一特定的技术领域的技术转用到其他相似或相关技术领域以及在现有技术存在技术启示时跨领域寻找技术手段的能力，也即"跨领域技术能力"。如何对本领域技术人员的"跨领域技术

---

❶ 专利审查指南 2010［M］.北京：知识产权出版社，2010：170.

能力"进行评判，直接影响审查实践中对创造性高度的把握，对合理评判创造性至关重要。

三、他局与我国本领域技术人员跨领域技术能力比较

其他各局在对本领域技术人员的水平进行衡量时，也均考虑了不同技术领域因素的影响。在美国，本领域技术人员被认为具备一定的创造能力，他能够"具有普通的创造能力，不是一台机器；在许多情况下，能够将多份专利的教导像智力拼图一样拼接在一起"❶。由此可见，美局规定的本领域技术人员具有较高的创造性标准，在进行创造性评判时并未对技术领域做出过多的限制。而欧洲专利局中的本领域技术人员是"一位假设的普通专业技术人员，知晓相关日期之前所属技术领域所有的一般知识；在有些情况下，假想成一组人，如一个研究或者生产团队比假想成一个人更合适"。在某些交叉领域，需要各个领域技术知识的融合，此时这一组人包括不同技术领域的若干技术人员，在进行创造性评判时需要考虑他们各自所具备的技术领域的知识❷。例如，欧洲专利局的判例 T57/86、T222/86 中指出，在先进的激光技术领域，本领域技术人员被认为是一个分别由物理学、电子学和化学的专家组成的三人小组。这体现了欧洲专利局在进行交叉领域的创造性评判时允许本领域技术人员具备跨领域技术知识并将其进行组合。

相比之下，我国专利审查指南中虽然明确规定了本领域技术人员不具备创造性，但并未仅仅将本领域技术人员所具备的能力限定在"所属技术领域"，还规定了在现有技术给出启示的情况下能够具备从其他技术领域获取相关技术手段的能力。不难看出，本领域技术人员的"跨领域技术能力"从一定程度上体现了创造性的高低，其最终影响创新主体的创新积极性。当发明创造涉及跨技术领域知识时，需要结合领域的技术发展水平、需要克服的技术障碍以及技术效果等因素进行综合考量，最终才能对创造性做出合理评判。

四、案例分析

以下结合笔者审查实践中的案例 1~3，对我国专利审查实践中本领域技术人员的"跨领域技术能力"进行分析和探讨。

【案例 1】

案例 1 涉及一种用于超声诊断设备的升降装置，其所要解决的技术问题是提供一种结构简单、加工成本低，而且能够确保超声诊断设备升降时的平稳和

❶ 石必胜. 本领域技术人员的比较研究［J］. 电子知识产权，2012（3）：70.
❷ 魏聪."专利创造性判断主体"能力的比较研究［D］. 北京：中国政法大学，2013：51.

顺畅的升降机构。发明点在于在升降柱上设置了环形过渡滑块 5，利用环形过渡滑块中设置的滚轴 6 与外套筒 2 配合实现上下升降，具体结构如图 1 所示。

对比文件 1 为一种用于桌子的升降装置，具体结构如图 2 所示，其公开了底座、外套筒、升降柱，在升降柱的外周设置了周向限位机构 9，周向限位机构 9 通过安装槽设置多个滚柱 913，从而与外套筒内壁贴合实现升降，与本申请的发明构思相同，其技术方案也基本相同，区别在于本申请为一种用于超声诊断设备的升降机构，而对比文件 1 为一种用于桌子的升降机构。

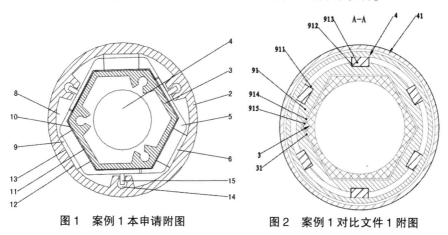

图 1 案例 1 本申请附图   图 2 案例 1 对比文件 1 附图

在本案中，对比文件 1 为最接近的现有技术。虽然对比文件 1 与本申请中升降机构的应用领域不同，但其公开的技术特征最多，能够实现发明的功能。并且，桌子和超声诊断设备均需设置升降机构，且二者在升降过程中均存在如何简化升降结构、提升升降平滑度的技术问题。本领域技术人员容易想到将用于桌子的升降机构应用于超声诊断设备，且在应用的过程中不需要克服原技术领域中未曾遇到的技术困难，例如针对超声诊断设备的具体结构特点对升降机构进行特殊的设计，因此这种转用并不需要本领域技术人员付出创造性劳动。

【案例 2】

案例 2 涉及一种用于台车式超声诊断设备的机箱，为了解决现有台车式超声诊断设备散热性能较差的问题，将箱体分隔成了 3 个容置腔，分别放置超声诊断设备的超声模块、主控板和电源模块，防止器件之间的相互干扰和散热影响，并在每个容置腔分别设置通风孔和风扇进行散热，提高散热效率。

对比文件 1 公开了一种超声诊断设备的机箱，其中设置了超声模块、主控板和电源模块，但没有公开将其分隔为第一容置腔、第二容置腔和第三容置腔。对比文件 2 公开了一种计算机机箱，其公开了将机箱分隔为 3 个腔体，每个腔体分别设置通风孔和风扇进行散热，这样设置的作用是为了提高散热效率、防止器件之间散热的串扰，与本申请中设置3个容置腔并分别设置风扇和通风孔的作用相同，因此，对比文件2给出了如何解决机箱散热中器件之间相互干扰的技术问题的技术启示。从技术领域看，虽然对比文件2为一种计算机机箱，而非用于超声诊断设备的机箱，但是二者均涉及一种电子设备的机箱，其上位领域均属于机箱领域；此外，无论是计算机机箱，还是医疗设备的机箱，且其在设备使用过程中均存在着如何提高散热效率的问题，因此本领域技术人员在对对比文件1中公开的用于超声诊断设备的机箱进行改进时，有动机去存在相同技术问题的其他领域的机箱中寻找解决方案，例如从计算机机箱中借鉴有助于散热的结构。

【案例3】

案例3涉及一种电子体温计显示不同温度的方法。现有技术中电子体温计通过LED灯来指示测量温度的高低，增加了制造成本。为了降低成本，本申请提出了一种不需要LED灯的指示温度高低的方法。如图3所示，在显示屏上显示一指示符，在电子体温计的外壳上印刷颜色标记，当测量的体温值处于不同的温度区间时，通过显示指示符指向显示屏外的相应颜色标记来实现温度高低的指示。

对比文件1公开了一种利用常规的LED灯来显示体温高低的显示方法。对比文件2公开了一种用于车辆诊断工具，在显示车辆故障信息时，如图4所示，通过在显示器中显示指示符并指向显示器外的颜色指示标记来显示车辆是否需要进行维修，颜色指示标记是LED灯。本领域技术人员能否在对比文件2的启示下结合对比文件1得到本申请的技术方案？首先，从技术领域来看，对比文件2的技术领域为车辆领域，与本申请的电子体温计领域相差甚远，本领域技术人员从车辆领域来寻找技术方案来解决电子体温计领域的技术问题，还是有一定的距离的。然而，从显示符的功能来看，二者都是为了实现信息的显示，同属于信息显示的通用领域，从这个角度看，本领域技术人员是可以借鉴车辆领域的信息显示方法用于医疗设备或者其他领域的涉及信息显示的设备中的。其次，从技术问题看，本申请中采用显示符指向的是显示屏外的印刷颜色标记，其要解决的技术问题是避免使用LED灯，简化结构、节省成本；而对比文件2中采用显示符指向显示屏外的颜色标记，仅仅是为了用于信息指示，且颜色标记为LED灯，没有涉及避免使用LED灯、节省成本的技术问题。因此即使借鉴对比文件2中的技术方案，也仅能够得到显示指示符指向显示屏外的LED灯的技术方案，没有理由将LED灯替换掉。由此可见，对比文件2中显示符所解决的技术问题与本申请中在电子体温计中采用显示符所解决的技术问题并不相同，因此对比文件2并没有明确给出如何避免使用LED灯、简化结构、节省成本的技术启示。

图 3　案例 3 本申请附图

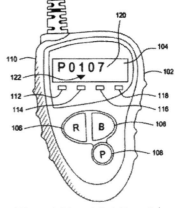

图 4　案例 3 对比文件 2 附图

以上列举的 3 个案例中，案例 1 涉及转用发明，案例 2、案例 3 涉及向其他相关领域寻找相应技术启示。在涉及转用发明或交叉领域的发明创造性评判时，应综合考虑以下几个方面的因素：技术领域的远近；是否具有足够的技术启示；结合技术本身，充分考虑转用或借鉴其他领域技术的难易程度、所需要克服的技术困难以及带来的技术效果。下面具体结合案例 1~3 就如何合理进行跨领域创造性判断进行探讨。

（1）关于技术领域的划分

在进行跨领域创造性评判时，技术领域的远近是需要考虑的主要因素之一。一般情况下发明所属的技术领域依据其所属的 IPC 分类而定，但在某些情况下，IPC 分类不能准确、全面地反映发明所属的领域及其发明构思。在确定"相关技术领域"时，不能局限于与发明相同的特定领域，还应该考虑上位领域、相邻领域以及与该特定领域存在共同技术问题的通用领域或其他领域。例如在案例 1 中，本申请涉及一种用于超声诊断设备的升降装置，属于医疗领域，而对比文件 1 涉及一种用于桌子的升降装置，属于家具领域，但对于升降装置本身而言，其功能均是为了实现升降，因此同属于升降结构领域，上述不同的两个领域中的升降机构均存在着同样的需要提升升降平稳度、简化升降结构的技术问题。在案例 2 中，用于超声诊断设备的机箱和电子计算机的机箱，其上位领域均属于电子设备的机箱，其在应用中均存在着电子元件散热串扰的技术问题。因此，在实际案例中对技术领域进行判断时，不应局限于专利分类，还应结合技术原理本身，从技术问题出发，判断技术领域是否相关以及能否给出技术启示。

（2）关于跨领域结合启示

参考上述分析（1）中关于技术领域的划分的分析，如果某些对比文件与本申请不属于相同的领域，但是属于相关领域，且对比文件中所公开的技术手段所解决的技术问题与本申请相同，则可认为该属于不同领域的对比文件能够给出相应技术启示。例如案例 2 中，虽然对比文件 2 为涉及计算机的机箱，而非超声设备机箱，但其均属于机箱这一相关领域，且对比文件 2 所公开的技术手段所解决的技术问题与本申请中相同，均为了防止器件间的散热串扰、提高散热效率，因此对比文件 2 能够给出技术启示，也即虽然对比文件与本申请具体领域不同，但当其属于相关领域，且对比文件就解决某技术问题给出了明确的教导的情况下，本领域技术人员能够从该相关领域得到相应启示。但如果对比文件与本申请不属于相关领域，且现有技术中又没有给出采用上述对比文件公开的技术手段的明确指引，那么所属领域技术人员就没有合理的预期使用对比文件中的技术教导，去解决本申请所要解决的技术问题。例如案例 3 中，对比文件 2 中虽然公开了采用显示符指向显示屏外的 LED 灯的方式来进行显示，但并没有直接给出将 LED 灯替换为印刷颜色标记来简化结构、节省成本的教导，且二者所属技术领域并不直接相关，因此，认定对比文件 2 提供了相关技术启示是缺乏说服力的，也不易被申请人认同。另外，在结合启示不明显时，还需考虑在所属领域就解决某个技术问题是否有普遍的技术追求，使得本领域技术人员有动机去进行相应改进，但对此进行判断时应具有确凿的证据，从而避免主观臆断、"事后诸葛亮"的情况的发生。综上，在对跨领域技术启示是否存在进行判断时，需结合技术领域、技术手段、技术问题以及本领域的普遍技术诉求来综合进行考量。

（3）关于转用发明

在判断转用发明的创造性时，需要考虑转用的技术的远近、是否存在技术启示，并结合技术本身，充分考虑转用的难易程度、所需要克服的技术困难以及带来的技术效果。例如在案例 2 中，如果仅仅是将电子计算机中机箱的将电子元器件分别放置于多个容置腔的技术方案借鉴转用于超声诊断设备机箱中，则不具备创造性。但如果除此之外，发明人还针对超声诊断设备的具体模块的结构特点对各个容置腔进行了有针对性的设计或者针对改善散热对容置腔本身做出某些改进性设计，并实现了一定的技术效果，则在进行创造性判断时还需要结合上述方面进行综合考虑。

五、总　结

准确地站位本领域技术人员对于合理地评判创造性至关重要。在立足本领域技术人员进行创造性评判时，不仅要考虑其所属的技术领域，还要考虑相近或相关技术领域，以及所要解决的技术问题能够促使所属技术人员到其中去寻找技术手段的其他技术领域。对本领域技术人员的"跨领域技术能力"进行合理判断，这在当前跨学科跨领域发明大幅增多的情况下对于交叉领域发明申请的创造性判断尤其具有重要意义。在审查实践中，一方面，为了全面制定检索策略，不仅仅需要在发明所属技术领域进行检索，还需要将技术领域合理扩展至其他相近、相关领域，特别是在多个领域知识融合的交叉领域，更需要有能力获取涉及融合的多个技术领域的现有技术，从而为合理进行创造性评判提供必要的依据❶。另一方面，在判断其他领域的技术手段能否给出技术启示时，需判断该其他领域是否存在同样的技术问题，并从技术本身的原理出发，判断区别特征在对比文件中与本申请在解决技术问题上所起的作用是否相同，并结合所属领域是否存在普遍的技术追求以及综合考虑改进所需要克服的技术困难以及带来的技术效果，从而对跨领域发明创造的创造性给出合理的判断。

---

❶ 王斯朕. 领域融合对发明创造性评价的影响［J］. 山东工业技术，2017（8）：258.

UI 交互领域微创新专利的创造性审查❶

邵　金

摘　要：本文分析了 UI 领域微创新技术的特点以及该领域案件对创造性判断带来的挑战，总结了创造性审查中所面临的公知常识判断与技术效果判断两大问题，并借助于具体案例提出了上述问题的处理方法，为审查员对该领域案件创造性审查提供了有益的指导。

关键词：本领域技术人员　UI 交互领域　微创新　创造性

一、引　言

目前，随着我国创新驱动发展战略的提出，以创新驱动发展为路径，以科技创新为核心，为我国经济社会发展转型及创新型国家建设指明了方向与路径❷。其中致力于改善用户操作方式、使得界面交互更加人性化以提升用户体验的用户交互专利更是由于与互联网、智能终端等重要领域极为相关，因而具有不可估量的商业价值，成为各大公司争夺的重要专利战场，但是在用户交互领域，由于几大公司均已完成了该领域基础专利的布局，申请人很难再有开创性的突破，因而，该领域中的申请人开始从用户交互的各个角度的微小改进进行专利申请，这种微小改进称为微创新❸。

360 董事长周鸿祎在 2010 中国互联网大会次生论坛建议网络草根创业者致力于"微创新"，同时指出，微创新即为一切以用户为中心的价值链创新，以微小硬需、微小焦距、微小迭代的方式找到用户痛点，把问题解决好，有四两

---

❶ 本文源于天津中心 2017 年专项工作"UI 交互创新专利的审查质量提升调查研究"，项目负责人：朱丽娜；项目组成员：赵小宁、王孜琦、胡瑞娟、魏小凤、薛杰、邵金。

❷ 邵培樟. 实施创新驱动发展战略的专利制度回应 [J]. 知识产权，2014 (3)：85-89.

❸ 和雪姣. 移动智能终端微创新设计中用户体验的研究与应用 [J]. 艺术科技，2016，29 (10).

拨千斤的效果，这种单点突破即为"微创新"。

对于初创型小企业而言，创新一旦投入市场，由于此类企业缺少大量具有黏性的用户群体支撑，其创新反而被行业内具有成熟平台和大量黏性用户的企业模仿，并利用自身的成熟平台进行推广，很快就占据了大量市场份额。这样，初创型小企业虽然有创新能力，但由于缺少市场认可，无法获得持续发展的资金，严重缺少进一步发展壮大的空间。长此以往，整个用户交互领域行业将陷入少数几个寡头的控制，从而大大削弱产业创新的能力。因此，对"微创新"专利的重视为保护创新活跃度极高的中小创业者创新成果，使得创新大众化、普遍化，为中小创业者提供机遇，促进市场竞争公平具有重要意义。

用户交互领域的创新较之产品迭代慢或很难做出改进的领域，其显著的特点就是产品更迭速度快，创新绝大多数以小步迭代的方式推进。首先，用户交互领域主要基于计算机编程的开发方式，其开发速度较快。第二，用户交互技术的特点要求研制至上市的周期较短，其周期都需要具有快速的市场反应能力。因此一个创新往往在最初版本阶段，其制造商不可能把所有的漏洞解决，往往是通过时间推移，逐步改进现有的产品和创意，从而使其更加稳定和强大。第三，迭代的改进方式有利于维护用户操作的易用性，由于用户交互技术创新对用户数量及用户忠诚度的依赖，其改进考虑用户适应性及使用惯性的因素不会做出巨大的变动，而是在原有产品的基础上进行微小改进。因此，对"微创新"的保护有利于后续产品的发展。

由以上可知，不论是从目前的技术布局现状还是从技术发展现状看，"微创新"的保护在用户交互领域都是非常重要的。

但是，在对本领域的微创新进行审查时，经常会出现难以把控其创造性，不知道某一技术方案是否具备创造性，何种情况下认定该申请具备创造性予以授权何时予以驳回的问题。同时，在该领域调研时发现，审查员与专利申请人之间的焦点问题主要为微创新的创造性问题。

可见，目前在这一领域的审查中如何把握专利的创造性是迫在眉睫的，这不仅对保证该领域审查质量同时对保障申请人的利益具有重要意义。为解决这一问题，下面将站位本领域技术人员角度❶，对"微创新"的创造性判断进行分析，以期给这一特殊领域审查员提供借鉴。

二、"微创新"的创造性审查探讨

"微创新"有大效果大用途大利益小步迭进的特点，比如该领域的搜狗百度的输入法专利大战，又比如苹果影响深远的滑动解锁，都是小改进带来了大

---

❶　刘颖洁，李劲娴. 浅谈"本领域技术人员"在新颖性与创造性判断中的作用 [C] //中华全国专利代理人协会年会知识产权论坛论文，2014.

效果大利益，所以在审查时既要慎重又要准确把握。下面我们站位本领域技术人员对其创造性高度的审查进行探讨❶：

1）UI用户交互作为一个技术革新较快的领域，其现有技术可能遍布于互联网各个角落，这也是用户交互领域审查员在审查过程中努力接近所属领域技术人员时在"能够获知"这一点上遇到的最大难题。

2）由于技术更新快，并且技术更加贴近生活，使审查员容易陷入"使用常识陷阱"中，这一陷阱使审查员无论是在公知常识的判断中还是在技术启示的判断中都容易犯错。比如，某项技术在进入审查程序时其产品可能已被广泛应用，审查员作为一个社会人对这些产品或多或少会有所了解，因而在其进行审查工作中作为一个假设"人"时就更容易将社会人的认知代入假设"人"，进而掉入"使用常识陷阱"。

同时，《专利审查指南2010》规定❷：所属技术领域的技术人员，也可称为本领域的技术人员，是指一种假设的"人"，假定他知晓申请日或者优先权日之前发明所属技术领域所有的普通技术知识，能够获知该领域中所有的现有技术，并且具有应用该日期之前常规实验手段的能力，但他不具有创造能力。

所以我们在审查中从大方向上一定要从两个方面进行把控：

1）牢牢把握与现有技术的区别，判断该区别带来的技术效果是意料不到的还是对该发明"微创新"达到的效果给出了过度拔高。

2）必须是站位于本申请的申请日或优先权日之前，对本发明进行把握，不能觉得目前某一手势或界面很常见就以为没有创造性或者是公知常识，要时刻谨记站位的时间点，在这一时间点前，这一微小的改变是否是容易想到的、不需要付出创造性劳动的。

三、案例演绎

为更加清楚具体地给出解决上述问题的指导建议，通过案例对如何站位本领域技术人员判断创造性高度进行演绎。

【案例1】某专利申请涉及一种搜索内容显示方法

随着触摸屏技术的发展，触摸用户接口技术变得多元化，当前触摸用户接口技术包括触觉传感器检测压力分布的触摸屏方法、通过执行震动将触摸被识别通知触摸触摸屏的用户的震动反馈方法。现有技术中，在进行触摸时，执行搜索存储在具有触摸屏的装置内的特定内容，用户必须重复几次触摸动作并仔

---

❶ 陈少君. 创造性判断之本领域技术人员知识和能力的考量［N］. 中国知识产权报.

❷ 中华人民共和国国家知识产权局. 专利审查指南2010［M］. 北京：知识产权出版社，2010：170-171.

细搜索内容列表，但是，这给用户带来了复杂的触摸操作，增加了用户的负担。因此提出了一种新的搜索显示方法，即当用户对屏幕上某一图标进行触摸时，相同类别的内容图标就向该图标靠近，方便用户查看。其原始技术方案如下：

"一种方法，包括：

显示至少一个内容图标；

响应于检测到对所述至少一个内容图标中的一个内容图标的接近，搜索至少一个相关内容，所述相关内容被分类在与相应于由所述接近选择的内容图标的内容相同的分类种类中；

产生与搜索的相关内容相应的至少一个相关内容图标；

将产生的相关内容图标显示在离由所述接近选择的内容图标设置距离内的区域中；以及

响应于对所述至少一个相关内容图标和由所述接近选择的内容图标中的一个触摸输入，执行与触摸到的内容图标相应的内容。"

由该方案可知，其保护范围为显示内容图标，检测对某一内容图标的操作，然后显示与该内容图标相同类别的图标，将其显示在该内容图标预定距离内。

对比文件1是一份专利申请文献，其公开了一种搜索相同内容，并在客户端显示与搜索内容同类别的内容。其具体操作也是通过用户选择某一图标，然后处理器进行处理，找到相同类别的内容，找到以后，跳转到一图标页，该图标页顶端显示选择的图标，搜索到的内容以列表或者图标方式显示在下方。由此可见，对比文件1与权利要求1的发明构思相同，都实现了减少触摸操作次数，只要一次触摸操作，即可找到所有的相同的或类似主题的内容。

经分析可知道，未公开的区别特征为：响应于对所述至少一个相关内容图标和由所述接近选择的内容图标中的一个触摸输入，执行与触摸到的内容图标相应的内容。即用户触摸其中一个图标时，执行该图标。

那么对于未公开的部分，应该从：①牢牢把握与现有技术的区别，判断该区别带来的技术效果是意料不到的还是该发明"微创新高度"的技术方案与解决的技术问题和达到的效果给出了过度的拔高；②在这一时间点前，这一微小的改变是否是容易想到的，不需要付出创造性劳动的。下面从以上两点分析未公开的技术特征是否具有创造性。

分析：对于上述区别特征，本申请的优先权日为2008年9月9日，在此之前，点击某一图标就执行该图标的内容已经是一种非常常见的手段，无论是诺基亚的老款手机还是当时开始新兴的半智能触摸屏手机都有短信或者电话等功能，并且在其界面上有短信或电话的图标，只要用户点击或者触摸该图标就会执行该图标相应的功能。因此，这属于本领域的一种常规的手段，并没有突出的实质性特点和显著的进步。因此，目前的技术方案不具有创造性。

那么，如果对技术方案做出如下修改，其是否具有创造性呢？

"一种方法，包括：显示至少一个内容图标；

响应于检测到对所述至少一个内容图标中的一个内容图标的接近，搜索至少一个相关内容，所述相关内容被分类在与相应于由所述接近选择的内容图标的内容相同的分类种类中；

产生与搜索的相关内容相应的至少一个相关内容图标；

将产生的相关内容图标显示在离由所述接近选择的内容图标预设距离内的区域中，其中，所述接近选择的内容图标在保持位置的同时被显示；以及

响应于对所述至少一个相关内容图标和由所述接近选择的内容图标中的一个触摸输入，执行与触摸到的内容图标相应的内容。"

其中修改增加的内容为："所述接近选择的内容图标在保持位置的同时被显示"。仅仅从增加的技术方案来看，其仅仅增加了对选择的内容图标进行进一步限定，即内容图标保持位置不变，搜索出来的内容图标显示在该图标的周围。可以看出，修改以后，其区别就在于对比文件 1 是跳转到一页专门的页面，显示选择的内容图标和搜索出来的内容图标，而本申请是不跳转到专门的一页，直接进行显示。此时再对上述区别进行分析，其是否使本方案具有创造性。

还是从两方面出发：①区别特征达到的技术效果是否意料不到；②在这一时间点前，这一微小的改变是否是容易想到的，不需要付出创造性劳动的。

还是以对比文件 1 为最接近现有技术进行分析，首先我们从技术效果上进行考虑，对比文件 1 仅仅是触摸某一内容图标后，进行了跳转显示相关内容，仅从一次操作来看，并没有给触摸操作的用户带来更加繁琐的操作。因此，对比文件 1 与本申请一样，都实现了不需要多次触摸。但是，此时需要进一步把握，难道这个限定仅仅带来这种区别么，答案是否定的。因为，当用户进行搜索后，跳转到另一界面进行显示，那如果用户想再搜索另一种内容图标时，用户必须再次触摸返回键，到内容图标显示页，选择另一内容图标。深入分析就会发现，当进行多次操作时就给用户的触摸操作带来了负担，而恰恰本申请所要解决的技术问题就是要如何减少多次触摸，该手段的使用达到了解决该问题这种效果。试想如果每人每天搜索十次，那就能减少十次返回操作，而使用搜索功能的会有成千上万的人，带来的便捷性是巨大的。

然后我们从这一微小的改变是否容易想到进行考虑。我们都知道，在用户交互中，想要搜索某一类内容或图标或信息，正常的都会是出现专门的搜索结果界面，比如 windows 的搜索界面、苹果手机的搜索界面，在本申请之前，从没有人想到过在原界面进行搜索并归类显示。因此，该方案不论是从达到的技

术效果还是解决的技术问题来看，这一微小的改进都是具有创造性的。

从以上案例分析即可看出，只要牢牢把握住两个方面便可以清晰明了地认定该方案的创造性。下面再从另一个案例进一步验证该方法。

【案例 2】 某申请涉及一种应用程序的启动方法，实现应用程序的快速启动

其技术方案如下：

"一种屏幕解锁方法，其特征在于：一种应用程序的启动方法，其特征在于，所述方法包括：

获取每个应用程序的使用统计数据；

根据所述每个应用程序的使用统计数据，确定预设数量的应用程序；

当检测到用户激活锁屏界面时，在锁屏界面中显示解锁浮标；当检测到用户触控所述解锁浮标时，在所述锁屏界面上显示所述预设数量的应用程序的应用图标；

当检测到指定操作时，根据所述指定操作的操作轨迹，确定目标应用程序；对所述锁屏界面进行解锁，打开所述目标应用程序。"

还是从以上两方面出发：①在这一时间点前，这一微小的改变是否是容易想到的，不需要付出创造性劳动的；②区别特征达到的技术效果是否意料不到。

现在考虑一下，这样的技术方案是否具有授权前景呢？本申请与对比文件 1 的根本区别在于对比文件 1 的整体技术方案是获取在锁屏状态下终端屏幕是否被点亮，当点亮后在解锁界面上显示多个应用程序的快捷图标，而本申请为当检测到用户在锁屏状态下点亮屏幕，点亮以后再在锁屏界面显示一个解锁浮标，当用户触控解锁浮标时，再显示多个应用程序的快捷图标。本申请实际解决的技术问题是如何快速进入应用程序。

1）首先站位本领域技术人员考虑在这一时间点前，对于技术特征"点亮后显示一个解锁图标，点击解锁图标显示一定数量的应用程序"是否常见。本申请申请日为 2014 年 10 月。根据《2013—2017 年中国智能手机行业市场需求预测与投资战略策划分析报告》估算，2012 年前 3 季度，全球智能手机已经突破 10 亿元大关，同时，当时的智能手机已经出现点亮屏幕出现解锁浮标，触摸解锁浮标在四周出现相机、电话、通信录等图标。所以我们可以知道，这一微小的改变在这一时间点之前已经出现了，因此，该技术特征不具备创造性。

2）那将这个技术特征应用于本申请中是否产生了意料不到的技术效果呢，仔细分析可以发现，也没有对快速进入应用带来意料不到的技术效果，即没有产生更快捷进入应用程序以节省操作复杂性的效果。因此，不论从哪一方面考虑，该技术方案都不具备创造性。

四、总 结

总而言之，在对用户交互领域的"微创新"进行创造性评判时，不能盲目判断一个方案的简单与否，要牢牢站位本领域技术人员角度，将其与最接近现有技术相比，从其带来的技术效果、在该方案申请日前是否为公知的手段等方面进行考虑，避免出现"事后诸葛亮"，同时也要防止出现对其达到的技术效果的过度拔高，往深处考虑，从而做到客观地评判，最终得出令申请人、公众信服的结论。

站位本领域技术人员准确把握
"二次概况"审查标准

冯 慧

摘 要： 在化学领域，对于申请人"二次概括"式修改是否符合《专利法》第三十三条的规定，在审查实践中往往存在较大的争议以及判断上的困难。本文结合具体案例对高分子组合物领域"二次概括"式修改是否超范围进行了分析和探讨，并得出结论：对于是否超范围的判断应当以准确站位于本领域技术人员为基础，重点把握相关技术特征间的关联性，结合申请文件的记载从技术方案的整体进行判断。

关键词： 高分子组合物 点值 二次概括 超范围

一、引 言

我国《专利法》第三十三条规定，"申请人可以对其专利申请文件进行修改，但是，对发明和实用新型专利申请文件的修改不得超过原说明书和权利要求书记载的范围，对外观设计专利申请文件的修改不得超出原图片或者照片表示的范围"，该法条表达了申请人既具有可以对其专利申请文件进行修改以克服专利申请文件撰写时所存在的缺陷的权利；又必须遵循规定进行修改，不得超出原说明书和权利要求书记载的范围，否则将违背我国专利法的先申请制原则，造成对社会公众的不公❶。对于"原说明书和权利要求书记载的范围"《专利审查指南》中解释说明为"包括原说明书和权利要求书文字记载的内容和根据原说明书和权利要求书文字记载的内容以及说明书附图能直接地、毫无疑义确定的内容"。

在审查实践过程中，对于修改是否超范围的判断往往存在一定难度与争

---

❶ 尹新天. 中国专利法详解［M］. 北京：知识产权出版社，2011：410.

议，究其原因在于修改超范围的判断主体是"本领域技术人员"，而不同审查员向"本领域技术人员"靠拢的趋近程度存在差异、对于修改方式的认定存在不同，以致于对"直接地、毫无疑义确定的内容"的判断存在难度。而在各种修改方式中，"二次概括"式的修改❶能否被接受是较多产生争议的情形，"二次概括"有时又被称为"中位概括"，指的是将从属权利要求或实施例某一特定技术方案中的特定技术特征与该特定技术特征中的其他特征相脱离，移入权利要求中进行重新组合的情况。而在审查实践过程中，申请人或代理人为克服审查员所指出的新颖性、创造性缺陷，经常进行这样的修改。而如何梳理出这类修改是否超范围的判断标准，给出审查实务中的思考方式就显得尤为重要。

本文从两件涉及"二次概括"式修改的具体案例出发，对如何站位于本领域技术人员对判断修改是否超范围进行了分析探讨。

二、案例分析

【案例1】

某案原始申请文件独立权利要求1的具体内容如下：

"1. 一种生物可降解竹原纤维增强复合材料的制备方法，其特征在于：所述聚羟基丁酸戊酸共聚酯复合材料的制备方法包括以下步骤：原料处理、铺网针刺、模压成型。"

审查员经过检索，使用对比文件1评述权利要求1不具备新颖性，进而发出第一次审查意见通知书。申请人答复通知书时对权利要求1进行如下修改：

"1. 一种生物可降解竹原纤维增强复合材料的制备方法，其特征在于：所述聚羟基丁酸戊酸共聚酯复合材料的制备方法包括以下步骤：原料处理、铺网针刺、模压成型；所述原料处理是对竹原纤维进行碱处理，所述铺网针刺是对竹原纤维进行铺网针刺，所述模压成型是将经过铺网针刺的竹原纤维与聚羟基丁酸戊酸共聚酯按照一定的质量配比混合均匀然后热压成型，所述模压成型的工艺条件为：成型温度 165~180℃，时间 3~6min，压强 5~14MPa；所述竹原纤维与聚羟基丁酸戊酸共聚酯的质量配比为 25/75~45/55。"

申请人对该权利要求的修改依据来源于说明书的相关记载。首先，在说明书的发明内容部分记载了原料处理、铺网针刺、模压成型、成型的工艺条件选择的相关内容，即说明书发明内容部分记载了修改后的权利要求中"一种生物可降解竹原纤维增强复合材料的制备方法，其特征在于：所述聚羟基丁酸戊酸共聚酯复合材料的制备方法包括以下步骤：原料处理、铺网针刺、模压成型；所述原料处理是对竹原纤维进行碱处理，所述铺网针刺是对竹原纤维进行铺网

❶ 王宝筠. 二次概括是否超范围［N］. 中国知识产权报，2014-07-16（005）.

针刺，所述模压成型是将经过铺网针刺的竹原纤维与聚羟基丁酸戊酸共聚酯按照一定的质量配比混合均匀然后热压成型，所述模压成型的工艺条件为成型温度 165~180℃、时间 3~6min、压强 5~14MPa" 的技术方案内容。

本案争议点在于对"竹原纤维与聚羟基丁酸戊酸共聚酯的质量配比"特征的添加。"竹原纤维与聚羟基丁酸戊酸共聚酯的质量配比"记载在本申请说明书表 6 的具体实施方式中，表 6 的具体实施方式得出对于碱处理的竹原纤维/PHBV 复合材料的最佳配比为 20/80~55/45 的结论，并具体公开了 25/75 与 45/55 的两个点值。但引发争议的是该一系列具体实施方式均是采用热压温度 170℃、热压时间 6min、热压压强 11MPa 这一特定工艺条件实施的，而申请人在修改权利要求时依据说明书发明内容部分修改的工艺条件为成型温度 165~180℃、时间 3~6min、压强 5~14MPa。

对于权利要求的修改是否超范围存在两种观点：

第一种观点认为：指南中虽然有对于数值范围修改的规定，但指南中所指出的数值范围内端点值的修改实质上是对于可以直接毫无疑义确定的情形的说明。而具体案件是否可以直接毫无疑义确定得到修改后的技术方案应根据具体案件进行具体分析。本案原申请说明书中 25/75、45/55 以及 20/80~55/45 的质量配比均来源于说明书所列举的具体实施方式，具体实施例仅记载在特定热压温度（170℃）、热压时间（6min）、热压压强（11MPa）的工艺条件下，可实现质量配比为 25/75~45/55 的竹原纤维与聚羟基丁酸戊酸共聚酯的复合材料制备。而申请人对权利要求的修改将工艺条件上位到成型温度 165~180℃、时间 3~6min、压强 5~14MPa 都可适用竹原纤维与聚羟基丁酸戊酸共聚酯的质量配比为 25/75~45/55。申请人的修改属于一种二次概括，修改后的技术方案不属于原说明书和权利要求书文字记载的内容，且不属于本领域技术人员根据原说明书和权利要求书文字记载的内容以及说明书附图能直接地、毫无疑义确定的内容。这种修改是超范围的，只有申请人将工艺条件限定为成型温度 170℃、时间 6min、压强 11MPa 时才能克服目前修改超范围的缺陷。

第二种观点认为：根据说明书的记载，首先存在多组正交试验对温度、时间、压强的工艺条件进行考察，这说明了原始申请文件中所记载的成型温度 165~180℃、时间 3~6min、压强 5~14MPa 都能实现复合材料的制备，只不过通过正交试验所确定的成型温度 170℃、时间 6min、压强 11MPa 为最佳的工艺条件，进而在确定的最佳条件下考察组分的配比，可见配比的选择并非受限于特定的工艺条件的具体实施方式中，配比的选择与工艺条件之间并非具有紧密联系、一一对应关系。而只不过从现有技术及技术方案整体分析，申请人无法穷举所有可能的实施方式，因此不能因申请人未在发明内容部分将用量配比写明而认为该修改超范围。"……成型温度 165~180℃，时间 3~6min，压强 5~14MPa；所述竹原纤维与聚羟基丁酸戊酸共聚酯的质量配比为 25/75~45/55"

的技术方案是本领域技术人员可以直接毫无疑义确定的内容。

笔者认为，对于这类"二次概括"式修改的问题，判断时重要考虑的因素在于具体实施例中的特定数值与该实施例中其他具体技术特征、权利要求中与之对应的该具体特征的上位概括的特征之间是否具有紧密联系、一一对应的关系。就本案而言，本领域技术人员作为修改是否超范围的主体，具有"知晓申请日或者优先权日之前发明所属技术领域所有的普通技术知识，能够获知该领域中所有的现有技术，并且具有应用该日期之前常规实验手段的能力"，正交试验是化学领域的惯用实验手段，从本申请说明书中可以发现申请人通过对正交试验的设计，先进行了工艺条件的选择，进一步通过单一变量的改变确定竹原纤维与聚羟基丁酸戊酸共聚酯的配比。从说明书实施例中并未看出配比与热压时间、温度、压强的工艺条件之间存在联动、不可分割的关联性。且从本领域技术人员的角度出发，材料配比和特定的工艺条件之间也没有必然的联系，本领域技术人员都知道，模压工艺条件的选择是为了保证材料制品的压制成型，模压工艺条件的选择并不是材料配比选定的必要因素，本申请所记载的工艺条件都能保证材料的制备。申请人所做出的修改仅是对配比范围进行的进一步明确。因此对竹原纤维与聚羟基丁酸戊酸共聚酯的配比的修改得到的技术方案是本领域技术人员可以直接、毫无疑义确定的内容。这种修改是可以被接受的。

【案例2】

某案原始申请文件独立权利要求1如下：

"1. 一种组合物，包含熔融共混以下各项的产物：

40 至 73 重量百分数的聚酰胺；

20 至 50 重量百分数的酸官能化的聚苯醚；

5 至 40 重量百分数的聚酰亚胺—聚硅氧烷嵌段共聚物；和

2 至 15 重量百分数的金属二烷基次膦酸盐；

其中，所有重量百分数是基于所述组合物的总重量；

（其他特征略）。"

审查员经过检索，使用对比文件1结合对比文件2评述了权利要求1不具备创造性而发出审查意见通知书。申请人答复通知书时对权利要求1进行修改。修改后的权利要求如下：

"1. 一种组合物，包含熔融共混以下各项的产物：

40 至 73 重量百分数的聚酰胺；

20 至 33 重量百分数的酸官能化的聚苯醚；

5 至 40 重量百分数的聚酰亚胺—聚硅氧烷嵌段共聚物；和

2 至 15 重量百分数的金属二烷基次膦酸盐；

其中，所有重量百分数是基于所述组合物的总重量；

（其他特征略）。"

且申请人做出意见陈述，指明该处"33重量百分数"修改的依据如表1所示，并且陈述强调特定量的酸官能化的聚苯醚与其他技术特征的特定组合引起了显著更好的技术效果，改善了CTI值。

表1 案例2说明书实施例

	比较例1	实施例1	实施例2	实施例3
组 成				
AO1	0.3	0.3	0.3	0.3
AO2	0.1	0.1	0.1	0.1
PEI-Si	10	10	10	10
DEPAL	0	3	5	10
FPPE	43	40	38	33
FPPE-Si	0	0	0	0
PA66	46.6	46.6	46.6	46.6
性 质				
熔融黏度（帕—秒）	90.01	76.83	71.83	62.82
熔体流动速率（cm^3/10min）	43.55	43.24	42.23	56.83
拉伸模量（MPa）	2433.2	2510.8	2590.2	2772.8
断裂拉伸应变（%）	37.52	23.76	15.02	11.14
无缺口悬臂梁冲击强度（kJ/m^2）	118.4	137.39	137.39	67.27
无缺口悬臂梁失败模式	P，C，P，P，P	P，P，P，P，P	P，P，P，P，P	C，C，C，C，C
挠曲模量（MPa）	2194.2	2296.2	2319	2453.6
挠曲强度（MPa）	88.91	88.11	86.8	84.26
维卡温度（℃）	208.65	206.85	206.65	203.2
在1.66mm下的UL94等级	失败	V-1	V-0	V-0
CTI（V）	350	350	350	600

本案有两种不同观点：

第一种观点认为：申请文件原文发明内容对酸官能化的聚苯醚总重量的限定有20~50重量百分数、24~44重量百分数、28~38重量百分数的不同取值范围，但仅在说明书表2实施例中记载了特定一种酸官能化的聚苯醚FPPE为33

重量百分数的特定实施例 3。且从申请人的意见陈述也可以得知，该实施例 3 中的特定酸官能化聚苯醚 FPPE 33 重量百分数的选择产生显著的效果，也就是说从技术效果出发，特定酸官能化聚苯醚 FPPE 与特定配比 33 重量百分数之间具有不可分割的紧密联系。申请人将该数值的取值上位到权利要求中的任意"酸官能化聚苯醚"，是一种二次概括，这种修改不应被允许。

第二种观点认为：本申请说明书表 2 实施例 3 中记载了相应酸官能化的聚苯醚为 33 重量百分数的数据点值，因此该值是记载于原始权利要求及说明书文字记载的内容，申请人可以将该点值限定于原权利要求 1 的数值范围中，新修改的数值范围在原数值范围之内。这属于《专利审查指南》中允许进行数值范围修改的方式。

笔者认为，针对本案而言，判断修改是否超范围同样应关注实施例中的特定数值 33 重量百分数与该实施例中其他具体技术特征特定酸官能化聚苯醚 FPPE 选用、权利要求中与之对应的该具体特征的上位概括酸官能化的聚苯醚的特征之间是否具有紧密联系、一一对应的关系。本申请原始申请文件中仅在说明书表 2 所记载的实施例中公开了特定物质 FPPE 选用 33 重量百分数的特定技术方案，未对其他酸官能化聚苯醚的不同重量百分数进行记载，而此时对于技术特征之间关联性、紧密性的判断需要审查员站位于本领域技术人员进行判断。根据本领域的普通技术知识，不同的聚苯醚的种类与其用量之间是相互关联的，特定量的酸官能化的聚苯醚与其他技术特征的组合引起了改善 CTI 值的技术效果（如实施例 3 中 CTI 值为 600V），这一点也为申请人所强调，而这一技术效果的取得理应为不同酸官能化聚苯醚配合使用不同用量才能够实现，本申请实施例 1~3 各组分选用不变仅存在 FPPE 用量的差别，也就无法得出 FPPE 的选用与该组分用量不是密切相关的结论。因此，本领域技术人员根据原说明书和权利要求书文字记载的内容以及说明书附图不能直接地、毫无疑义确定任意酸官能化的聚苯醚 FPPE 在 33 重量百分数的选用的技术方案。因此，上述修改不符合《专利法》第三十三条的规定。

三、分析和启示

以上两个案例均属于高分子组合物领域，对于申请文件采用相近的"二次概括"的修改方式，即通过实施例中的点值对权利要求的保护范围进行修改，这样的修改在高分子组合物领域经常遇到，但以上的两个具体案例却在超范围的判断上具有不同的结果。我们通过对这两个案例进行研究，可以从中得到一些启发。

首先我们需要明确超范围的判断主体以及法律依据，超范围的判断主体是本领域技术人员，在对如上述案件的修改是否超范围的实际判断中应坚持以其修改是否为"直接地、毫无疑义确定的内容"为依据，而不能一刀切地对将实施例的点值上位到权利要求中"二次概括"情形的修改进行可接受与不可接受的武断判断。在具体判断方式上：需要本领域技术人员根据原始申请文件中的记载（尤其以实施例中的相关数据），判断具体实施例中的特定数值与该实施例中其他具体技术特征、权利要求中与之对应的该具体特征的上位概括的特征之间是否具有紧密联系、一一对应的关系修改是把握修改是否超范围的关键；对此的判断，可以依据原始文件所记载的发明的技术效果进行分析，而如果产生基于原始申请文件中的记载难以判断的情形时，应明确站位于本领域技术人员利用申请日或优先权日前普通技术知识、现有技术、常规实验手段，综合把握申请文件技术方案整体，以做出客观判断。也正是基于以上的判断方式，具有看起来相同的修改类型的不同案件在是否超范围的认定上往往也会产生不同的结论。

CPC 分类号在商业方法领域检索中的应用

刘彩凤

摘　要：本文梳理了商业方法领域 CPC 分类号的特点，提出了分类号的树状图展示形式，结合分类号细分程度等多种因素定义了商业方法领域 CPC 分类号的检索推荐度，并利用树状图与检索推荐度实现了商业方法领域 CPC 分类号的高效检索，最后通过实际案例比较了 CPC 分类号与 IPC 分类号在商业方法领域检索应用中的优劣，说明在商业方法领域 CPC 分类号检索比 IPC 检索更高效。

关键词：商业方法　CPC　IPC　高效　外文检索

一、商业方法领域 CPC 分类号的特点

随着 CPC 分类号地位的日益凸显[1]，IPC 分类号在商业方法领域分类粗略的缺陷愈加明显，CPC 分类号对商业方法领域做了进一步细化，对检索的帮助很大，利用 CPC 分类号在相应的外文库中作为检索的限定条件，实现了快速有效的检索。但由于商业方法领域的审查员利用 CPC 分类号检索的实操性差，现在迫切需要对商业方法领域 CPC 分类号检索应用进行研究。

通过对商业方法领域的关键词进行研究发现，该领域的关键词存在扩展不全、有多种表述方式、表示形式不统一、噪声大的缺陷；通过对商业方法领域的 IPC 进行研究，发现 G06Q 下包括 58 个细分，在中英文库的标引量都很大，IPC 存在分类粗略、不均匀、噪声大的缺陷；通过对商业方法领域的 CPC 进行

---

❶ 本文源自国家知识产权局学术委员会 2015 年度"青春求索"文研究项目"CPC 实施对实审工作的影响及对策研究（课题编号：QN201501）"2015 年 5 月至 2015 年 11 月，项目成员：刘畅，刘洋，康红艳，李晶晶，安蕾，欧冠男，张璐，陈炜梁。

研究❶，发现 G06Q 下包括 305 个细分，在中文库的标引量低，在外文库的标引量大，CPC 具有细化程度高的优势；通过对 IPC 和 CPC 进行对比研究，发现 CPC 细化程度明显高于 IPC、在中文库 CPC 的标引量明显小于 IPC，采用 CPC 检索会造成漏检，所以，在中文库要以 IPC、关键词检索为主，CPC 作为补充；在外文库 CPC 与 IPC 标引量差距不大，所以，在外文库要以 CPC 检索为主，利用 IPC 和关键词作为补充。

二、商业方法领域 CPC 分类号的树状图表达

本文对商业方法领域的 CPC 分类号进行了深入研究，虽然商业方法领域 CPC 分类号在检索中有优势，但由于商业方法领域 CPC 分类号包括 300 多个细分，以列表形式展开，存在不直观、逻辑关系不清晰的缺点，不利于快速查找 CPC。针对上述问题，本文对商业方法领域的分类号进行了分类梳理，利用树状图的形式将商业方法领域的 CPC 分类号图表化，帮助快速查找分类号，有效地提高了检索效率。

树状图的形成以 G06Q20/00 为例，通过对 G06Q20/00 下的细分进行深入研究，通过逻辑分析，将 G06Q20/00 分为支付体系结构电路、应用维度、技术维度、商业协议维度 4 个分支，每个分支下再进行细分归类。在查找 CPC 时，只需要按照树状图一层一层地去找，以图表化的形式展示 CPC，形象直观，逻辑清晰，能够帮助审查员快速查找 CPC 分类号，以下以实例的形式说明 CPC 树状图表达形式以及查找过程。

【案例 1】

汽车上设置有无线动态显示终端，无线动态显示终端从平台模块中获取广告数据，结合地理位置有针对地播放广告，并实时监控记录广告播放信息和路径数据。

权利要求：

1. 一种动态更新的汽车广告的投放和监控系统，其特征在于，包括无线动态显示终端模块、与所述无线动态显示终端模块相互通信的平台模块和与所述平台模块相互通信的云端中心控制模块；所述无线动态显示终端模块获取平台模块中的广告数据，结合地理位置有针对地播放广告，并实时监控记录广告播放信息和路径数据，将监控数据上传至平台模块；所述平台模块根据选择获取云端中心控制模块中的广告数据，并将接收的监控数据上传至云端中心控制模块；所述云端中心控制模块建立广告内容的数据库，广告数据库根据类型分类保存。

---

❶　JOBSIR 主席. CPC（联合专利分类）指南. cl/2014/0036，2014 年 9 月 23 日.

分析：

本申请在汽车上设置有无线动态显示终端，无线动态显示终端从平台模块中获取广告数据，结合地理位置有针对地播放广告，并实时监控记录广告播放信息和路径数据。可以查找到针对广告的子图册（见图1），进而根据广告子图册的树状图进行 CPC 分类号的确定。

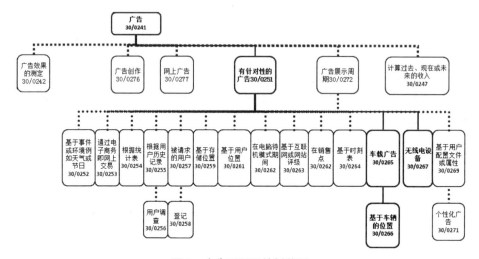

图 1 广告子图册的树状图

在广告子分册树状图中可以清楚地看到，有基于车辆位置的车载广告的 CPC 分类号 G06Q30/0266，与本申请方案构思完全契合，同时，本申请权利要求中还提到利用无线通信进行数据传输，而在 CPC 分类中也给出了有针对性的广告利用无线电设备进行传输的分类号 G06Q30/0267。

查找分类号：

G06Q30/0266　基于车辆位置的有针对性的车载广告

G06Q30/0267　基于无线电设备的有针对性的广告

三、涉商典型领域案件的 CPC 检索策略推荐度

为了进一步帮助审查员在检索时快速定位最有效的 CPC 分类号，本文针对不同的商业细分领域建立了对应 CPC 分类号的检索策略推荐度，推荐度（如表1中的推荐指数）越高说明该分类号在该细分领域检索有效性越高，推荐优先使用该分类号进行检索，推荐度可根据以下方面确定：

1）CPC 分类号的细分程度的影响。处于四位点组、五位点组的 CPC 分类号细分程度高，更便于精准定位，相应地利用 CPC 检索的推荐度指数会更高；处于一位点组、二位点组或是三位点组的 CPC 分类号细分程度相对没那么高，相应地利用 CPC 检索的推荐度指数相对会低一些。

2）分类定义中的信息性参见的影响。信息性参见指明任何可能对检索有益的技术主题的分类位置，如果分类定义中的信息性参见将申请扩展或指引到其他技术领域的分类号，帮助审查员在检索时扩充分类号进行高效检索，那么，相应地利用 CPC 检索的推荐度指数会高些。

3）是否存在 2000 系列附加信息的影响。新增 2000 系列，进一步细分的索引条目，细分 2000 类号（<2200），对技术主题的进一步细分，内嵌到主分类表，垂直索引条目，垂直 2000 类号（≥2200），体现了分类主题的多个维度的信息，与小类的多组相关，帮助审查员从多维度进行高效检索，那么，相应地利用 CPC 检索的推荐度指数会高些。

4）CPC 分类号下文献标引量大小的影响。CPC 分类号下文献标引量越大，采用该分类号进行检索时造成漏检的可能性越小，检索越精准，相应地利用 CPC 检索的推荐度指数会更高，若 CPC 分类号下文献标引量小，那么，采用该分类号进行检索时造成漏检的可能性越大，相应地利用 CPC 检索的推荐度指数会低一些。

5）CPC 分类号是否既涉及技术又涉及规则的影响。涉商案件一般是基于一定的商业应用领域提出的涉及商业规则的技术方案，因此，涉商案件的方案既包含应用领域的商业规则又包含相应的技术手段，如果 CPC 分类号既涉及技术又涉及规则，说明该分类号与涉商申请基于相同的商业应用领域、采取相同商业规则的可能性更大，同时，技术手段又相同，那么，相应地利用 CPC 检索的推荐度指数会更高；如果 CPC 分类号仅涉及规则或仅涉及技术，那么，检索到的对比文件不是采用的技术手段不同就是商业应用领域不同，规则不一样，那么，相应地利用 CPC 检索的推荐度指数相对会低一些。

6）审查员经验反馈的影响。如果审查员采用该 CPC 分类号检索到了好用的对比文件，并且，检索到的文件标引发明信息的 CPC 分类号与该 CPC 分类号一致，那么，说明该 CPC 分类号精准，相应地利用 CPC 检索的推荐度指数会高些。

7）实际案例验证结果的影响。若审查员通过实际案例验证了利用该 CPC 分类号实现了高效检索，那么，相应地利用 CPC 检索的推荐度指数会高些。

综上所述，涉商典型领域案件的 CPC 检索策略推荐度受诸多因素的影响，而在涉商典型领域案件的 CPC 检索策略推荐指数星状图（见表 1）的最初研究阶段，目前研究人员没有考虑各个影响因素的权重，后期会根据经验反馈、验证、调查问卷动态调整权重大小直到最终确定各个影响因素的权重值。

表 1　涉商典型领域案件的 CPC 检索策略推荐指数星状图

领　域	分类号		推荐指数
广告	有针对性的广告 G06Q30/0241	车载广告 G06Q30/0265	★★★★★
		利用无线电设备 G06Q30/0267	★★★★
		根据用户历史记录 G06Q30/0255	★★★★
		基于用户位置 G06Q30/0261	★★★★
		基于事件或环境例如天气或节日 G06Q30/0252	★★
	广告效果的测定 G06Q30/0242	比较多种活动效果 G06Q30/0241	★★★★
		最优化 G06Q30/0244	★★★
		调查 G06Q30/0245	★★★★
	网上广告 G06Q30/0277		★★
	计算过去、现在或未来的收入 G06Q30/0247		★★
	广告展示周期 G06Q30/0272		★★
支付	支付前的身份识别和身份认证	输入密码 G06Q20/206	★★★★
		个人识别号码 G06Q20/4012	★★
		生物特征的身份检查 G06Q20/40145	★★★★
		授权时使用加密进行互相认证 G06Q 20/4097	★★★
		无卡相互认证 G06Q 20/388	★★★
	依靠移动设备短距离或近距离支付 G06Q 20/327，或 G06Q 20/352 非接触式支付卡	使用移动设备读取图形码，例如，条形码或 Q 码 G06Q 20/3276	★★★★★
		依靠移动设备的（射频识别）或（近场通信）支付 G06Q 20/3278	★★★★★
	使用卡进行支付：例如，集成电路卡或磁卡 G06Q 20/34	规定支付或收费的服务或数量的卡 G06Q20/342	★★★
		包括计数器的卡 G06Q20/343	★★
		充值卡 G06Q20/349	★★
		非接触式支付卡 G06Q20/352	★★
		多账户卡 G06Q20/3572	★★★
	使用无线电设备的支付	使用有线电话网络以便于支付 G06Q 20/305	★★
		使用无线电设备的支付 G06Q 20/32	★★★
		取决于移动设备位置的交易 G06Q20/3224	★★★★

领　域		分类号	推荐指数
支付	支付协议，涉及其中的细节 G06Q 20/38	使用证书或交易权的加密验证 G06Q 20/38215	★★
		使用电子签名 G06Q 20/3825	★★★
		涉及密钥管理 G06Q 20/3829	★★★
		使用折扣或优惠券支付 G06Q20/387	★★★★
		使用散列法消息 G06Q20/3827	★★
		结合多种加密工具的交易 G06Q20/3823	★★
		使用密码学 G06Q 2250/05、G06Q 2220/00	★★★★
物流	航运 G06Q10/083	海外交易 G06Q10/0831	★★
		特殊货物或者特殊处理 G06Q10/0832	★★★
		跟踪 G06Q10/0833	★★★★
		供应商与运营商之间的路径选择 G06Q10/08355	★★★★★
		历史数据 G06Q10/0838	★★★
	库存管理 G06Q10/087	明细、清单 G06Q10/0875	★★★
电网	电力 G06Q50/06		☆

　　涉商典型领域案件的 CPC 检索策略推荐指数星状图的调整机制分为定期调整和不定期调整，其中定期调整机制为文组人员会定期根据 CPC 分类号本身的更新以及局里或其他中心关于 CPC 的研究资料进行定期更新；不定期调整机制为在一年后通过关于对涉商典型领域案件的 CPC 检索策略推荐指数星状图的问卷调查反馈不断动态调整、更新涉商典型领域案件的 CPC 检索策略推荐指数星状图。

四、CPC 分类号检索应用

（一）CPC 分类号的确定

【案例 2】

　　发明名称为用于确定接触在线广告后品牌认知度的变化的方法和系统，其权利要求内容如下：

　　1. 一种用于确定接触在线广告之后品牌认知度的变化的方法，包括：

　　第一，从用户池选择并监控包括多个成员的测试组和多个成员的对照组，由此所述测试组和所述对照组不重叠；

　　第二，使所述测试组接触与品牌相关联的广告，而不使所述对照组接触所述与品牌相关联的广告；

　　第三，对所述测试组和所述对照组进行关于所述品牌的调查；和第四，分析所述测试组和所述对照组的监控，以确定关于所述广告的品牌提升度指数。

从属权利要求如下：

2. 根据权利要求1所述的用于确定接触在线广告之后品牌认知度的变化的方法，还包括：从所述用户池选择包括多个成员的总体组。

3. 根据权利要求2所述的用于确定接触在线广告之后品牌认知度的变化的方法，其中，所述测试组的成员、所述对照组的成员和所述总体组的成员是随机选择的。

4. 根据权利要求3所述的用于确定接触在线广告之后品牌认知度的变化的方法，其中，通过由广告主分配第三方cookie来选择和监控成员。

案情分析：案例2所属领域为G06Q30/02市场研究与分析、调查、广告，根据说明书记载其针对现有技术广告的有效性测量中没有针对性、测量方式滞后的缺陷，提出了一种用于确定接触在线广告之后品牌认知度的变化的方法，权利要求1的方案中将用户分为测试组和对照组，通过对接触了品牌广告的测试组和未接触品牌广告的对照组进行监控，确定广告的品牌提升度，并没有具体限定监控的具体手段，概括的范围较大。权利要求4对监控手段进行了进一步的限定，其中监控的方法为由广告主分配第三方cookie来选择和监视成员。

故而，可以提炼出案例2的发明构思为：针对如何实现对网络广告接触行为进行监控，来提高广告有效性测量的精准度的问题，提出了监控cookie进行广告有效性测量的方案。

分类员给出的G06Q30/02，就IPC分类而言是准确的，但是IPC分类号并没有对具体的技术细节给出具体的技术分支，因此，单纯利用IPC分类号进行检索，可能还会检索到市场分析、市场调查等主题的文献，检索噪声较大。

从案例2的发明构思来看，其实质上是提出一种通过分析用户行为对广告的效果进行测量的方案，对于这类案件，在IPC无法实现高效检索的情况下，是否适合使用CPC进行高效检索，可以通过前节中本文组为了涉商典型领域案件制作的CPC检索策略推荐度星状图进行验证。

根据表1内容可以知道，广告领域案件尤其是"有针对性的广告"和"广告效果的测定"两类案件，推荐指数在两星至五星不等，其中车载广告类的案件已经达到五星水平。进一步地讲，案例2属于广告效果测定类案件，推荐度均在三星以上，且使用"调查"手段进行广告效果测定的这类案件推荐度为四星，这说明针对这类案件使用CPC进行检索是可以达到高效检索效果的。

那么要使用CPC分类号对案件2进行高效检索的基础是快速准确地找到CPC分类号，利用广告子图册的部分树状图如图2所示。

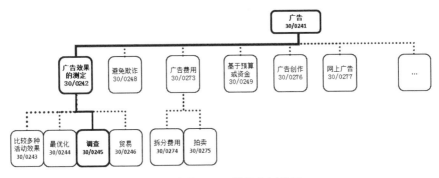

图2　广告子图册的部分树状图

可见，G06Q30/0245 与案例 2 技术方案的主题最为相关，因而，可以确定案例 2 的 CPC 检索分类号为 G06Q30/0245。通过上述分析可知，当确定案件技术主题后，可利用 CPC 的多重分类特点，通过案件发明信息、附加信息利用分类图册快速、准确地查找到案件相关的 CPC 分类号，帮助审查员进行进一步的检索。

（二）利用 CPC 分类号进行高效检索

经研究发现，在中文库 CPC 分类号的标引量明显小于 IPC，在中文库采用 CPC 检索会造成漏检，在外文库 CPC 与 IPC 文献标引量差距不大，建议在外文库进行 CPC 检索。

CPC 针对广告的应用又做了进一步细分，本申请属于广告效果的测定，使用"调查"手段进行广告效果测定，由图 2 中广告分支树状图可以快速确定本申请的 CPC 分类号为 G06Q30/0245。

采用 CPC 分类号结合准确关键词 cookie 进行检索，得到的 21 篇文献有一篇 X 文献 EP1074929A2（一种评估和追踪在线广告效果的方法）与案例 1 相似，通过使用服务器日志和 cookie 数据来测量观看特定广告个体和未观看广告的效果，通过具体分析，该对比文件可以评述权利要求的创新性。

1　SIPOABS　1237　G06Q30/0245/cpc

2　SIPOABS　21　G06Q30/0245/cpc and cookie?

（二）CPC 与 IPC 在检索应用中的优劣

根据前节案例 2 的分析可知，分类员给出的分类号 G06Q30/02 就 IPC 分类而言是准确的，而在 CNABS 以及 SIPOABS 中，G06Q30/02 及其下位点组的文献标引量分别为 14026 篇、135546 篇。若采用 G06Q30/02 进行检索，浏览量依然很大，根据案例 2 中关键手段在于使用 cookie 进行用户选择和监控，通过 IPC 分类号 G06Q30/02 结合关键词 cookie 进行"与"运算，共有 203 篇文献，依然不便于浏览。若进一步结合其他关键词，例如"分析"，进行"与"运算，由于分析的表达方式有很多种，噪声大，运算后很可能会出现漏检的情况，检索式如下：

（1）在中文库进行检索

1	CNABS	16520	G06Q30/02/ic
2	CNABS	3798	cookie?
3	CNABS	58789	广告
4	CNABS	1046527	调查 or 分析 or 测量
5	CNABS	1298014	选择 or 对照 or 追踪 or 监控
6	CNABS	3498539	效果 or 作用
7	CNABS	203	1 and 2
8	CNABS	251	2 and 3
9	CNABS	65	1 and 2 and 4
10	CNABS	26	1 and 2 and 4 and 5
11	CNABS	3	1 and 2 and 4 and 5 and 6

在中文摘要库未检索到有效对比文件。

1	CNTXT	11743	G06Q30/02/ic
2	CNTXT	9761	cookie?
3	CNTXT	151759	广告
4	CNTXT	3911880	调查 or 分析 or 测量
5	CNTXT	5486219	选择 or 对照 or 追踪 or 监控
6	CNTXT	13576647	效果 or 作用
7	CNTXT	480	1 and 2
8	CNTXT	2326	2 and 3
9	CNTXT	344	1 and 2 and 4
10	CNTXT	288	1 and 2 and 4 and 5
11	CNTXT	202	1 and 2 and 4 and 5 and 6

在中文全文库未检索到有效对比文件。

（2）在外文库进行检索

1	SIPOABS	142689	G06Q30/02/ic
2	SIPOABS	10142	cookie?
3	SIPOABS	248558	ad or advertis+
4	SIPOABS	4565743	investigat+ or analy+ or measur+
5	SIPOABS	4482196	choos+ or compar+ or monitor+
6	SIPOABS	7918117	effect+ or contribution?

7	SIPOABS	483	1 and 2//IPC+准确关键词，浏览量大，不便于高效定位
8	SIPOABS	524	2 and 3//广告领域关键词+准确关键词，浏览量大
9	SIPOABS	70	1 and 2 and 4
10	SIPOABS	15	1 and 2 and 4 and 5
11	SIPOABS	11	1 and 2 and 4 and 5 and 6//IPC+准确关键词+其他关键词，缩小浏览量

而 CPC 分类表对于 G06Q30/02 下进行了具体细分，本文对其中广告类以及折扣或奖励类进行了进一步梳理，其中 G06Q/30/0241 为涉及广告领域，并且为广告类案件的主要技术主题 "G06Q30/0242 广告效果的测定" 进一步细分了 4 个下位点组，其中 G06Q30/0245 准确地描述了案例 2 的领域，涉及调查的广告效果的测定，在 CNABS 中该分类号下文献有 69 篇，在 SIPOABS 中该分类号下文献有 1237 篇，采用该分类号与关键词 "cookie?" 进行 "与" 运算，得到 21 篇文献，从中命中能够评述案例 2 创新性的文献 EP1074929A2。

可见，案例 2 在使用 IPC 分类号与关键词进行检索时，由于 IPC 分类号 G06Q30/02 细分程度不高，检索噪声过大，当通过关键词进行检索或者将其与 IPC 分类号进行具体限定时，未找到合适的对比文件。案例 2 在通过 CPC 分类号结合关键词进行检索时，通过找到合适的 CPC 分类号结合方案关键技术手段的关键词，即可快速获得有效对比文件，提高检索效率。

五、总 结

随着涉商领域申请量激增，该领域 IPC 分类号的分类情况较为粗略，其分类程度不细、均匀程度不高，以及多数大组/小组下的文献量过大，已经不能满足在检索文献时利用分类号准确、快速定位相关文献的要求。而 CPC 则对这一领域的分类号做了进一步细化，对检索的帮助很大，利用 CPC 在相应的外文库中作为检索的限定条件，对检索来说是快速且有效的。但是，商业方法领域的 CPC 分类号包括 300 多个细分，以列表形式展开，存在不直观、逻辑关系不清晰的缺点，不利于快速查找 CPC。

本文通过对商业方法领域的 CPC 分类号进行梳理，将 G06Q 小类下的 CPC 分类号制作成分类图册，以树状图的形式进行展示，解决了现有的 CPC 以点组的形式展现不直观的问题，帮助审查员快速寻找 CPC 分类号。

在研究 CPC 分类号在商业方法领域的检索应用时，首先，分析了涉商典型领域的特点，在关于商业方法领域 IPC、CPC 覆盖情况的研究中，发现广告、支付、物流、电网领域的案件申请量大，属于商业方法领域的典型案件领域，而在 CPC 分类号中，关于支付、广告的细分程度高，细分到下位四点组，并且在外文库 SIPOABS 中，对于广告、支付的标引量很大，由此可见，在面对广告、支付领域的案件时，可以在外文库 SIPOABS 以 CPC 检索为主，达到高效检索的目的。通过具体案例对涉商典型领域案件的特点及相应的 CPC 检索策略进行分析研究，制定了涉商典型领域案件的 CPC 检索策略推荐指数星状图。在利用 CPC 进行检索之前，关键在于找准找全 CPC 分类号，本文通过具体案例演示如何找准找全 CPC 分类号，以帮助商业方法领域审查员快速上手利用 CPC 分类号进行检索；在找准找全 CPC 分类号的情况下，本文也通过具体案例演示如何利用 CPC 分类号进行高效检索；最后，本文通过具体案例比较了 CPC 分类号与 IPC 分类号在商业方法领域检索应用中的优劣，体现了利用 CPC 检索的优势。

本文通过上述工作，形成的成果具有一定的指导意义和借鉴意义，使得商业方法领域的审查员能够合理有效地利用 CPC 进行检索，是商业方法领域审查员提高审查效率的重要途径。

半导体器件及工艺的检索

齐　哲

摘　要： 半导体器件与工艺领域发明具有多学科交叉、交叉范围宽等特点，检索难度大，不易获得有效对比文件。本文对半导体器件及工艺领域发明案件及相关数据库的特点进行了分析和介绍，从不同方面梳理了适用该领域的检索思路和策略，为相关领域案件的检索提供借鉴和参考。

关键词： 半导体　器件　工艺　检索

一、技术特点

检索的基础是理解发明，只有对案例所涉及的技术有了充分的掌握和理解，才能在检索中做到心中有数。前面已经说过，半导体领域多学科交叉严重，这更使得该领域的技术难以把握。实际上，不管半导体技术如何发展，半导体器件基本上都是依托于"结"这个基本结构，"结"本质是费米能级拉平的结果❶，比如 PN 结，依托于 PN 结的器件包括二极管、晶体管、太阳电池，其他的"结"还有金属半导体接触形成的"金半接触"，以及更广义的"结"金属—绝缘层—半导体形成的 MOS 结构。理解"结"中的能带结构和电子输运特点对于理解纷繁复杂的半导体器件十分必要。可以说理解"结"是半导体器件和工艺检索的基础，另外，对于该领域所涉及的公知常识，可以参考一些经典书籍，包括物理基础类的《半导体物理学》（刘恩科著）、器件结构类的《半导体器件物理》（施敏著）、器件工艺类的《微电子技术工程——材料、工艺与测试》（刘玉岭著）。

---

❶ 施敏，等. 半导体器件物理与工艺［M］. 苏州：苏州大学出版社，2009：12-14.

二、案件总体特点

半导体器件和工艺专利的申请人绝大多数是公司申请，而且该领域的国外申请（包括巴黎公约的申请和 PCT 申请）很多，高校申请比较少，且主要集中在半导体所、微电子所等研究所，个人申请几乎没有，这是因为半导体器件的制备需要昂贵的设备和复杂的工艺，因此个人申请鲜有出现。另外，国内高校的研究核心多是期刊论文的热点方向，也就是说是一些更加前沿和基础类的研究课题，而半导体器件尤其是无机半导体器件应用已经很广泛，所以高校申请也较少，且集中在设备和资金更充足的研究所。半导体器件和工艺专利的申请人相对于其他领域来说，申请几乎都是公司申请，因此对比文件更多地集中在专利库检索中，另外，由于国外的半导体技术发展更加成熟，因此外国申请很多，并且包含很多 PCT 申请，以审查单元 UA101 为例，PCT 申请超过了35%，因此，要注意外国申请的检索特点。

三、数据库的特点

（一）中文专利库

半导体技术起源于欧美，而且也发展于欧美，因此早期的半导体器件与工艺专利的申请主要检索的重点是英文库，但是随着这些年中国持续而快速的发展，尤其是中国的学科设置和科研投入的倾向性，我国的半导体技术得到了突飞猛进的提高，本领域的中文库的检索和英文库的检索几乎可以平分秋色，尤其是对于一些发明点较低的申请，更要重视中文库的检索。中文专利库比较常用的是中文摘要库 CNABS 和中文全文库 CNTXT。

CNABS 噪声小、准确度高，通常会用 AND 运算符进行检索式的构建，但同时由于缺乏对全文信息的检索，检索不够全面，对于一些发明点较细的申请难以检索到相应的对比文件。对于半导体领域的检索，由于技术发展较为成熟，颠覆性的或原始创型的发明比较少见，因此摘要库的用途主要是追踪申请人和发明人的相关申请，以及进行简单检索以帮助理解发明。

CNTXT 噪声大，但是因为检索针对全文，检索更全面。通常为了减小噪声，采用同在算符去构筑检索式。有一点需要注意：CNTXT 只能详览，对于器件结构类的申请，通常可以看图检索，因此可以在全文库检索之后转库到 CNABS 以进行附图浏览。而对于器件工艺专利的申请，附图浏览不太适用，需要文字的仔细阅读才能明白相应文献的大致内容，因此这一部分申请往往直接详览，其中推送的全文会高亮显示你所检索的关键词，方便快速阅读。

（二）英文专利库

英文专利库包括英文摘要库和英文全文库，英文摘要库包括 DWPI 和 SI-POABS，DWPI 用关键词检索比较准确，SIPOABS 用分类号比较准确，尤其是

CPC 分类号，可以利用转库来进行分类号加关键词的检索，也可以采用 VEN 数据库直接检索。英文全文库包括 EPTXT、WOTXT、USTXT，可以对摘要库中无法检索的细节进一步检索。

（三）非专利库

虽然半导体领域的案件主要为公司申请，对比文件主要集中在专利库。但是公司的科研人员不光是看专利文献，他们还要阅读期刊论文等非专利文献以把握最新的科技前沿，因此有些该领域的申请的对比文件可能就存在于非专利文献中，但相对其他领域出现的概率还是比较低的。非专利库主要使用的是 CNKI、百度学术、Web of Knowledge、IEEE，当然还包括公知常识的检索所需要的超星读秀，在进行检索时，尽量使用"同在"这种检索方式，否则噪声很大，并需要改写相应的不规范的用词，对于器件类专利的申请，非专利的文献还是相对较多的，但是对于工艺步骤类专利的申请，因为研究制备工艺本来就是一种公司主导的行为，往往会去申请专利，非专利文献则比较少见。另外，还有一个智能检索系统 Patentics，可以通过改写一些词和句子进行检索，有时可以达到意想不到的效果，不过这个系统目前是收费的。

四、检索策略

（一）注重 CPC 分类号

在半导体领域，分类号主要使用的是 IPC、CPC、FI/FT❶，首先我们要搞清楚为什么引入分类号体系，这是因为有些技术名词大家使用的不一致，比如激光在中国大陆叫激光，在中国台湾地区叫镭射，而分类号是把这些不同名称的相同事物分为一类，也就是说分类号具有通用性；另外对于一些申请难以界定其关键词的，比如一种图案化方法或者一种装置中的某个机械部件，分类号可能就提供了相应特征的表达方式。对于 IPC 分类号，我们在中文检索中比较常用，IPC 分类比较上位，好处是检索全面，缺点是噪声较大，因此在采用 IPC 分类号的同时需要再加一些关键词去缩小文献量。CPC 分类号是基于 IPC 分类号的细分体系，对于细节特征的界定更加准确，如果相关案件能找到合适的 CPC 分类号，那么优先使用 CPC，检索的效率会大幅提高，中文库对文献的 CPC 分类尚不完善，目前来说 CPC 主要适用英文库的检索。下面举一个利用 CPC 分类号快速检索到对比文件的例子，以便大家对分类号的使用有一个更直观的感受：

1. 发明名称

芯片承载盘的结构

---

❶ 中华人民共和国国家知识产权局. 专利审查指南 2010［M］. 北京：知识产权出版社，2010：93-104.

2. 案情简介

芯片在工艺流程中有时需要倒置，人工倒置费时费力，而本申请如图1所示，采用上下芯片承载盘设置相互配合的凸起和凹孔，卡合后翻转过来，实现了多个芯片快速地倒置。

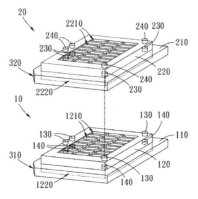

图 1　芯片承载盘示意

3. 检索思路

本申请的分类员给出了分类号为 IPC 分类号 H01L21/673，含义是"使用专用的载体的处理晶片的装置"，并未提供 CPC 分类号，该 IPC 分类号非常上位，文献量极大，通过对倒置的关键词的表达也并未找到合适的对比文件，可能是关键词尤其是英文的扩展不够准确，而通过进一步查找 CPC 分类号得到 H01L21/67333 "芯片承载盘"，英文释义 chip tray，与本申请背景技术中提到的专业名词一致，非常契合本申请，又查到其下位组为 H01L21/67336 "以材料、粗糙度、镀层或者其他特点为特征"，通过这两个好用的 CPC 分类号检索到了合适的对比文件 1（US6071056A），其公布了采用上下的卡合结构来专门倒置芯片用的芯片承载盘。

（二）提取准确关键词

首先是技术领域所对应的关键词，对于一些技术界定较为明晰的申请，比如场效应晶体管、太阳电池以及发光二极管，可以直接采用这些词语去限定技术领域。而有些申请的技术界定比较模糊，比如"一种半导体器件的形成方法""基板处理系统"，这些概念比较上位，需要仔细阅读申请内容，必要时通过一定的检索以明确本申请实际的技术领域。在半导体领域，尤其是制备工艺方面，这样的情况是比较常见的，比如发明为一套基板处理系统，往往包括了晶圆盒、锁定腔室、传递腔室和各种处理腔室，这种技术领域用"基板处理系统"等词语去限定显然是比较泛泛的，这就需要我们弄清申请的改进点在于哪一个腔室或是系统对基板的哪一种操作，来确定更具有针对性的关键词。另外，在半导体器件制备设备中，涉及设备某些机械零部件改进的发明，其改进点较细，而申请中对改进部分所采用的名词往往不准确，有些甚至是作者自己命名的，而在机械领域可能会存在一个更专业的名词，这时候需要在检索中去找寻相应的更专业的名词，找到这些名词可以说检索之路完成了一大半，下面举一个例子来说明在检索中关键词的确定：

1. 发明名称

一种气化原料供给装置、基板处理装置及气化原料供给方法

2. 案情简介

半导体基板有时需要气体处理工艺，如图 2 所示，这些气体的获得是通过载气进出原料液体，从而得到了相应的原料液体的蒸气，本发明的改进正是针对这一原料气体的供给装置，传统的供给装置存在的问题是载体流量较大的情况下蒸气难以饱和，因此，在载体混入蒸气之后采用 S 形气体流路使蒸气充分饱和。

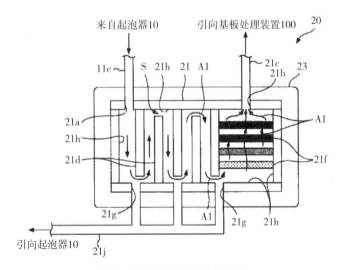

图2　气化原料供给装置示意

3. 检索思路

对于该 S 形路径的特征，采用了 S 弯曲、蛇形以及增加路径等技术效果的关键词，均未检索到合适的对比文件，后来通过"百度搜索"查阅了一些相关资料，发现了机械领域一种类似的部件，名称为波纹管，然后针对这个专业名词，检索到了具有相关特征的对比文件。

（三）把握工艺步骤的区别

审查中会遇到很多半导体工艺的案例，半导体的制备工艺非常复杂，包括清洗、抽真空、旋涂、光刻、灰化、湿法刻蚀、干法刻蚀、热扩散、离子注

入、化学气相沉积、分子束外延、原子层沉积、等离子体处理等多种工艺流程，涉及工艺方法的申请往往不会只针对某一处理工艺，而是涉及的各种处理工艺。这类案件要求我们必须甄别出发明点所针对的关键步骤，但是这往往是很难做到的，因为工艺方法前后呼应，环环相扣，牵一发而动全身，这时尤其是工艺步骤的把握要慎重对待。有些案件中工艺步骤每一步方法都是很常规的，区别仅仅是两步的工艺顺序不同，这时不能草率认定为常规选择，要准确理解工艺步骤有无特殊的技术效果，是否预料不到。下面举一个例子来说明工艺顺序的重要性。

1. 发明名称

半导体器件的制作方法

2. 案情简介

为了降低接触电阻，金属电极沉积到半导体之后，往往需要退火以形成金属半导体化合物，但是在退火过程中金属粒子可能会侧扩散到栅极区域，如图3左侧箭头标示，影响器件性能，本申请采用了一种特定的工艺流程来抑制侧扩散，工艺流程如图3右侧所示。

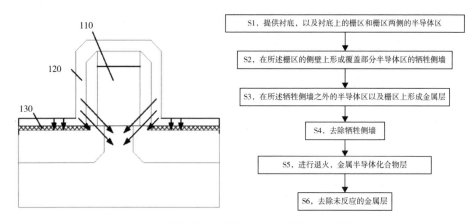

图3　金属侧扩散原理图和自对准源漏的工艺流程

3. 对比文件的把握

本申请有美国同族，该同族给出的对比文件的技术特征与本申请基本相同，但是一个明显的区别是本申请是在去除牺牲侧墙之后再进行退火，而对比文件则是先退火再去除侧墙，这两个步骤表面上看只是一种简单的互换，似乎是本领域技术人员很容易做到的，但是其实这两个步骤的互换有着明显不同的技术效果。本申请在去除牺牲侧墙后，侧墙上的金属沉积层120也会被去掉，防止了金属原子的侧向上的扩散，而如果含有牺牲侧墙的情况下进行退火，则金属会通过侧墙侧向扩散到栅区，这两个技术效果完全不同，本申请具有预料不到的有益的技术效果，因此，用该对比文件来评述本申请是不合适的。

五、检索经验归纳

（一）PCT和巴黎公约的申请

对于这些申请，往往存在PCT检索报告和同族的审查过程，对于这些参考资料，我们要学会充分利用，当通过阅读相关文件发现对比文件适用的情况下，是可以参考使用的，这也是满足最低检索策略的，会大大缩短审查时间，但是，由于外国的审查制度与中国的不尽相同，而且不同审查员对案情的理解和把握也不同，要采用批判的眼光对待这些外国检索报告，如果不认同，不能强行使用，要自己去进行检索以找到合适的对比文件。半导体领域的国外申请较多，因此阅读国外审查资料占了审查工作不小的比重，很多情况下虽然国外的审查资料不能用，但是在阅读的过程中，我们会更加深刻地认识到本发明的发明意图，并且通过申请人的答复更是如此，这使我们更加明确了所需要的对比文件是什么样的。在半导体领域，国外申请的一大特点就是篇幅长，这种篇幅的延长虽然增加了我们的阅读量，但对于理解发明和检索是有好处的，特别是对于技术特征的作用往往讲解得比较详细，会有助于我们检索。国外申请的中国文本由于翻译的缘故，很多词不是很好理解，尤其是一些专业术语，这时我们要去查看国外同族，来明确我们检索需要的关键词。

（二）中国台湾地区的申请

中国台湾地区是半导体技术发展较为成熟的地区，因此中国台湾地区在半导体领域的申请比较多，既有富士康、台积电等大公司的，也有各种半导体小公司的申请。中国台湾地区的申请往往发明高度比较低，发明点很细，主要是在全文库的检索。另外，公司往往会在中国台湾地区和美国提出申请，查阅相关的同族申请十分必要，还要注意TWABS数据库的检索。

（三）其他申请

1.具有特定专业名词的申请

在半导体领域，有些比较细节的结构和部件会具有一个非常特定的专业名词，这些词往往是英文的，用这些专业名词去检索，文献量很少，直接阅读相关文献集即可。比如，静电吸附盘也叫静电吸盘，它有一个专业的英文名词叫ESC（electrostatic chuck），实际上来源于机械领域，是一种采用静电电荷吸附基板的装置，如果案件涉及这些装置的改进，可以直接应用该专业名词进行检索。再有一种情况，比如静电释放装置ESD（electrostatic discharge），虽然这个词是非常特定的专业名词，但是该装置对应的文献量非常大，不适合直接阅读，这时候就要进一步限定其他技术特征，但是有了这些专业名词的使用，已经把文献集限定在了一个比较准确的范围之内，对检索到合适的对比文件非常有帮助，所以对于具有某些特定的专有名词的案件，要对这些专有名词比较敏感，这些专业的名词可能会出现在背景技术中，尤其是括号里有英文名称对应的词语要格外重视。

2. 基板夹持装置

半导体基板在输送过程以及处理工艺中都会涉及基板的夹持装置（比如分类号 H01L21/68 下的案件），这些装置纷繁复杂，而且发明点往往是机械结构的改进，且权利要求较长，对机械结构的描述细致复杂。对于本领域的审查员来说，这类案件的检索往往比较难，而且关于夹持装置的案件，分类也五花八门，很多文献都分到了 F 部和 G 部，分类号较难确定，而如果通过本申请的一些词语去描述发明点的话，往往会感到检索词使用过多而且难以表达。这个时候我们可以跳出这些细节，采用改进后的技术效果去检索。比如一个基板夹持结构，发明点主要是涉及下面的夹持板形状为凹凸交替变化，其作用是更加精确地控制热量分布以对基板均匀加热，这时可以采用均匀加热这一技术效果以获得相应的对比文件。

3. 器件检测装置

半导体器件需要检测来确定器件的好坏，其制备工艺中也需要检测装置来实时监控工艺的异常情况，比如出现基板破碎、基板移位、基板污染等。因此，检测装置是半导体领域的一个重要技术分支。这类装置种类繁多，包括利用力学、热力学、光学、电学、磁学等各种手段的检测，以光学、电学检测为主。首先，这类案件的检索要掌握好这些原理性的知识；其次，这些检测装置的文献分类复杂，往往就只分到了光学、电学检测原理相对应分类号，而不是半导体领域的 H01L21/67、H01L21/02 等分类号，很多发明是把相关检测装置转用到半导体特定器件和工艺中，这个时候千万不能只局限于半导体器件领域，要注意适当拓展。

六、小　结

半导体器件及工艺领域具有鲜明的特点，因此其检索策略也具有一定的针对性，但是由于该领域存在复杂的学科交叉，而且已经发展为一种常态，这又增加该领域的检索难度。本文希望能够针对半导体领域的一些特点展开一些相关检索策略的思考和归纳，以期对相关领域的检索起到一些有益的启发。当然，检索能力的提升不是一朝一夕的事情，还需要我们每个审查员在实际的检索过程中积极思考，不断积累有益的经验，这才是审查能力提升的真正的源动力。

基于申请人行业特点制定检索策略

侯浩通

摘　要：本文介绍了根据申请人涉及的行业信息、国籍信息、类别信息，以及专利涉及的产品信息来分析并制定不同的检索策略，进而获得现有技术的一种检索方法；同时结合具体案例，详细介绍了如何根据上述信息制定相应的检索策略。

关键词：申请人　行业　国籍　类别　产品

一、绪　论

《专利法》的一个目的是保护专利权人的合法权益，鼓励发明创造，是"给天才之火浇上利益之油"。因此，专利不仅带有技术属性，也有经济属性和社会属性。专利审查中的专利检索是利用专利申请中的信息寻找和专利相关的技术内容。普通的检索主要利用专利的技术内容进行检索，即根据技术方案设计检索式进行检索。追踪检索则主要根据专利的经济属性和社会属性进行检索，它不但可以作为补充的检索策略提高检索效率，对于某些专利申请，追踪检索的效果要比一般检索更佳。在追踪检索中，常用的信息有申请人信息、发明人信息、同族信息等❶。申请人作为专利申请的行为主体，其行为和专利申请的技术方案息息相关。技术方案是申请人的技术成果，在技术方案的产生、应用以及技术方案相关产品的推广过程中，申请人会有其技术方案相关的行为。根据审查实践中遇到的情况以及和申请人的行为的密切程度，选择合适的切入点分析申请人的行为，可以根据申请人的行业、国籍、主体性质，以及专利涉及的产品上市阶段来分析申请人的行为，为检索策略制定提供参考。

---

❶ 中华人民共和国国家知识产权局. 专利审查指南 2010［M］. 北京：知识产权出版社，2010：170.

二、根据行业分析申请人特征

1. 行业特征

专利申请人涉及各个行业，而不同行业的创新主体都会带有本行业的一些特征。不同的行业具备自身的特色，企业的创新行为会带有行业特色。对于特定行业，行业内的企业之间合作竞争模式具备一定特点，申请人在这种特定合作竞争模式下，其行为会具备一定特征，可以利用该特征对专利检索策略制定提供帮助。例如对于生物行业，提交某些专利申请会提交生物保藏；对于移动通信行业企业，专利申请和标准的制定息息相关。

针对一般的民用移动通信行业，由于发展历史和电信行业本身的性质，这个行业具有开放和标准化的特性。其中一个体现就是电信厂商和服务提供商积极参与 3GPP 标准制定，可以从 3GPP 标准入手研究其行为特征。在移动通信领域，技术标准的制定是一项影响深远的工作，厂商可以通过参与标准的制定来掌握在业界的话语权。中国国内的很多公司，如中兴、华为积极参与 3GPP 相关标准的制定。对于某个技术方案，申请人或其合作厂商或竞争对手会对其申请专利，并向 3GPP 提交草案。对于一些电信厂商和服务提供商，其申请的某些专利的技术方案和 3GPP 文档关系密切。3GPP 在其官网上会更新标准的技术内容，在 3GPP 的会议记录和技术规范以及技术报告中会有很多相关技术内容，掌握一定的技巧就可以很好地利用 3GPP 检索工具得到对比文件。

2. 案例分析

本申请主要提供一种离线终端的控制方法及系统，在需要离线终端开展相应的通信业务如数据上报时才会触发终端建立连接，实现所请求的业务，使终端节电的同时不会影响自身的通信业务。本发明的技术方案尤其适用于数据众多的机器类型通信 MTC 终端的管理，不仅保证了 MTC 终端及时完成数据上报，也大大节省了这些终端的电力。

权利要求 1. 一种离线终端的控制方法，其特征在于，所述方法包括：

处于离线状态的终端周期性地读取广播消息，并在广播消息中包含所述终端的触发信息时，建立连接。

检索：专利库中没有找到相关的对比文件，于是去非专利库中进行检索。中兴公司是 3GPP 组织的成员，积极参与 3GPP 标准的制定，并且本申请涉及宏观网络的改进，是 3GPP 组织关注的内容，因此 3GPP 组织对相关内容进行过讨论的概率较高，将非专利库检索主要锁定在 3GPP 网站进行检索；3GPP "ADVANCED FTP SEARCH" 入口是检索功能比较强大的一个入口，进入该检索入口后，选择 menu search。通过限定检索的工作组来缩小检索范围，提高检索效率，3GPP 组织架构中包括 3 个 TSG，其中 SA 负责系统和业务，SA WG2 负责系统架构。本申请涉及离线终端（特别是机器类离线终端）在离线状态下的触发连接问题，根据本申请所解决的问题和权利要求 1 中采用的技术手段，在 SA WG2 工作组下检索到的概率较大，在 SA WG2 工作组下进行检索，其检索过程和在 S 系统中检索类似，首先提取了英文关键词（broadcast，period，offline，trigger），利用关键词加同在位置和或与算符等构造检索式，在 3GPP 网站中检索到能够评价权利要求 1 新颖性的文件。

3GPP 中主要的检索式：

broadcast　AND　period　AND　offline　AND　trigger

broadcast　S period　S　offline　S　trigger

（broadcast 4D period）S（offline　4D　trigger）

合理利用同在运算符缩小浏览范围（为表示方便，同在运算符利用 S 系统中的运算符表示）。

在这个案例中，抓住申请人作为 3GPP 成员的特点，因此申请人或其竞争对手将相关技术方案提交到 3GPP 的概率较高，抓住这个特点选择 3GPP 网站作为主要的检索工具，检索到相关对比文件。

三、根据国籍分析申请人特征

1. 国籍特征

根据申请人国籍可以将日常审查实践中遇到的申请人分为本国申请人和外国申请人。对于一般的本国申请人提交的专利申请可按照普通的检索策略进行检索。对于外国申请人提出的专利申请，很多时候因为翻译和语言习惯问题，检索会遇到困难，可分析外国申请人的行为特征为检索策略制定提供帮助。

对于外国申请人，受其自身研发环境和文化的影响，其行为有鲜明的地域特色。对于专利申请人为国外公司的申请，因为通常申请人主要的研发基地都在其本国，所以申请人在研发过程中会受到本国技术演进的影响。这就导致这种申请人的行为有一个特点，即这些公司所完成的技术方案很多情况下是其在本国研发成果或其国内其他公司的技术方案改进得来的。而具体到某个国家，针对该国的优势产业，该国的公司在某些时间节点对于某些领域会提交大量的专利申请。对于很多外国进入中国的申请，结合其技术方案的内容并分析时间节点，如果专利申请的技术属于该国优势产业并且处于该国在该领域处于申请量较大的时间节点上，在其国家所在的专利库中检索到对比文件的可能性较大。下面结合具体案例分析利用这种行为进行检索。

2. 案例分析

权利要求 1. 一种用于校正终端的位置的位置校正装置，该装置包括：

处理器，配置为：将参考位置与终端相关联；基于参考位置确定用于终端的范围；将第二位置与终端相关联；确定与终端相关联的第二位置是否在基于所述参考位置确定的用于终端的范围外；以及当确定指示第二位置在确定的范围外时，将第二位置校正到与终端相关联的校正位置。

权利要求 2. 如权利要求 1 所述的位置校正装置，其中该处理器进一步配置为：通过确定最接近与终端相关联的第二位置的、在确定的用于终端的范围内的位置，获得校正位置。

检索：本申请主要涉及利用无线通信技术对物体的位置进行定位校正。本申请属于通过巴黎公约进入中国的申请，申请的优先权为一日本申请，申请人在欧洲、美国等都提交了申请，在进行检索时，欧洲专利局已经给出了检索报告和审查意见。通过 CPES 系统浏览了欧洲的检索报告和审查意见，发现欧洲审查员给出的对比文件技术领域和本申请相差较大，发明构思偏离较多，并且在浏览了申请人对审查意见的答复以后发现申请人不认可审查员的意见。因此，对于本案独立进行检索，在阅读申请文件的过程中发现本申请除了涉及无线通信领域，还涉及导航领域，因此，对导航相关的分类号进行了浏览，找到了 2 个相关分类号，并且对检索要素进行了扩展。由于本申请的优先权为日本申请，并且申请人也是日本的公司，因此该申请人的研发行为和日本有密切关系，该专利申请的内容贴近生活并且属于"微创新"，这正是日本公司的优势所在，并且在该申请的申请日以前，经初步检索日本公司在该领域的申请量较为可观，因此本申请的检索需要重点关注日本专利库。首先进行日文关键词扩展，在日文库中进行检索，在检索到相关但时间不符合要求的申请后，对该发明人进行追踪未检索到对比文件，随后构建更完善的检索块，利用块检索得到对比文件 JP 2003302456，能够很好地评价本申请的创新性。

日文库中主要检索式：

（H04W 24/04 OR H04W 64/00）AND（測位 or 位置情報）

補正 AND（GPS OR Global Positioning System OR 全地球測位システム）

（無線端末 or 携帯端末 or ゲーム機器 or PDA）AND（測位 or 位置情報）

（小林潤平）/IN（在检索过程中检索到发明人为小林潤平的申请，但时间不可用因此进行追踪）

（（（G01S5/20/high/low or G01S3/20 or H04W64/00 or G01S5/00 or G01S5/14/high/low or G01S19/00/high/low）/IC）or 測位 ）and 位置情報 AND 範囲

首先进行简单检索，然后在检索过程中对某申请人进行追踪，最后用构建的块检索式检索到对比文件。

本申请中，申请人索尼是一家发源于日本的公司，其有大量的研发工作是在日本完成，研发过程中会受到日本国内技术演进的影响，在这种情况下，加强对日文库的检索得到对比文件的概率较大。

四、根据主体性质分析申请人特征

1. 主体性质特征

专利申请人可能属于不同的主体，不同主体的创新模式不同导致其申请专利相关的行为也有差异。对于企业创新主体，申请专利是为了获得垄断权以维护其商业利益或免于侵权诉讼。因此，企业申请人注意专利布局，并会围绕技术点申请大量专利，因此针对企业申请人对申请人本身进行追踪是一个检索思路。对于科研院所尤其是国内科研院所，目前申请专利还主要是科研活动中的附带行为，他们的专利申请和学术活动息息相关，众多科研院所在学术研究过程中也会提出专利的申请，因此这些申请人的行为就会具备一个特征，那就是在申请专利的同时也会发表和技术方案相关的论文。对具体的专利申请，如果其技术方案比较偏重理论研究，在论文库中对申请人发明人进行追踪，并在检索过程中不断搜集申请人或发明人学术方面的信息并加以利用，就比较容易检索到相关的对比文件。对于个人创新主体，一般兴趣是他们创新的源泉，因此其创新行为具有随意性，对于这类创新主体的专利申请的检索，除了对申请人进行追踪之外，关键词扩展也是一个重点。

2. 案例分析

权利要求 1. 一种接入方法，其特征在于，所述方法包括：

用户设备 UE 确定中继节点 RN 信号的接收功率与宿主基站信号的接收功率的差值在设定范围内时，根据所述 UE 接入所述 RN 的接入策略以及接入所述宿主基站的接入策略分别确定出所述 UE 接入所述 RN 及所述宿主基站的接入概率，以所确定的接入概率执行所述 UE 的接入。

权利要求 2. 根据权利要求 1 所述的方法，其特征在于，所述 UE 确定 RN 信号的接收功率与宿主基站信号的接收功率的差值在设定范围内，包括：

所述 UE 确定所述 RN 信号的接收功率比所述宿主基站信号的接收功率大，且所述 RN 信号的接收功率与所述宿主基站信号的接收功率的差值小于等于设定的阈值。

检索：在对本申请进行检索时，首先利用基本检索要素在专利库中进行了检索，未检索到相关的对比文件。其后对于申请人和发明人进行检索，未检索到相关对比文件，但是在检索过程中发现本申请的发明人是很多高校申请的发明人，因此，对本申请的发明人进行检索后发现，本申请发明人为大学副教授，将检索重心放在非专利库中。在 CNKI 中对发明人进行检索后未找到与本申请相关的对比文件，随后利用在检索中发现的一篇学术论文致谢部分获得的信息，找到申请人所在课题组部分成员的姓名，对这些课题组成员进行追踪检索后找到了与本申请相关的对比文件。

本申请中，申请人和科研院所合作进行学术研究，并申请了专利，因此，针对这件专利申请，该申请人的行为特征中带有学术研究的属性，因此利用该行为属性在非专利库中进行检索。

五、根据产品分析申请人特征

1. 产品特征

专利申请行为具备一定的商业属性，即申请人申请专利的目的一部分是为了获得独占权，进而获取商业上的成功，因此专利申请和申请人的商业行为密切相关。结合申请日产品处于的不同阶段采取不同的检索策略。对于某些申请，申请本身的技术方案是申请人尚处于研发阶段的不成熟的产品，对于这些申请更需要关注专利库进行检索。对于某些申请，申请本身的技术方案是一种在申请日以前已经投放市场的比较成熟的商品或服务，申请人针对其商品，为了进行推广，会向外界公开一些商品的特性，这其中就可能包含该商品相关的专利申请技术方案相关的内容。对该类申请，分析申请人的商业推广行为，利用互联网工具如百度、淘宝或各类文档分享平台进行检索，就有可能得到合适的对比文件。

2. 案例分析

1. 一种彩信发送方法，其特征在于，包括：

在通信模块内置彩信协议栈；

通过 AT 命令设置彩信连接参数并将彩信内容导入到所述通信模块；

调用彩信发送 AT 命令进行彩信数据包封装和发送。

6. 一种彩信接收方法，其特征在于，包括：

在通信模块内置彩信协议栈；

通过 AT 命令设置彩信连接参数；

接收 PUSH 短信并通过 AT 命令上报 PUSH 短信通知；

根据所述 PUSH 短信通知，调用彩信接收 AT 命令从彩信服务器获取彩信。

检索：经初步检索，申请人申请的技术方案属于现有技术中常用的方法，但是在专利库中检索到的证据无法完全覆盖本申请的技术特征。由于本申请的技术方案属于一种比较成熟的方法，经调查，本申请的申请人涉及彩信业务的开发，因此在互联网中利用申请人加关键词进行检索，检索到申请人的技术开发手册，公开了本申请的独立权利要求和大部分从属权利要求的全部技术特征。

本申请的特点很明确，申请保护的技术方案属于成熟的产品，并且已经投放市场，因此容易想到申请人针对该申请的技术方案存在商业行为，申请人针对自己的产品会提供各种服务，而其中申请人自身提供的技术手册就和申请所涉及的产品的技术方案息息相关。而针对商业行为的检索选用互联网作为主要检索工具，并将申请人作为检索关键词，能够收到良好的效果。

六、结 论

检索是寻找证据的过程，而证据是在审查过程中最重要的评述依据。一个技术方案产生后，申请人针对该技术方案，除了申请专利，还会有其他的行为。而申请人的这些行为必然要在社会中留下痕迹，而这些痕迹是我们寻找证据的线索。针对具体的案例，分析申请人针对该申请的技术方案可能有的行为特征，制定合适的检索策略，可以达到事半功倍的效果。

本文中列举了4个案例，这些案例中，分别从申请人的行业、国籍、主体性质，以及专利涉及的产品来分析申请人的特征。对于移动通信行业中的大型的电信厂商和服务提供商，由于这些厂商大多积极参与国际标准的制定，采用了在标准库中进行检索的策略；对于申请人为国外公司的申请，其技术演进路线容易受到本国公司的影响，采用注重外文库，尤其是其本国专利库的检索的策略；对于申请人或发明人为科研院所或其工作人员的，采用注重论文库，尤其是要注重发明人以及和发明人有学术上联系的人（如同一课题组）的追踪检索策略；对于产品已经上市的专利申请，关注该公司的产品推广行为，利用互联网工具进行检索，尤其关注其产品技术手册、使用手册等。某一申请人可能具备多方面行为特征，在检索实践中，申请人的行为配合其他方面的信息综合考虑选择检索策略。选择哪方面进行切入为检索提供参考还需要结合申请的时间节点、申请人的商业策略、技术方案的具体内容等综合考虑。

STN 在聚合物检索中的应用

甘　丽

摘　要：在聚合物领域申请检索过程中，经常会出现检索手段单一、检索结果不理想等情况，本文对 STN 检索系统中的聚合物信息及其在 REGISTRY 数据库的标引信息情况进行了介绍和分析，并结合两个具体的聚合物检索案例，重点讨论了在检索过程中如何根据聚合物的特点使用 CAS 号、化学结构等检索手段，同时结合 PCT、NC、CI 等字段探索出实用、有效的聚合物检索方法，以期为聚合物领域检索提供些许参考。

关键词：STN　聚合物　高分子　检索

一、前　言

材料是现代文明的三大支柱之一，而聚合物材料（高分子化合物）作为最重要的工程材料，由于其具有种类多、密度小、强度大、加工容易、耐腐蚀性好等特点，广泛用于塑料、纤维、橡胶、涂料、黏合剂等领域。近年来，新聚合物材料领域的专利申请量呈稳定平稳的态势。

高分子化合物领域的特点根本在于高分子物质的特殊结构，其具有高分子量、分子量以及分子尺寸的多分散性、物质结构的多样性和不确定性等，高分子聚合物结构复杂而且多层次，相应高分子性能多种多样。由于聚合物（高分子化合物）是通过一种或多种分子或分子团以共价键结合而成的具有多个重复单元的大分子，因此其对应的分子结构相对复杂。表征高分子化合物基本结构和/或组成的特征有重复单元的名称或结构式、重复单元的排列（如无规共聚、嵌段共聚、交替共聚等）等要素。因此，掌握如何对具有具体结构和/或组成的聚合物进行检索对审查员十分重要❶。

二、数据库介绍

STN 系统在每个数据库中都可以查到聚合物的信息。最重要和常用的检索聚合物信息的数据库是 REGISTRY 和 CAPLUS 数据库。想通过 STN 又快又准地检索到合适的文献，必须对聚合物在 REGISTRY 数据库中的标引规则进行详细了解。

REGISTRY 数据库中的聚合物：

CAS 标引的聚合物信息：CAS 对每一个聚合物都会在分类标识 CI 字段给出 PMS（其中 CI 字段表示所标引的物质的类别，聚合物是 PMS/CI，化合物 COM/CI），对于聚合物 CAS 号的分配，根据形成聚合物的单体都会给出独立的 CAS 号，对于结构重复单元还会给出附加的 CAS 号（根据标引规则，聚合物一般情况下对单体进行标引，从而给出一个确定的聚合物的 CAS 号，如果在所标引的文件中存在具有重复单元 n 的聚合物结构也会同时给出相应的 CAS 号）。例如以下的聚合物，分别以反应单体和产物给出了相应的 CAS 号：

L19　ANSWER 1 OF 26 REGISTRY COPYRIGHT 2016 ACS on STN（基于结构重复单元标引的聚合物）

RN　　1813589-31-9　REGISTRY（CAS 号）

ED　　Entered STN：　23 Oct 2015（CA 的系统命名）

CN

Poly[[2,5-bis(2-decyltetradecyl)-2,3,5,6-tetrahydro-3,6-di-oxopyrrolo[3,4-c]pyrrole-1,4-diyl]benzo[b]thiophene-2,5-diyl-2,5-thiophenediyl-(1E)-1,2-ethenediyl-2,5-thio-phenediylbenzo[b]thiophene-5,2-diyl]（CA INDEX NAME）（化学名）

MF　　(C80 H112 N2 O2 S4)n（分子式）

CI　　PMS（表示聚合物）

PCT　Polyother,Polyother only（聚合物的分类词）

SR　　CA

LC　　STN Files：　CA,CAPLUS（列出其他含有该物质信息的数据库名称）

L19　ANSWER 2 OF 26 REGISTRY COPYRIGHT 2016 ACS on STN(基于形成聚合物的单体标引)

RN　　1813589-30-8 REGISTRY

ED　　Entered STN:23 Oct 2015

CN　　Pyrrolo[3,4-c]pyrrole-1,4-dione,3,6-bis(5-bromobenzo[b]thien-2-yl)-2,5-bis(2-decyltetradecyl)-2,5-dihydro-,polymer with 1,1' -[(1E)-1,2-ethenediyldi-5,2-thiophenediyl]bis[1,1,1-trimethylstannane](CA INDEX NAME)

FS　　STEREOSEARCH

MF　　(C70 H106 Br2 N2 O2 S2.C16 H24 S2 Sn2)x

CI　　PMS

PCT　　Polyother,Polyvinyl

SR　　CA

LC　　STN Files:CA,CAPLUS

　　　CM　　1(每个组分的单体)

　　　CRN　　1813589-29-5

　　　CMF　　C70 H106 Br2 N2 O2 S2

　　　CM　　2(每个组分的单体)

　　　CRN　　477789-30-3

CMF C16 H24 S2 Sn2

上述给出的两个 CAS 号分别是对同一篇文献的标引1813589-31-9（基于结构重复单元标引的聚合物）和1813589-30-8（基于形成聚合物的单体的标引），其中 STN 普遍是基于形成聚合物的单体的标引，基于结构重复单元标引的聚合物只有在标引文献中明确公开了该结构式，并且只存在唯一一个变量 n 时，STN ON THE WEB 才会对其标引，例如 US2013/0240792A1 公开了一种如下所示结构的聚合物，由于存在取代基的不确定，所以 STN 对该结构式不存在标引。但是一般情况下，聚合物最核心的是主链结构，取代基可以常规替换，因而通过画结构式进行检索时，应该画最核心的结构（单体或者重复单元）。

在聚合物检索中，除了画结构式和使用单体的 CAS 号（单体 CAS 号/CRN）之外，还可以使用其他命令对结果数进行删选，例如 CI 字段限定其为聚合物，例如 PMS/CI（聚合物检索最常见的字段）；PCT 字段是一种聚合物分类词语，例如 POLYETHER/PCT，POLYESTER/PCT，POLYVINYL/PCT 等；NC 字段表明形成该聚合物的单体数，例如 1/NC、2/NC、3/NC 等。

获得准确有效的 PCT 字段的信息有两种途径：

（1）追踪本申请在 STN ON THE WEB 中的标引信息

在 REGISTRY 数据库中使用如下的 2 步命令：

S 公开号/PN；D RN；

（2）REGISTRY 数据库用户指南里的 PCT

另外根据聚合物的标引规则：①参与聚合反应的其他物质比如链引发剂、催化剂，单体的比例，聚合物骨架中重复单元的数量，聚合物的分子量，基于单体的聚合物有无末端基团等都不会影响聚合物的标引信息。②有些聚合物的 CAS 号不再给出，例如：头对尾或头对头的聚合物、直链或支链的聚合物、聚合物混合物、大部分修饰的聚合物（但是有的修饰的聚合物也有自己的 CAS 号。比如：聚合物盐如金属盐、铵盐或盐酸盐，聚酯或聚醚等）[❶]。

三、聚合物检索实践及结果讨论

在 STN ON THE WEB 检索聚合物可以结合不同的元素，例如结构式、CAS 以及一些其他的辅助字段。下面结合两个具体的例子给予说明：

1. 发明名称：一种聚芳醚酮四元共聚物及其制备方法

权利要求 1 请求保护一种聚芳醚酮四元共聚物，包括式 101 和式 102 所示的重复单元：

$$\text{+O-M-O-X+}_{\text{式 101}}、\text{+R-Z+}_{\text{式 102}};$$

所述式 101 所示的重复单元和式 102 所示的重复单元的物质的量比为 $0.01 \sim 100 : 1$；

所述 M 为双酚类化合物脱羟基残基；

所述 X 为含苯环的双卤化合物去除两个卤素或含苯环的双硝基化合物去除两个硝基后剩余的基团；

所述 R 为双酚类化合物脱酚羟基氢残基、式 201、式 202、式 203、式 204、式 205、式 206 或式 207 所示结构：

式 201 中，所述 R_1 和 R_2 独立地选自 H、NH_2、NO_2、$C1 \sim C5$ 的烷基、甲氧基、苯氧基或苯甲酰基；

式 202 中，所述 R_3 和 R_4 独立地选自 H、苯基或烷基取代的苯基；

所述 Z 为含苯环的双卤化合物去除两个卤素或含苯环的双硝基化合物去除两个硝基后剩余的基团；

所述 X 和 Z 不为同一种结构。

---

❶ 李淑芝，等. STN 系统聚合物检索方法及案例研究. 国家知识产权局学术委员会 2012 年度自主研究项目 A110605.

问题的提出：

现有的聚芳醚酮的主链结构基于三元共聚，具有较好的耐温性能，但其对金属基材如铜、铝和马口铁等的附着力较差。

本申请解决的技术问题：提供一种聚芳醚酮四元共聚物及其制备方法，本发明提供的聚芳醚酮四元共聚物对金属基材的附着力较好。

本申请分类员给的分类号为 C08G65/40（由酚和其他化合物）、C08G73/06（在高分子主链中含氮杂环的缩聚物）以及 C09D171/10（涂料组合物中含醚）；提供的是一种聚芳醚酮的四元共聚物，首先"四元共聚物"用关键词不好表达，其次对于权利要求 1 的其他关键词不容易提炼。特别是对于 R 为 201~207 的结构，在系统中使用分类号和关键词进行检索，阅读量大，且没有检索到合适的对比文献。

STN ON THE WEB 中对于本申请的标引信息（仅仅标引实施例）无法帮助审查员检索到合适的对比文件，但是本申请的实施例仅仅是例举，权利要求 1 的保护范围较宽，因而在 REGISTRY 的数据库中通过画出 201~207 的结构式与其他命令进行"和"运算。

FIL REG；

L1 S PMS/CI（限定是聚合物）and 4/NC（限定是 4 个组分）；

L2 S POLYETHER/PCT（限定是聚醚）AND POLYKETONG/PCT（限定是聚酮）；

L3 S L1 AND L2 1664；

L4 201 的结构（与 L3 加和为 0）；

L5 202 的结构（与 L3 加和为 0）；

L6 203 和 204 的结构（与 L3 加和为 2，一个为本申请的结构，一个不能用）；

L7 205，206，207 的结构（与 L3 加和为 6，其中 3 个结构均可以评述权利要求 1 的新颖性，其 CAS 号为 1117781-05-1，443777-41-1，1339943-97-3）；

FIL CAPLUS；

S 1117781-05-1/RN 1；

S 443777-41-1/RN　1；

S 1339943-97-3/RN 1；

得到三篇文献分别为：

1）Synthesis and Characterization of a Novel Phthalazinone Poly（Aryl Ether Sulfone Ketone）with Carboxyl Group，公开了如下的反应过程，其最后的产物可以评述权利要求 1 的新颖性。

2）Synthesis and characterization of novel poly（aryl ether sulfone ketone）s containing phthalazinone and biphenyl moieties，公开了如下的反应过程，其最后的产物可以评述权利要求 1 的新颖性。

3）Synthesis and characterization of novel poly（phthalazinone biphenyl ether sulfone ketong）s from 4，4-dichlorobenzophenone，公开了如下的反应过程，其最后的产物可以评述权利要求 1 的新颖性。

上述文献公开的内容均可以评述权利要求 1 的新颖性。

2. 发明名称：一种茶褐素的制备方法

申请人：云南天士力帝泊洱生物茶集团有限公司

权利要求 1. 一种茶褐素的制备方法，其特征在于，该方法包括以下步骤：

步骤 1，没食子酸加入氨水反应 12~96 小时，得茶褐素粗品；

步骤 2，茶褐素粗品用乙酸乙酯萃取，得到水层；

步骤 3，水层再用正丁醇萃取，得到水层；

步骤 4，干燥后得到茶褐素。

背景介绍：茶叶中的多酚类物质是茶叶中重要的活性物质，多酚类的物质的水溶性产物主要有茶黄素、茶红素和茶褐素。茶褐素是儿茶素氧化聚合形成的一类结构很复杂的产物的总称，在普洱茶的加工过程中，80% 的茶黄素和茶红素被氧化，聚合形成茶褐素，从而使含量成倍增加，从而形成了普洱茶独特的口感。

本申请解决的技术问题：采用本发明方法解决了现有工艺提取茶褐素需大量消耗普洱茶的问题。解决技术问题的方法：以没食子酸在氨水中反应得到一种茶褐素。

在开始检索时，确定的基本检索要素为茶褐素、没食子酸、氨水，在专利库和非专利库中经过全面检索和部分检索要素均没有检索到合适的对比文献。STN ON THE WEB 对于本申请的标引仅仅是反应原料，并不涉及聚合物。

后来对整个申请文件进行仔细阅读，再次充分理解发明，发现存在两个方面的问题：

1）现有技术中对茶褐素的结构是未知的，传统的茶褐素是从植物中提取得到，权利要求 1 虽然限定的是茶褐素的制备方法，但是该方法实质获得的不一定是茶褐素（权利要求 8 保护的也是一种茶褐素类似物），说明书中从 pH 值、红外、紫外、GPC 说明了本发明制备的茶褐素与传统茶褐素的性质相似，可以作为传统茶褐素的替代物。

2）整个制备过程中氨水的作用未知，是参与反应，还是仅仅是一种介质或者催化剂。

充分理解后得出权利要求 1 的实质就是一种没食子酸在氨水中反应，并根据说明书给出的谱图：传统的茶褐素是去除了蛋白和糖再与本发明制备的茶褐素进行对比，故大胆假设其中的氨水仅仅只是一种反应介质，从而重新确定本发明的基本检索要素：没食子酸的自聚（没食子酸的 CAS 号为 149-91-7），在 STN ON THE WEB 中的 REGISTRY 数据库进行检索：

FIL REG；

S 149-91-7/CRN（组合物含有没食子酸）and PMS/CI（物质类型为聚合物）and NC=1（组分数为 1）2；

D 1-2(显示两个结果对应的信息,其中 866889-76-1 为没食子酸的 2 聚体,31387-49-2 为没食子酸的自聚体);

FIL CAPLUS(然后转库到 CAPLUS 中查看对应的文献);

S 31387-49-2/RN (1) PREP/RL(PREP/RL 表示涉及制备) 14 个结果;

D 1-14(得到 X 文献 CA2383932A1);

S 866889-76-1/RN (1) PREP/RL(PREP/RL 表示涉及制备)1 个结果;

D 1(未找到合适的对比文献);

由于检索要素较少,而没食子酸作为次要反应物或添加剂的文献大量存在,也较难用检索式表达"没食子酸自身聚合"这一意思,因此在一般的数据库中检索时浏览量很大,而在上述的 STN 中检索,采用"/CRN""PMS/CI""/NC""PREP/RL"等命令很好地表达了"没食子酸自身聚合",快速准确地获得了对比文件。

四、总　结

虽然 STN 在有机领域是一种常用的检索工具,但是审查员在聚合物检索中的应用比较单一,例如主要是 CAS 号、化学结构式,但是 STN 系统中的 REGISTRY 数据库作为世界上最大最全并且进行深度数据加工的化学物质数据库,在聚合物检索中还有其他字段可以结合使用,例如:PCT(聚合物类型)、NC(组分的个数)、CI(其中 PMS 表示聚合物),本文通过两个具体的案例将上述字段与其他结构式检索或 CAS 号进行组合应用,快速获得了所需要的对比文件,其他聚合物检索也可以借鉴上述检索思路。

专利检索中关键词扩展方法和途径

曲　丹

摘　要：本文主要探讨了专利检索中关键词的扩展方法和途径，并结合具体案例对如何从含义上和角度上的准确和完整方面扩展关键词进行了分析，有助于提高关键词检索的查全率和查准率。

关键词：关键词　扩展　表达

一、引　言

关键词是专利文献内容最直观的表现，是进行专利检索的一个重要检索入口。由于语言表达的多样性和模糊性，要实现全面准确的关键词检索非常困难，很难找到一个既准确又全面的关键词表达。通过探讨专利检索中关键词的扩展方法和途径，并结合具体案例对如何从含义上和角度上的准确和完整扩展关键词进行分析，有助于提高关键词检索的查全率和查准率。

二、关键词扩展的策略

对于每个用关键词表达的检索要素的引入，都要结合本领域的专利文献中的表达特点来考虑其是否会影响检索的完整性，以及其可能带来的噪声量的大小。通过对检索结果中专利文献的浏览，可以留意补充一些漏选的检索关键词，或去除一些会引入大量噪声的关键词，以及积累在典型的噪声文献中频繁出现的去噪关键词，并结合技术领域以及表达的特点合理扩展关键词。具体而言，关键词扩展应主要从以下 3 个方面进行[1]：

（一）保证形式上的全面和准确

保证形式上的全面和准确，应全面考虑对同一关键词表达的各种可能形

---

[1] 孟俊娥，周胜生. 专利检索策略及应用［M］. 北京：知识产权出版社，2010.

式，如英文关键词的不同词性、单复数、简称或者缩写、英美拼写差异或不同的拼写形式等，甚至要考虑比较常见的拼写错误；而中文关键词应该主要考虑不同地域用语的差别、曾用语、俗语、俗称或别称等，同样也需要考虑常见的拼写错误的字或词。检索时主要有使用通配符和运算符精确限定两种手段以实现关键词形式上的完整，从而可以尽量全面地将要检索的词查找出来，并把关键词准确组配起来。

（二）保证含义上的准确和完整

由于专利文献中术语的多样化，以及专利文献的撰写方式导致专利文献技术方案分层次公开的特点，需要对于每个技术特征的检索从含义上实现准确和完整，但在实际检索过程中很难完全实现。通常需要借助于对检索结果的浏览不断补充和调整关键词，摸索和积累相关技术知识，逐步实现含义上的准确和完整。

1. 关键词的横向扩展

检索要素确定后，用关键词表达检索要素时，要注意从检索要素词义的角度扩展出多个关键词，一般需要考虑相应检索要素的各种别称、俗称、缩略语、同义词、近义词、横向等同特征，甚至是反义词，还要考虑可能的别字。特别值得指出的是，反义词包括各种与技术主题含义相反的词，为了不漏检，在选取反义词时，要考虑"不""非""防止""避免""阻碍"等含义否定的词语。由于专利文献的说明书一般都在背景技术中描述现有技术中存在的问题，由此为进一步提出该发明需要解决的技术问题作铺垫。基于这一特点，使用反义词的检索通常在说明书背景技术部分或全文中进行检索，一般不在权利要求或摘要部分使用。

2. 关键词的纵向扩展

用关键词表达一个检索要素时，除了可以进行横向扩展外，还可以进行纵向扩展。当检索的技术主题涉及某一概括性的特征时，通常首先应当对其本身及所包含的下位概念进行检索，当没有检索到合适的现有技术时，还需要进一步采用上位概念进行检索。独立权利要求是对说明书中的具体实施例的概括，从属权利要求往往对应于说明书中某些具体的、优选的实施方案，逐级记载了所要保护的专利权利。专利文献的这种层次性体现了申请人对发明所作贡献与其所享有权利之间的平衡。其中独立权利要求一般包括前序部分和特征部分，其中前序部分写明主题名称和与最接近的现有技术共有的必要技术特征，特征部分写明区别于最接近的现有技术的技术特征，即发明点，因此独立权利要求一般记载了领域特征和发明点特征。通常情况下，独立权利要求仅包括概括性特征，其一般是指上位概念；从属权利要求则会包括一些具体性特征，其一般是指已经是概念基本单元的下位特征，一般不会再引申出更下位的概念。因此，在检索上位概念时优选在权利要求和摘要中进行检索，而检索特定的下位概念时优选在说明书中进行检索。另外，关键词的准确性扩展应当在考虑全面性的扩展的基础上进行必要的取舍和修正，可以结合技术领域的特点进行。

（三）保证角度上的准确和完整

由于专利文献会从多个角度对技术内容进行相关的描述，通常会记载与发明相关的现有技术及存在的技术问题、发明要解决的技术问题、技术方案、技术效果、实施例以及说明书附图等，这些内容之间相互呼应和印证。因此，在检索时除了从与技术方案直接相关的技术手段角度进行检索外，还可以从该技术手段在方案中所起的作用、具备的功能、带来的技术效果甚至技术方案的用途等角度进行检索。由此通过这些角度的检索结果与技术方案直接的检索结果的不同组合实现检索的准确和完整。总之，无论是专利文献中提到的，还是通过阅读专利文献分析出来的效果、性质、作用、功能、原理、解决的技术问题等都可以作为关键词的扩展。

三、关键词扩展的示例

在关键词的表达方式中，相对于形式上的全面和准确而言，含义上和角度上的准确和完整更加困难，以下重点针对含义上和角度上的准确和完整两方面进行举例。

（一）关键词横向扩展示例

【案例1】

检索一种用无源器件构成的微波人工带隙材料，包括采用印制电路板技术在介质覆铜板上设计、制作符合使用要求的图形结构，在图形结构的水平缝隙间和垂直的通孔内分别固接无源的电容器或/和电感器，构成二维的复合平面网络结构，即为本申请的具有二维高阻抗电磁波表面。

案例分析：

1）通过理解技术方案，分析确定基本检索要素为：带隙、电路板、电容、电感，基本检索要素的关键词表达分别为：带隙（bandgap/band gap）、电路板、基板、印制电路板（PCB，printed circuit board，substrate）、电容（capacitor）、电感（inductor）。经过检索，没有找到合适的专利文献。

2）调整检索思路，经过追踪申请人，发现一种多带隙的平面型异向性材料（metamaterial），由金属贴片构成上表面，并通过金属导孔与底板相连，通过Goolge搜索确认"平面型异向性材料（metamaterial）"是本领域新出现的一个技术词汇，可作为"微波人工带隙材料"的另一种表述进行关键词扩展，经过检索找到了相关的专利文献。

本案启示：

针对一项前沿的科技或者是较新的事物，由于申请人知识水平和信息来源的不同，可能会有多种表述方式。比如申请人采用自认为含义相近的名词或者完全自定义词，而实际上该结构在现有技术中有较通用的表述，两者的结构组成差别很大，如果完全按照申请人的表述进行检索则可能遇到很多不相干的文献并漏掉相关的文献。因此，在检索中首先应确定出技术方案在现有技术中通用的表述作为关键词，才能检索到合适的专利文献。

【案例2】

检索一种太阳能及风能发电系统的升压装置，它包括一个升压模块，升压模块的输入端与发电机的输出端之间连接有第一电子开关，升压模块的输出端与蓄电池正极连接，在发电机的输出端与蓄电池正极之间还连接有第二电子开关；此外还有一个比较器，比较器的两个输入端分别连接到蓄电池的正极和发电机的输出端，比较器的输出端连接两路分支，一路分支经过一个反向器连接到第一电子开关的控制极上，另一路分支连接到第二电子开关的控制极上。

案例分析：

1）本申请的分类号是 H02J7/14、H02J7/35（均是关于充电装置的分类号），而实际上本申请虽然是充电装置，但更侧重于充电装置中的一个细分的结构——升压装置。因此，确定基本检索要素有3个：升压装置、比较器、分支，其中升压装置的关键词表达为充电、升压；分类号表达为 H02J7/14、H02J7/35（充电装置）。经过检索，没有找到合适的专利文献。

2）分析本申请的发明构思，发现在于具有两路充电电路，其中主要是以第一路充电电路为电池充电，当出现特殊情况下用带升压模块的第二路充电电路为电池充电。换个角度思考，该结构如果以第二路充电电路为主要工作电路，另一路直接充电电路就相当于第二路充电电路的"旁路电路"。因此调整检索思路，将关键词"分支"扩展为"旁路"，经过检索找到了相关的专利文献。

本案启示：

对于具体的机械或电路结构采用一定的名称定义，比如赋予一个上位的结构或功能性的名称，有时虽然比采用详细结构和关系的描述方式对于检索来说要有利一些，因为不用去归纳它们的功能来选取关键词了，但此时也要注意容易陷入申请文件的表述之中，忽略了某些结构或关系的其他表述方式，从而错过合适的对比文件。应通过进一步分析发明构思跳出申请文件的表述形式，以另外的方式表达发明构思，进而找到相关的专利文献。

（二）关键词纵向扩展示例

【案例3】

检索一种功率场效应晶体管在接触制程中减少晶片弯曲程度的方法，其特征在于包括下列步骤：提供 P 型半导体基底；在上述 P 型半导体基底表面放置具有设定特征尺寸的光阻；对上述 P 型半导体基底的上述光阻的两侧区域进行

N 型离子注入；拿掉光阻并对上述 N 型离子注入区域之间进行蚀刻形成凹陷区，其中上述光阻的设定特征尺寸为大于等于 1.3μm。

案例分析：

1）确定检索的技术主题"一种功率场效应晶体管在接触制程中减少晶片弯曲程度的方法"仅仅涉及了一种宽泛的技术领域"一种功率场效应晶体管的接触工艺"，从检索内容中无法获知"功率场效应晶体管"为何种类型。由于半导体基底、光阻、离子注入和凹陷区在绝大多数功率场效应晶体管中都会出现，因而从当前的检索内容中不能明确检索应针对的具体元器件，而且只有明确了具体元器件才能有效减少噪声，提高检索效率。

2）具体元器件的确定首先应基于申请文件的说明书对检索内容的解释和说明，但整个说明书均未提及"功率场效应晶体管"的类型，由于功率场效应晶体管是一种硅功率器件，硅功率器件按照端子的数量可以划分为二端器件和三端器件。在三端器件中，两个主端子（双极晶体管的发射极和集电极、场效应晶体管的源极和漏极、晶闸管的阳极和阴极）之间的导电通路的特性取决于控制电极（基极或栅极）的情况，部分三端器件的控制电极与半导体材料直接接触，还有部分三端器件，如 MOSFET、IGBT 等，其控制电极和半导体材料被绝缘层隔开。

3）通过对申请文件技术内容的分析，VDMOS 器件和 IGBT 器件这两类在现代电力电子技术中广泛使用的功率器件最为符合本申请图示的器件结构，从而考虑确定 VDMOS 和 IGBT 为功率场效应晶体管更具体的实现方式作为基本检索要素以进行技术领域的检索，从而获得与检索内容比较一致的专利文献，使检索变得更有针对性。

本案启示：

利用宽泛的技术领域加上通常具有的部件或方法步骤检索出来的文献往往噪声很大，很多文献与本申请并不相关。因此，在检索前有必要对技术方案进行充分理解，从申请文件的记载或通过申请文件的记载并调用已有的技术领域知识，确定具体的元器件类型作为限定技术领域的基本检索要素是提高检索效率、避免漏检的有效途径。

【案例4】

检索一种导电性橡胶辊，该橡胶辊的最外层具有使用以离子导电性橡胶为主成分的橡胶组合物形成的导电性橡胶辊，橡胶表层部分为氧化膜，且上述橡胶组合物中配入介电损耗正切调整用填充剂，使介电损耗角正切为 0.1~1.5。

案例分析：

1）根据技术方案将"填充剂"确定为检索要素之一，"填充剂"可以采用说明书中的下位概念，如 pigment、carbon black、calcium carbonate、clay 等。

2）此外，针对技术方案中的"橡胶组合物中配入介电损耗正切调整用填充剂，使介电损耗角正切为 0.1~1.5"，由于该参数是其橡胶中加入填充剂的结构决定的，其表示橡胶性能，因此可以将上述的参数分割开作为次要的技术特征进行单独检索，于是利用橡胶与该性能的关键词或具有该参数所达到的效果的关键词进行组合检索。

本案启示：

如果检索要素是表示某类物质的上位概念，可选择说明书中提到的该物质的具体下位概念进行检索。

（三）关键词从功能、原理、效果等多角度扩展示例

【案例 5】

检索一种激光啁啾脉冲展宽放大系统，包括飞秒脉冲振荡源、主光栅展宽器、主放大器和主光栅压缩器，该系统还包括辅展宽器、辅压缩器、前置放大器、第一反射镜和第二反射镜。

案例分析：

1）本申请属于超快激光领域，发明点在于使用了两套啁啾展宽—压缩放大系统，消除了高阶色散，得到了脉宽为 15fs 的激光。该领域比较前沿，目前主要以理论和科研探索为主，因此，结合本发明技术领域的特点，在专利库没有检索到对比文件后，在非专利库中进行重点检索。

2）最初选取的中英文关键词为：飞秒（femtosecond）、压缩器（compressor）、展宽器（stretcher）、啁啾（chirp），只检索到了使用两个压缩器或者两个展宽器的啁啾脉冲放大系统，与本申请使用一套主展宽—压缩系统、一套辅展宽—压缩系统不同，无法作为对比文件，但在检索中发现使用多个压缩器或放大器都是为了得到高能 PW（$1PW=10^{15}W$）级别能量激光。于是从技术效果出发调整关键词，在检索中引入关键词"high power"或"PW"用作表示其技术效果，检索到包括两套展宽—压缩系统的学术论文，随后对该篇论文的作者进行追踪，检索到了更合适的对比文件。

本案启示：

在扩展英文关键词时，如果只用中文对应的英文单词进行扩展是远远不够的，可以换个角度考虑问题，从技术效果或结构的功能出发，在阅读检索到的部分文献后要提取出和该关键词技术效果相对应的准确表达，避免浏览大量文献，从而提高检索效率。

【案例 6】

检索一种电子装置，包括电源单元和键盘，所述键盘包括按键板，所述按键板设置在所述电源单元中。

案例分析:

1)根据技术方案确定本申请的基本检索要素为:电子装置、按键板设于电池单元中。对于"电子装置"的分类号表达有:H04M1/02、G06F1/16,其关键词表达有:手机、移动电话、PDA、掌上电脑、通信装置、移动通信;对"按键板设于电池单元中"选择如下关键词表达:键盘、按键板,电源、电池。而表示位置关系的关键词存在表达方式多且不准确的特点,使用其检索不仅会遗漏很多文献,也会带来许多的干扰,所以未使用其进行检索,但也没有找到合适的专利文献。

2)从其他角度表述该位置关系,从技术效果着手发现本申请所要达到的技术效果是使手机变薄。因此,调整检索思路,针对这一技术效果提取关键词"薄"及其反义词"厚",用其表达具体的位置关系,并与其他的要素组合检索,经过检索找到了达到使手机的厚度变薄的目的专利文献。

本案启示:

对于具体的结构特征和关系特征难以提取出合适的关键词时,不妨跳过具体的结构、关系,而使用这种结构的功能、所要解决的技术问题或者所达到的技术效果着手选取关键词,或者使用它们与结构关系组合检索,有可能发现相关的对比文件。

四、结　语

通过结合在审查过程中所遇到的实际案例对关键词扩展进行分析,可以看出,形式的全面和准确是整个关键词扩展中最基本的要求,而角度上的准确和完整则是最高要求,每个角度扩展的关键词的准确、完整的表达包括每个词的形式上和含义上的准确和完整。此外,像使用分类号进行检索一样,在使用关键词检索的过程中也应根据检索结果及时调整检索用的关键词;如果检索结果过多,可以考虑增加新的关键词;如果检索结果过少,则可以考虑更换关键词或减少关键词。

提升专利审查检索效率的若干影响因素分析

杨鑫超

摘　要：本文通过分析一件实际审查案例的检索过程，从理解发明、检索要素的确定、扩展表达到检索式的构建以及数据库的选择，并依照检索结果对检索过程进行了回顾和梳理，由此总结出检索要素的确定及准确全面表达、检索策略的及时调整以及对自身检索过程的总结是影响专利审查检索效率提升的重要因素，并根据以上影响因素提出了能够提升专利审查检索能力的具体措施。本文通过总结得出提高专利审查检索效率的若干因素并加以分析，对于检索能力提升具有一定的促进作用。

关键词：检索效率　检索能力　专利审查

一、引　言

在审查案件的实际检索过程中，首先要充分理解发明，确定基本检索要素并进行扩展表达，在此基础之上根据发明所涉及技术领域的特点选择不同的数据库并灵活运用多种检索策略，从而提高检索效率，达到快速、准确地检索出相关对比文件的目的。除此之外，审查员在检索案例的过程中经常会使用一些"技巧"，或是通过某些线索很快发现了相关的对比文件，这时还应当对自己的审查过程进行重新审视，找出自己检索过程中检索要素的确定、检索要素的表达以及检索式的构建等步骤中存在的问题。本文详细介绍了在实际审查过程中的一个检索案例，并结合自身体会阐述了对提高专利审查检索效率的理解。

二、案例分析

（一）案情介绍及理解发明

本案的权利要求1如下：一种复合材料曲面多点热压成型设备，主要由成型室壁板、隔膜、多点可重构模具、加热装置及真空泵组成，其特征在于：所述成型室壁板由4块侧向成型室壁板（1）和1块底部成型室壁板（2）组成，其与隔膜（7）围成密闭的复合材料成型室；所述的隔膜（7）通过离散压边装置（6）固定在侧向成型室壁板（1）上，位于多点可重构模具上方；所述的多点可重构模具由冲头（5）、单元体（4）和调形机构（3）组成，固定在底部成型室壁板（2）上；所述的加热装置通过四柱式或龙门式支架倒置固定于隔膜（7）上方；所述的真空泵（9）位于复合材料成型室外部，其通过侧向成型室壁板（1）上的抽真空口（10）与复合材料成型室连接。

如图1所示，权利要求1请求保护的复合材料曲面热压成型的设备实质上是一种树脂纤维复合材料真空成型装置，这种装置的工作原理是将浸渍有树脂的纤维增强材料置入真空隔膜与模具组成的空腔中，通过抽真空产生的压力以及外部加热等手段使复合材料成型固化，得到具有与模具表面形状相同的复合材料。在成型曲面复合材料时，需要使用表面形状为相应曲面的模具，而不同的形状就需要使用不同的模具，这就造成了生产成本的大幅提高。本申请中采用了多点可重构模具作为复合材料的成型模具，该模具由多个可以上下运动的单元体组成，通过每个单元体的上下运动可以使模具表面变化出不同的形状，从而实现采用一套模具就能成型出各种曲面形状的树脂纤维复合材料，大幅节约了模具成本。

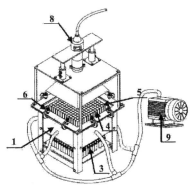

图1　本发明技术方案

（二）检索过程

由上述分析过程可以确定该申请为多点可重构模具和复合材料真空成型两个领域的交叉应用，其发明构思是将多点可重构模具应用在复合材料的真空热压成型装置中，首先在互联网以及非专利文献库中了解了多点可重构模具的相关知识，并按照常规检索的思路确定基本检索要素，对基本检索要素进行扩展表达（见表1），在CNABS数据库中进行简单检索。

表1　基本检索要素

基本检索要素	技术主题		对现有技术的改进	
	复合材料曲面热压成型		多点可重构模具	采用真空作用
关键词	复合材料；板	曲面；不规则面	多点；可重构	真空；隔膜
	composite；fiber；resin	curve；curved；curving；curv+；surface	multipoint；reconfigurable；reorganizable；restructurable	vacuum
分类号	IPC	B29C70/44……使用均衡压力，例如压力差、真空袋、热压罐或膨胀橡胶成型 B29C70/00 成型复合材料		
	CPC	B29C70/44		
	FI-FT	无相关分类号		

通过这些检索要素在中文库中并未找到可以评述本申请创造性的对比文件，但在筛选对比文件的过程中找到了多点可重构模具的知名申请人：吉林大学的李明哲教授，且本申请的申请人与李明哲教授同属于一个课题组，经过检索发现，李明哲教授发表了多篇专利文献以及中英文期刊文献，其中一篇专利文献（CN102135224A，一种多点调形装置）与本申请的多点可重构模具结构（见图2）非常相似，但该装置并非用于复合材料真空热压成型，而是用于板类的成型。

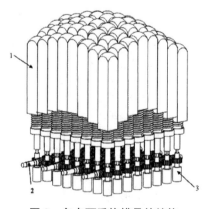

图2　多点可重构模具的结构

进一步考虑，本申请是一篇高校申请，应当优先选择在非专利数据库中进行检索，因此在 CNKI 中追踪申请人以及相关领域的知名申请人，并限定关键词：多点（可重构）、复合材料（树脂纤维、增强材料）以及真空，也并未找到相关的对比文件。随后，选用其他常用的非专利数据库，在超星读秀数据库中限定同样的关键词，找到一段公开了本申请发明构思的内容，如图 3 所示。

为了对该工艺进行研究，Boers 还制造了一个成形压力为 50t，尺寸为 20mm×30mm 的小模具。Walczyk 和 Kleespies 等采用多点模具对复合材料板进行加热增量成形，其原理如图 7.36 所示。为了对复合材料的变形进行控制，多点模具的形状在变形过程中逐渐变化并最终成为设计型面。成形中加热使用红外热源辐射，由内部真空通过外部隔膜对复合材料施加压力，使复合材料板及弹性垫板贴模成形工件。

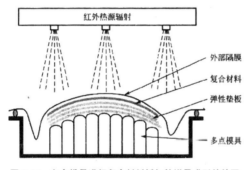

图 7.36 多点模具进行复合材料板加热增量成形的简图

图 3 公开本申请发明构思的内容

在该段话中明确提到了采用多点可重构模具和复合材料真空成型结合的方式生产不同曲面形状的复合材料，即公开了本申请的发明构思。随后通过在谷歌学术中追踪这段话中提到的作者，很快找到了 3 篇能够结合前述的专利文献评价本申请创造性的期刊文献，其中期刊文献 1（Using reconfigurable tooling and surface heating for incremental forming of composite aircraft parts, Daniel F. Walczyk, Jean F. Hosford, John M. Papazian,《Journal of Manufacturing Science and Engincering》）的示意图如图 4 所示。

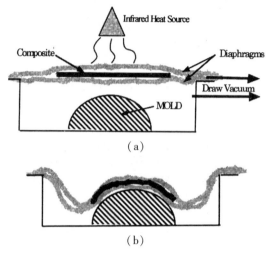

（a）

（b）

图 4   文献 1 的示意图

此外，在检索到的期刊文献中还发现了多点可重构模具的其他表达方式，如 pin tool、pin-type tool、multi-pin、screw-pin tool、variable geometry mold，最后，结合期刊文献中对多点可重构模具的表达，在 VEN 数据库中进行补充检索，又找到两篇能够评述本申请创造性的对比文件（WO01/76863A2、WO2008/128167A2），检索过程如下：

    1   VEN   3272919   composite or fiber or resin

    2   VEN   9511760   curv+ or surface

    3   VEN   55667   （multi + point or multi - point or（multi point）or reconfigurable or reorganizable or restructurable or pin or（variable geometry））S（mold or tool）

    4   VEN   932430   vacuum+

    5   VEN   4090   B29C70/44/IC

    6   VEN   16   1 and 2 and 3 and 4（WO01/76863A2）（WO2008/128167A2）

    7   VEN   118   1 and 3 and 4

    8   VEN   20   3 and 5

    9   VEN   2567   1 and 2 and 3

    10   VEN   75   9 and B29C70/IC

    11   VEN   212   3 and B29C70/IC

综合考虑后，还是选择最开始检索到的期刊文献 1 作为对比文件 1，结合前文所述的专利文献（CN102135224A）评述了本申请的创造性。

（三）检索过程审视

总结上述检索过程，本案在常规检索进行到一半的过程中"意外"发现了有关对比文件的重要线索，通过追踪线索中的相关内容发现了可以评述本申请创造性的对比文件。通常来讲，针对本申请的检索过程到此就已经结束了，但实际上还应当对本次检索过程进行重新审视。

首先，指引找到对比文件的重要线索是读秀数据库中关于一篇期刊文献的介绍，但在检索其他案例时如果可用的对比文件在读秀数据库中也并没有相关的介绍，通过上述方式检索到相关的对比文件显然是不可行的。因此，本次检索过程看似快速找到了可以评述相关案件创造性的对比文件，但该对比文件并非是通过对基本技术要素的检索直接得到的，而是通过非专利数据库中对于相关技术的描述"追踪"得出，具有一定的偶然性，其采用的检索方法和检索过程并不具备普适性，如果遇到相似的案例很可能找不到相关的对比文件，从而造成漏检。因此，不应就此停止检索，而应对自己的检索过程进行重新审视，其过程如下：

首先，应当确定如果没有相关的文献介绍，通过常规的检索是否能检索到相关的对比文件。采用追踪检索到相关期刊文献前自己拓展表达的关键词（reconfigurable；composite；vacuum）在 ISI_Web of Science 以及谷歌学术中进行检索，检索结果如图5、图6所示。

图 5　ISI_Web of Science 数据库的检索结果

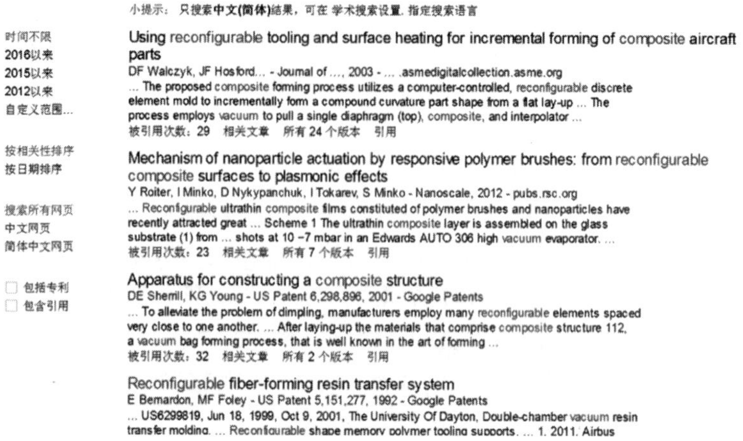

小提示: 只搜索中文(简体)结果, 可在 学术搜索设置, 指定搜索语言

时间不限
2016以来
2015以来
2012以来
自定义范围...

按相关性排序
按日期排序

搜索所有网页
中文网页
简体中文网页

☐ 包括专利
☐ 包含引用

Using reconfigurable tooling and surface heating for incremental forming of composite aircraft parts
DF Walczyk, JF Hosford... - Journal of ..., 2003 - ...asmedigitalcollection.asme.org
... The proposed composite forming process utilizes a computer-controlled, reconfigurable discrete element mold to incrementally form a compound curvature part shape from a flat lay-up ... The process employs vacuum to pull a single diaphragm (top), composite, and interpolator ...
被引用次数: 29　相关文章　所有 24 个版本　引用

Mechanism of nanoparticle actuation by responsive polymer brushes: from reconfigurable composite surfaces to plasmonic effects
Y Roiter, I Minko, D Nykypanchuk, I Tokarev, S Minko - Nanoscale, 2012 - pubs.rsc.org
... Reconfigurable ultrathin composite films constituted of polymer brushes and nanoparticles have recently attracted great ... Scheme 1 The ultrathin composite layer is assembled on the glass substrate (1) from ... shots at 10 −7 mbar in an Edwards AUTO 306 high vacuum evaporator. ...
被引用次数: 23　相关文章　所有 7 个版本　引用

Apparatus for constructing a composite structure
DE Sherrill, KG Young - US Patent 6,298,896, 2001 - Google Patents
... To alleviate the problem of dimpling, manufacturers employ many reconfigurable elements spaced very close to one another. ... After laying-up the materials that comprise composite structure 112, a vacuum bag forming process, that is well known in the art of forming ...
被引用次数: 32　相关文章　所有 2 个版本　引用

Reconfigurable fiber-forming resin transfer system
E Bernardon, MF Foley - US Patent 5,151,277, 1992 - Google Patents
... US6299819, Jun 18, 1999, Oct 9, 2001, The University Of Dayton, Double-chamber vacuum resin transfer molding. ... Reconfigurable shape memory polymer tooling supports ... 1, 2011, Airbus

图 6　谷歌学术数据库的检索结果

可以看出，对于本申请来说，即使读秀数据库中没有相关的内容，只要对检索要素的拓展正确，也能够检索到相关的对比文件。因此，对于审查员来说，避免漏检的最可行的方式就是检索要素拓展准确、全面，检索过程中逻辑清楚，层层推进，按部就班。

此后，进一步审视检索过程，如果仅有的一篇可用的对比文件中对多点可重构模具采用了如 pin tool、pin-type tool、multi-pin、screw-pin tool、variable geometry mold 等的表达方式，显然，如果审查员在一开始并不能对"多点可重构模具"扩展出这些关键词，在这样的情况下检索到相应的对比文件几乎是不可能的，这实际上是对审查员的检索要素拓展提出了很高的要求，这需要我们在平时的工作、生活中多加积累，必要的时候可以采取一些手段，比如通过互联网和非专利库检索，浏览该领域的重点文献，甚至是与其他同事的交流、讨论。

三、提升专利审查检索效率的影响因素分析

1）从当前案例中我们可以看出，检索要素的确定和准确全面的表达是快速检索到对比文件的首要前提。对于检索要素的确定，前提是要充分理解发明，本案正是由于在检索前就明确了本案的发明构思为将多点可重构模具应用在复合材料的真空热压成型装置中，才确定基本检索要素为复合材料曲面热压成型、采用多点可重构模具以及采用真空作用，进而通过检索要素表达检索到相关线索甚至直接检索到目标对比文件。在本案中，对于"多点可重构模具"的准确英文表达是在非专利库中检索到对比文件的关键所在。但是，在本案假设的情况中，如果对比文件对多点可重构模具采用了其他的表达方式，仍旧会造成漏检，因此，检索要素的全面表达也是提高检索效率、避免漏检的关键因素。

2）在检索过程中检索策略的调整，包括检索式的调整、检索要素表达，甚至检索要素自身的调整以及数据库的调整对于提升专利审查检索效率也是至关重要的。虽然在检索伊始就需要尽量准确全面地表达检索要素，构建合理的检索式，但在实际情况中，往往是随着检索的进行，审查员在阅读了一定量的相关文献后，对于本申请的背景技术和技术方案有了更深层次的理解，此时有可能调整检索要素本身或者调整检索要素的表达，或者在检索到相关文件后采用该文件对于检索要素的表达。在本案中，根据检索过程中出现的初步结果，审查员有针对性地调整了数据库甚至检索式，快速检索到了相关对比文件。同时，本案在检索到相关对比文件后进一步采用了其对检索要素的表达方式，又检索到了两篇能够评述本申请创造性的对比文件，可见在检索过程中调整检索要素表达的重要性。在本案中，非专利数据库的选择也充分说明了在检索中要根据案件特点选用合适的数据库，从而提升检索效率。

3）对自身检索过程的总结也是快速提升检索效率的有效途径。在本案中，通过在检索过程中得到的线索快速追踪检索到了对比文件，此时如果不进行检索过程的重新审视和总结，会导致漏掉其他相关的对比文件，对于检索要素的其他表达方式也缺乏有效的总结，可能会导致在遇到相似的案件时漏检。因此，针对一些通过特殊手段检索到对比文件的案例，特别是一些自己没有检索到对比文件，而通过参考他人意见直接得到对比文件的情况下，要对自身的检索过程进行总结回顾。首先明确自己是否进行了全面检索，如果没有进行全面检索，可以按照自己的检索思路"预演"一下检索过程，看看自己的检索方法是否能找到相关的对比文件。如果进行了全面的检索却不能直接找到相关对比文件就要总结原因，看看是不是检索要素的确定有误、检索要素的表达不够全面和准确，或者检索策略的原因，如检索式的构建逻辑不清楚造成了部分文献没能被检索式概括在内，根据原因找出自己在检索上的短板，加强学习和锻炼，并且在以后的检索过程中加以注意。

必须认识到检索是一件"没有止境"的工作。一方面，专利申请大多是最新的前沿技术，审查员不可能了解全世界创新者的想法；另一方面，检索所用的数据库实际上是世界范围内所有公开的知识，其内容庞大而繁杂，审查员个人也不可能做到对其全部了解。专利审查过程中要求审查员站位"本领域技术人员"进行审查，这实际上对审查员的知识储备提出了很高的要求。审查员在检索对比文件的过程中如果能明确检索要素，对检索要素进行准确和全面的表达，在检索过程及时调整检索策略，并能做到对自身的检索过程进行梳理和总结，尤其是在通过特殊方法检索到对比文件的情况下能够梳理自身的检索过程，验证通过自身的检索是否能检索到相关的对比文件，如果不能就找出原因并加以总结，这些显然是提高审查员知识储备以及检索能力的一个行之有效的办法。

四、总　结

通过对上述案例的检索过程进行分析，为了提升检索效率，得到如下结论：

1）在专利审查检索过程中，首先要准确理解发明，明确基本检索要素，并对基本检索要素进行准确和全面的表达，这是提升检索效率最基本的方法。

2）在检索过程中，要注重检索策略的调整，包括检索式的调整、检索要素表达，甚至检索要素自身的调整以及数据库的调整。随着检索的进行，审查员对于本申请的相关技术有了更深层次的理解，结合检索过程中阅读的相关文件的技术内容及相关表述，应及时调整检索要素及检索要素的表达，根据检索结果中相关文件的内容及时调整检索式，根据案件的特点及时调整合适的数据库，从而提升检索效率。

3）注重对自身检索过程的总结也是提高审查员知识储备以及检索能力的重要途径。审查员在检索过程中对于经过特殊手段或者在他人帮助下检索到的案例尤其需要进行总结回顾，查明不能通过自身检索直接检索出对比文件的原因，特别是一些高校申请人的申请或者 PCT 申请，有时会通过追踪申请人等检索手段找到可用的对比文件，这时应该根据检索到的对比文件再次判断自己最开始确定的检索要素是否正确，表达是否准确和全面，自己所用的检索策略是否准确。

总之，检索能力的提升没有捷径，审查员需要根据所属领域以及自身的特点，在专利审查实践中用心积累，不断学习总结，不断扩充相关知识面，一点一点脚踏实地地实现自身经验的积累和能力的提升。

导航领域非专利文献检索策略研究

杨慧蕾　高　燕　李二翠

摘　要：本文针对导航领域算法类发明检索策略的不足，总结了该类发明在非专利库中的检索策略，从追踪的角度出发提出了非专利库中高效追踪的新思路，针对导航领域算法类发明不易提取关键词的特点总结了准确提取关键词的方法，同时以具体案例为依托，详细介绍了上述检索策略的运用。

关键词：导航领域　算法类发明　非专利库　追踪　关键词提取

一、引　言

导航领域的专利申请包括无线电定向、无线电导航、采用无线电波测距或测速、采用无线电波的反射或再辐射的定位或存在检测以及采用其他波的类似装置，其专利申请人主要集中在高校、科研院所、高新企业以及大型跨国企业，权利要求类型通常是"活动的权利要求"，也即方法权利要求，包括定位导航算法、测距测速算法以及信号处理算法等。导航领域的算法类发明通常具有学术性强、技术方案难理解、涉及大量的数学公式推导、权利要求篇幅普遍较长、基本检索要素提取困难等特点，在审查过程中需要进行大量的检索才能理解技术方案并获得有效的对比文件❶❷❸，对于本领域审查员亟待总结检索策略，从而实现高效审查。

经过一段时间的审查实践积累，发现对于导航领域的算法类发明，尤其是

---

❶　赵承娟，卢鹏. 浅谈通信领域通过补充现有技术扩展关键词的检索策略［J］. Patent Examination Review，2015，21（10）.

❷　双珍珍，等. 高效追踪在非专利文献检索中的应用［J］. 专利文献研究，2016（3）.

❸　梁岩，等. 基于发明构思的非专利库检索策略［J］. 专利文献研究，2016（3）.

技术方案相对复杂的发明，在非专利库中检索到 X/Y 类文件的概率更大。因此，分析和掌握该类发明在非专利库中的检索策略对于提高审查员工作效率和审查质量具有重要意义。

对此，本文针对导航领域算法类发明在非专利库中的检索策略进行了研究分析。首先，着眼于追踪检索，除了审查员经常使用的发明人、申请人追踪策略以外，本文提出了对关联发明人、相关参考文献进行追踪的思路；其次，针对导航领域算法类发明关键词提取困难的特点，通过不断剖析权利要求，提出了理解发明挖掘关键词、根据公式定义提取关键词以及根据说明书内容修正关键词的方法。同时，针对上述不同情况，通过具体案例进行了详细阐述。以下将从涉及导航领域的 5 个案例来详细介绍上述检索策略的运用。

二、追踪在非专利库中的运用

（一）关联发明人追踪

【案例 1】

发明名称：基于无线传感器网络的一种多目标无源追踪方法

发明人：陈曦

申请人：苏州果壳传感科技有限公司

分类号：G01S 5/00

权利要求 1. 基于无线传感器网络的一种多目标无源追踪方法，其特征在于，包括如下步骤：

S01：无线传感器网络的传感器节点按编号顺序广播数据包，所述数据包包括自身传感器节点的编号、自身传感器节点此刻接收到的信号强度，所有传感器节点接收数据包并同时记录自身射频接收模块的即时信号强度，当传感器节点接收到上一个传感器节点的数据包后，自动作为下一个广播的传感器节点；

S02：汇聚节点接收所有实时数据，并在完成一轮广播后，将数据上传控制中心，控制中心计算接收信号强度值与无干扰下的静态信号强度的差值的绝对值，计算出目标数量 M；

S03：对 M 个目标通过加性模型计算全局动态理论信号强度矩阵，通过与汇聚节点收集到的动态信号强度矩阵进行似然度计算，计算目标位置似然度；

S04：通过马尔可夫链蒙特卡罗算法对 M 个目标进行实时追踪。

本申请的权利要求 1 较为复杂，经分析可知，本申请的发明构思是为了解决无线传感器网络无法对多个移动目标进行无源追踪而提出的一种追踪方法。

笔者在专利库中对申请人和发明人进行追踪，检索到一篇专利文献（简称对比文件 A）：发明名称"基于无线传感器网络接收信号强度的无源目标追踪方法"；发明人：李云鹏、陈曦、马克科茨。对比文件 A 是基于无线传感器网络的无源追踪，但其追踪方法与本申请不同。由于两篇专利技术领域相同，且本申请的发明人也是对比文件 A 的发明人之一，笔者猜测三人可能曾属于同一课题组，由于本申请属于算法类发明，发明人发表论文的可能性极大，因此，笔者转到 CNKI 中对发明人李云鹏、马克科茨进行追踪检索，未找到 X/Y 类文件；之后，笔者转到 IEEE 中继续对二人进行追踪，检索到二人发表的论文，能用于评价本申请的创造性。

由该案例可以看出：对于导航领域算法类发明，如果检索到了与本申请相近的文献，审查员可以尝试针对该相近文献的发明人或是作者（简称关联发明人）进行追踪检索，以了解其研究及创新过程，为检索到 X/Y 类文件提供线索。

（二）参考文献追踪

【案例 2】

发明名称：一种近距离红外三维全息成像方法及系统

申请日：2014.12.25

申请人：深圳市一体太赫兹科技有限公司

分类号：G01S 17/89

权利要求 1. 一种近距离红外三维全息成像方法，包括如下步骤：

发射红外信号：沿待成像物表面发射连续红外信号，所述连续红外信号包括连续波红外探测信号和连续波红外参考信号；

获取采样信号：在以时间、圆周角及 Z 轴方向形成三维域中测得回波信号；

信号转换：利用参考信号对接收到的回波信号进行最大化，对最大化的回波信号进行傅里叶变换，再利用相位固定法，实现回波信号的时域向频域的转换；

重构回波信号并成像：对频域回波信号利用圆柱形傅里叶变换及双线性插值运算进行运动补偿，得到直角坐标系下重构的目标散射强度信号，根据重构的目标散射强度信号进行三维全息成像。

本申请的权利要求包含多种复杂的数学变换和原理，经分析可知，本申请是针对现有图像成像处理方法的信号传送过程中未考虑运动影响的问题，提出的一种三维全息成像方法。

基于发明构思的概括，笔者在 S 系统中使用涉及发明构思的关键词"连续波""相位固定""傅里叶""双线性插值"进行检索，具体如表 1 所示。

表 1   初步检索结果

编　号	数据库	结　果	检索式
1	CNABS	4	连续波 and 相位固定 and 傅里叶 and 双线性插值
2	CNABS	4	连续波 and 相位固定 and 傅里叶
3	CNABS	4	相位固定 and 傅里叶 and 双线性插值
4	CNABS	4	连续波 and 相位固定 and 双线性插值

初步检索，未检索到 X/Y 类文件。考虑到本申请的权利要求涉及较多算法，因此笔者转到 CNKI 数据库中进行检索，同样使用涉及发明构思的关键词，结果如图 1 所示。

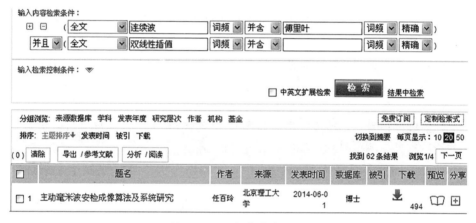

图 1   CNKI 初步检索结果

笔者发现，图中文献（简称对比文件 B）"主动毫米波安检成像算法及系统研究"第 3.2.1 节给出了"调频连续波柱面孔径三维成像信号模型和成像算法"，该算法与本发明技术方案相同，都是利用连续波信号扫描物体，然后采集回波信号进行傅里叶变换和驻定相位，再利用循环对称函数的傅里叶特性和双线性插值实现回波信号的重构。但对比文件 B 的发表时间为 2015 年 4 月，在本申请的申请日后，因此不能作为评述本申请新颖性和创造性的对比文件。笔者通过浏览对比文件 B 的参考文献及作者攻读学位期间发表论文与研究成果后，追踪检索到作者于 2012 年在《Progress In Electromagnetics Research》上发表的"Modified Cylindrical Holographic Algorithm for Three-Dimensional Millimeterwave Imaging"（简称对比文件 C），对比文件 C 即为对比文件 B 中第 3.2.1 节给出的内容。因此，最终采用对比文件 C 评述了本申请全部权利要求的创造性。

由该案例可以看出：在导航领域中遇到算法相对复杂的发明时，在非专利库中检索到 X/Y 类文件的概率更大；当检索到与本申请技术方案密切相关，且是在本申请的申请日之后公开的非专利文献时，应当对该非专利文献的参考文献以及作者发表过的论文及研究成果进行充分挖掘。

三、关键词提取在非专利库中的运用

（一）准确理解发明，挖掘关键词

【案例3】

发明名称：一种定位方法及装置

申请人：中国联合网络通信集团有限公司

分类号：G01S 5/06

权利要求 1. 一种定位方法，其特征在于，包括：获取 M 个接收点到终端设备的第一相对距离信息的测量值；其中，所述 M 个接收点为参与对所述终端设备进行定位的接收点；所述第一相对距离信息的测量值是指：所述 M 个接收点中的 $M-1$ 个接收点到所述终端设备的距离与第一接收点到所述终端设备的距离之间的第一差值的测量值构成的集合；所述第一接收点为所述 M 个接收点中的除所述 $M-1$ 个接收点之外的另一接收点；所述 M 为整数，$M \geqslant 3$；根据所述 $M-1$ 个接收点到所述终端设备的距离与所述第一接收点到所述终端设备的距离之间的第一差值的真值，和每个所述第一差值的测量误差分布，构造以相对距离信息的测量值为因变量、所述终端设备的目标位置为自变量的估计函数；其中，所述相对距离信息包括所述第一相对距离信息；将所述估计函数的一阶泰勒展开式作为第二估计函数；根据所述相对距离信息的测量值和参数估计方法得到由所述目标位置的第 j 次估计值计算的所述目标位置的第一最大似然值；其中，所述 j 为整数，$j \geqslant 0$；根据所述第一最大似然值估计所述目标位置的取值。

本申请为公司申请，且权利要求 1 所要求保护的技术方案相对复杂，分析本申请的技术领域和技术方案可知，本申请属于基站定位领域，其发明构思是利用传统的 Taylor 级数定位方法和 TDOA 技术相结合，实现对基站定位解算。基于上述对发明构思的概括，笔者在 S 系统中使用体现发明构思的关键词进行初步检索，具体如表 2 所示。

表 2　初步检索结果

编　号	数据库	结　果	检索式
1	CNABS	194	Taylor 级数 or 泰勒级数
2	CNABS	204	TDOA
3	CNABS	4	1 and 2

初步检索并未检索到 X/Y 类文件。考虑到本申请的技术方案学术性较高，重点检索非专利文献。首先，在 CNKI、万方中追踪本申请发明人，没有检索到 X/Y 类文件；之后，在 CNKI、万方中使用关键词 Taylor series expansion、TDOA 检索到一篇博士学位论文"DS-CDMA 蜂窝网中无线定位与参数估计技术"（简称对比文件 D），通过对该博士论文相关章节的阅读发现本申请核心算法的构建是基于经典算法 Chan 定位方法，随即调整关键词，将 Chan 加入关键词再次在 CNKI、万方中进行检索，依然没有检索到 X/Y 类文件；最后，在英文非专利库 IEEE 中对关键词 Taylor series expansion、Chan 以及 TDOA 进行检索，共有 6 条检索结果，如图 2 所示。

图 2 IEEE 检索结果

其中，包括可评述本申请权利要求创造性的文献（"A Cooperative Localization Method Based on Conjugate Gradient and Taylor Series Expansion Algorithms"），该文

献公开了本申请中采用传统的 Taylor 级数定位方法与传统的 Chan 定位方法相结合以实现对基站定位解算的技术方案。

由该案例可以看出：对于导航领域相对复杂的算法类发明，在最初理解发明时，通常对关键词的提取不够全面、准确，例如本案中权利要求书以及说明书中并未出现 Chan 这一关键词，而通过不断检索，理解技术方案的实质，将 Chan 作为关键词之后便能很快检索到对比文件。因此，在检索过程中要不断理解发明，从而提取出新关键词，最终通过准确且能够体现本申请技术方案核心内容的关键词检索到 X/Y 类文件。

（二）根据公式定义，提取关键词

【案例 4】

发明名称：一种准静态双星定位的方法及其应用

申请人：厦门雅迅网络股份有限公司

分类号：G01S 19/42

权利要求 1. 一种准静态双星定位的方法，其特征在于，步骤如下：

A、查询最近一次常规定位信息，获取信息中的经度 L_0、纬度 B_0 坐标值和高程值 H_0；

B、由 GPS 接收机接收到的两颗卫星信号的星历解出两颗卫星的当前位置坐标 x_i、y_i、z_i（$i = 1$、2），由伪距观测量得到两颗卫星到当前 GPS 接收机的伪距值 ρ_i（$i = 1$、2），由如下公式得出：

$$\rho_i = \sqrt{(x - x_i)^2 + (y - y_i)^2 + (z - z_i)^2} + C_t$$

其中，$i = 1$、2，C 为光速，x、y、z 为需要求解的当前位置，t 为需要求解的 GPS 接收机钟差；

C、由步骤 A 得到的 H_0 建立地球椭球拟合方程，列入方程组：

$$\frac{x^2 + y^2}{(a + H_0)^2} + \frac{z^2}{(b + H_0)^2} = 1$$

其中，a 为地球长半轴长度，b 为地球短半轴长度，均为常数；

D、记录当前观测卫星信号的时间 T_1，累加 GPS 接收机收到的两颗卫星信号的多普勒频移量 D_i（$i = 1$、2），当下一个观测卫星信号的时间 T_2 到来时 GPS 接收机得到此时卫星位置 x'_i、y'_i、z'_i，计算 $T_0 = T_2 - T_1$，取出多普勒频移量的累加值 D_i（$i = 1$、2），建立多普勒频移观测量方程：

$$D_i = \frac{f_0}{C}(\sqrt{(x - x'_i)^2 + (y - y'_i)^2 + (z - z'_i)^2}$$
$$- \sqrt{(x - x_i)^2 + (y - y_i)^2 + (z - z_i)^2}) + \Delta f_u T_0$$

其中，f_0 为卫星信号载波频率是已知量，x、y、z 为需要求解的当前位置，Δf_u 为需要求解的 GPS 接收机本地频偏；

E、求解上述方程，得到 x、y、z、t、Δf_u，将定位结果 x、y、z 变换为经纬度坐标。

本申请的权利要求 1 涉及大量公式计算。经分析可知本申请的发明构思是公开了在卫星数量只有两颗的情况下维持定位性能的技术方案，尤其是建立了双星定位下的观测方程。

由于权利要求涉及一种算法，因此笔者首先在非专利库中进行检索。经过初步浏览，对现有技术进行把握，笔者发现权利要求 1 步骤 B 和 C 中的公式在双星定位中是常用的观测方程，因此，笔者将重点放在步骤 D 中观测方程的检索，如图 3 所示。

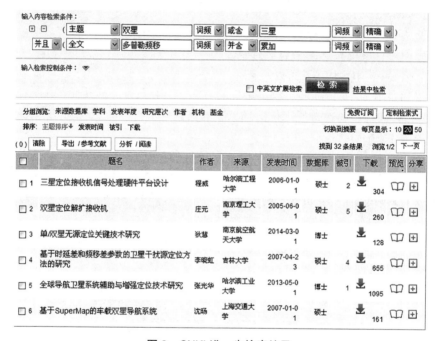

图 3　CNKI 进一步检索结果

针对关键词"多普勒频移""累加"进行检索之后，未检索到 X/Y 类文件。之后，笔者进一步研究步骤 D 的公式，对于"多普勒频移量的累加"的表述，其形式可能多种多样，在检索过程中可能会因为表述不够全面而导致漏检，或者因为需要浏览的对比文件数量较多而不能高效筛选出 X/Y 类文件；而公式中的一变量"本地频偏"，其表述形式相对单一，于是对该关键词进一步检索，如图 4 所示。

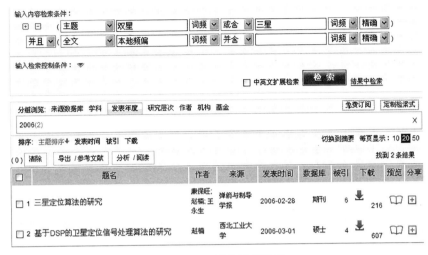

图 4　CNKI 最终检索结果

检索到的对比文件 E（"三星定位算法的研究"，廉保旺等，《弹箭与制导学报》）可用于评述本申请的创造性。

由该案例可以看出：在导航领域遇到算法类发明时，如果权利要求中涉及大量公式，而对于公式的表述形式又不精确、唯一确定时，可根据公式中某个变量的含义进行检索，这样有利于高效地检索到 X/Y 类文件。

（三）根据说明书内容修正关键词

【案例5】

发明名称：双频卫星导航星基增强系统可用性预测方法

申请人：北京航空航天大学

分类号：G01S 19/11

权利要求 1. 一种双频卫星导航星基增强系统可用性预测方法，适用于双频卫星导航，其特征在于，包括：

计算每颗双频卫星可见的距离修正和完好性监测站 RIMS 个数；

根据所述可见的 RIMS 个数得到双频伪距误差 DFRE；

根据所述 DFRE 计算双频卫星导航星基增强系统的保护级 PL；

根据所述双频卫星导航星基增强系统的 PL 判断所述双频卫星导航星基增强系统的可用性。

基于发明构思的概括，笔者在 S 系统中使用涉及发明构思的关键词"星基增强""监测站""双频伪距误差""可用性"进行初步检索，具体如表 3 所示。

表3　初步检索结果

编　号	数据库	结　果	检索式
1	CNTXT	10	双频伪距误差 or DFRE
2	CNTXT	29	星基增强 and（监测站 or rims）and 可用性

首先，对于"双频伪距误差"的检索仅有本申请中包含"双频伪距误差"，对于"DFRE"的检索仅有本申请中的 DFRE 是与双频伪距误差相对应的；然后，排除"双频伪距误差"进行部分检索要素检索，检索到对比文件 F（CN104732085 A），对比文件 F 公开了本申请大部分技术特征，本申请的技术方案与对比文件 F 相比，其区别主要在于本申请是基于双频卫星的星基增强系统的可用性分析，这也是本申请的发明点所在，因此笔者将检索重点集中在"双频伪距误差 DFRE"。

笔者发现"双频伪距误差 DFRE"在说明书中给出了如下定义："双频伪距误差（User Difference Range Error，DFRE）参数"。可以看出申请人给出的"User Difference Range Error"与"DFRE"并不是对应的英文缩写，"DFRE"是申请人自定义的缩写，而不是本领域通用的形式，因此对于"双频伪距误差"的检索应当采用"用户伪距误差""UDRE"结合"双频""dual frequency"，完成关键词的扩展。

基于以上分析，笔者在 CNKI、万方、IEEE、百度、谷歌学术等非专利库中利用"用户伪距误差""UDRE""双频""dual frequency"等关键词进行检索，最终在谷歌学术中得到如图5所示的检索结果。

检索到对比文件 G（"Analysis of a Three-Frequency GPS/WAAS Receiver to Land an Airplane"，Shau-Shiun Jan，《Proceedings of ION GPS 2002》，20021231），对比文件 G 给出了星基增强系统双频用户对于保护级 PL 的计算方法，可用于评述本申请的创造性。

由该案例可以看出：对于申请人自定义的关键词，应当结合说明书的内容以及初步检索的结果找到检索重点，对关键词进行修正并充分扩展，最终完成高效、准确的检索。

---

dual frequency udre

找到约 329 条结果　（用时0.05秒）

小提示：只搜索中文(简体)结果，可在 学术搜索设置. 指定搜索语言

[引用] GPS and Galileo with RAIM or WAAS for Vertically Guided Approaches
YC Lee, R Braff, JP Fernow, D Hashemi... - Proceedings of the ION ..., 2005
☆　99　被引用次数: 32　相关文章

[PDF] Coverage improvement for dual frequency SBAS　　　　　　　　　　[PDF] semanticscholar.org
T Walter, J Blanch, P Enge - Proceedings of ION ITM, 2010 - pdfs.semanticscholar.org
... where f1 and f5 are the L1 and L5 frequencies (1575.42 MHz and 1176.45 MHz) respectively ...
then the iono-free combination has roughly three times as much noise as either single frequency
term, but is ... The dual frequency confidence bound for a single satellite is then given by ...
☆　99　被引用次数: 13　相关文章　所有 7 个版本　✇

[PDF] Analysis of a three-frequency GPS/WAAS receiver to land an airplane　[PDF] stanford.edu
SS Jan, T Walter, P Enge - Proceedings of ION GPS 2002, 2002 - stanford.edu
... This section studies the dual- frequency and three-frequency users, as shown in Figure 6. For
a dual-frequency GPS user or three-frequency GPS user, one can calculate ... When RFI is present,
one can use the additional GPS frequencies as a backup navigation method ...
☆　99　被引用次数: 18　相关文章　所有 8 个版本　✇

[PDF] Vertical protection level equations for dual frequency SBAS　　　[PDF] stanford.edu
T Walter, J Blanch, P Enge - ... Meeting of The Satellite Division of the ..., 2010 - stanford.edu
... The main advantage of having two signals at two distinct frequencies is that the range ... From
previous integrity analyses we know that the accuracy of its UDRE and GIVE ... we have appropriate
estimates for the individual error components, we can construct the dual frequency case ...
☆　99　被引用次数: 14　相关文章　所有 6 个版本　✇

图 5　谷歌学术检索结果

四、总　结

综上所述，针对导航领域算法类发明，由于其学术性较高、技术方案难理解、关键词提取困难，在非专利库中检索到对比文件的概率更大。针对此类发明，本文给出了非专利库中的两大类检索策略，并结合实际案例详细阐述了上述策略的运用，可有效提高此类发明的检索效率。对于与导航领域具有相同特点的其他领域的算法类发明，本文提出的检索策略同样适用，从而快速、高效、准确地找到 X/Y 对比文件。

第三部分
技术综述

可穿戴电子之 AR/VR 头戴显示设备专利技术分析

曲　丹　张　岩　毛文峰　李俊峰
赵毓静　张　量　刘　倩

摘　要：AR/VR 在医疗、军事、工业、教育、娱乐和工程等领域都具有非常广阔的应用前景，是目前可穿戴电子领域的研究热点。本文通过对 AR/VR 头戴显示设备的特点和分类、专利申请状况以及技术发展状况进行系统的梳理，重点对图像质量、人体工学和人机交互的专利状况以及重要申请人的国内外专利申请进行比对，并在此基础上对图像质量像差修正、人机交互追踪以及佩戴调节的技术演进和发展状况进行预测，对 AR/VR 头戴显示设备当前的发展趋势、未来的技术研发重点、专利布局提供一定的指导。

关键词：增强现实　虚拟现实　混合现实　沉浸　头戴显示　头盔显示　VR AR

IPC 分类号：G02B27/01　G02B27/02　G02B27/22　G06F3/01

一、概　述

近年来，增强现实/虚拟现实（Augmented Reality /Virtual Reality，AR/VR）技术越来越为大众所熟知，AR/VR 产品逐渐走入大众视野，特别是 AR/VR 头戴显示设备。各大互联网巨头已完成了 AR/VR 战略布局，这标志着 AR/VR 领域处在爆发性增长前沿。资本的投入、技术的进展、新产品的发布，以及大数据的一系列应用及推进都使 AR/VR 头戴显示技术进入爆发的前沿。在 2016 年世界移动通信大会（MWC）上，包括扎克伯格等演讲者在内的与会人士都佩戴了 VR 设备，2016 年更被业界称之为"VR 元年"。

本文以 AR/VR 头戴显示设备的专利申请作为分析对象，对该行业的专利技术进行研究，梳理了重要申请人关键技术及其技术演进和发展脉络，从而给出 AR/VR 头戴显示设备专利分析的结论和建议。

（一）技术概述

1. VR 定义

虚拟现实（Virtual Reality）是一种可以创建和体验虚拟世界的计算机仿真系统。其通过计算机生成一种模拟环境，是一种多源信息融合的交互式的三维动态视景和实体行为的系统仿真，使用户沉浸到该环境中。虚拟现实技术主要包括模拟环境、感知、自然技能和传感设备等方面。

2. AR 定义

增强现实（Augmented Reality）是一种将真实世界信息和虚拟世界信息"无缝"集成的新技术，是把原本在现实世界的一定时间空间范围内很难体验到的实体信息（视觉信息、声音、味道、触觉等），模拟仿真后再叠加，将虚拟的信息应用到真实世界，被人类感官所感知，从而达到超越现实的感官体验。增强现实技术包含了多媒体、三维建模、实时视频显示及控制、多传感器融合、实时跟踪及注册、场景融合等技术与手段。

3. 头戴显示设备定义

头戴显示设备（Head Mounted Display）是一种头戴式可视设备，又称眼镜式显示器、随身影院，其可以戴在头上，从而在 AR/VR 等技术中以视频为主的方式输出信息，为用户提供了区别于传统 PC 端的感知和交互体验。头戴显示设备也随着计算机硬件技术和工艺的不断发展，从原来的头盔式发展为目前主流的眼镜式，并向进一步轻量化和小型化发展。

（二）技术发展

近几年，AR/VR 所必需的相关技术已经基本成熟，成立于 2012 年的美国创业公司 Oculus 成功研发出了近年来最火热的 VR 产品：Oculus Rift。随着资本的不断涌入和国内外科技巨头不断开拓 VR 领域，越来越多企业投入研发 AR/VR 产品，其中最具代表性的产品有三类：①眼镜样式产品：谷歌公司—Google Project Glass、奥林巴斯—MEG4.0、兄弟株式会社—AiRScouter；②沉浸式产品：Oculus 公司—Rift、索尼公司—PlayStaion VR、HTC 公司—Vive、微软公司—Hololens；③手机作为显示屏产品：谷歌纸板眼镜、三星 Gear VR、暴风魔镜等（如图 1 所示）。在国内，联想、歌尔、京东方、成都理想境界以及对 AR/VR 头戴显示设备技术做了相关研究的部分高校，如北京理工大学、浙江大学等，也纷纷投入研发 AR/VR 产品。

Google Project Glass	MEG4.0	AiRScouter
Rift	PlayStation VR	Vive
谷歌纸板眼镜	Gear VR	暴风魔镜

图1 AR/VR 头戴显示设备主要产品

（三）技术分支

AR/VR 头戴显示设备是多种技术的综合，对 AR/VR 头戴显示设备进行分析时必须兼顾考虑其所涉及的多个技术分支。通过采用对宏观数据进行定量分析和对重点技术进行定性分析相结合的研究方式，在对重要申请人专利筛选标引后，发现目前申请人最关注的技术为图像质量、图像调节、人体工学、人机交互以及追踪等。因此，将 AR/VR 头戴显示设备的关键技术划分为：图像质量、图像调节、人体工学、人机交互以及追踪，具体的专利技术分解表参见表1。

表1 AR/VR 头戴显示设备专利技术分解表

一级分支	二级分支
图像质量	像差（包括色彩不均）
	分辨率
	亮度（包括可见度）
	消除鬼像

一级分支	二级分支
图像质量	对比度
	大视场
图像调节（成像位置，眼部追踪）	
人体工学	轻量小型化
	佩戴调节
人机交互	眼动追踪
	头部跟踪（装置的打开和关闭）
	手势控制
	控制器

1. 图像质量和图像调节

利用计算机模型使头戴显示设备产生三维图形图像的技术已经趋于成熟，但是 AR/VR 头戴显示设备对图像的"实时"效果有所要求。因此，在不降低图形质量以及复杂度（虚拟环境）时，需要尽可能地提高刷新频率。此外，图像的分辨率、亮度、像差、可视角度等问题也需要考虑。

2. 人体工学

AR/VR 头戴显示设备的人体工学主要是探求人在使用、穿戴头戴显示设备时的舒适度，延长使用时间等，一般采用减轻头戴显示设备的重量，使头戴显示设备向更加轻量小型化的方向发展；或者是根据人体的穿戴位置或部位对 AR/VR 头戴显示设备的实体结构做出相应改进，进行佩戴调节，使其与人体更加和谐地契合。

3. 人机交互

人机交互是人与计算机之间的信息交换过程，主要靠可输入/输出的外部设备和相应的软件来完成。对于 AR/VR 头戴显示设备来说，人机交互主要通过追踪人体动作、语言、表情等各方面来达到对 AR/VR 头戴显示设备的控制，以及通过视觉、听觉、感觉来反馈给用户。

4. 追　踪

追踪是指用户（头、眼）的追踪并检测位置和方位，AR/VR 头戴显示设备用户不仅可以通过双目立体视觉去认识环境，还能利用头部、眼部跟踪来改变图像的视角，通过头部的运动去观察环境，用户的视觉系统和运动感知系统之间就可以联系起来，感觉更逼真。

二、专利申请总体情况

采用中国专利文摘数据库（CNABS）、德温特世界专利索引数据库

（DWPI）、世界专利文摘数据库（SIPOABS），其中 CNABS 用于中文专利检索，基于 DWPI 关键词检索比较精准以及 SIPOABS 中 CPC 分类比较全面的特点，利用两者的结合完成英文库专利的检索。另外，由于日本在相关领域比较先进，因此还特别引入日本专利文摘数据库（JPABS）。并将检索时限截至 2016 年 8 月 15日。其中由于专利文献从提出申请到向公众公开有时间的延后，因此，2015 年及 2016 年的样本会有不完整的问题。所以以下分析图中有关 2015 年、2016 年申请量的下降曲线不排除有可能是由于样本数据量的不完整而造成的。

（一）全球专利申请量分析

1. 全球历年专利申请量

由图 2 可以看出 AR/VR 头戴显示设备的全球专利申请趋势状况。自 1980年起，其技术发展按专利申请的情况主要分为三个阶段（曲线尾部的回落是由于专利文献延迟公开的特点造成的）：

萌芽阶段（1980—1990 年）：AR/VR 头戴显示设备的概念刚刚被提出，AR/VR 头戴显示设备专利申请量比较少，决定设备性能的处理器、加工技术等关键技术水平仍然不能具备实现设备商业化的条件，企业对其研发和制造的热度不高，尚且属于技术的萌芽阶段。

成长阶段（1991—2009 年）：AR/VR 头戴显示设备专利申请量稳步增长，随着计算机、处理器等相关技术的发展，能够生产实验室级 AR/VR 产品，因此专利申请量迅速增长了 8 倍。但由于成本高和体验不佳等原因仍无法开展大规模商业生产。其中，2009 年受金融危机影响，企业减少科研投入，研发活跃度下降，专利申请量出现阶段性下降。

成熟阶段（2010 年至今）：2010 年以后，随着计算机技术和处理器技术以及精密加工技术的快速发展，市场对于增强现实和虚拟现实技术的需求日渐强烈，众市场主体纷纷开始在该领域着手进行技术研发和专利布局，而从 2010年开始 AR/VR 头戴显示设备的专利申请出现爆发式的增长。

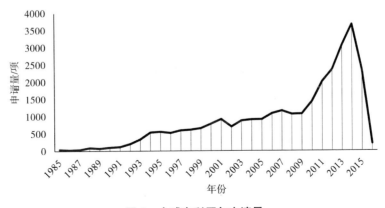

图 2　全球专利历年申请量

由图3可以看出，AR/VR头戴显示设备国外专利申请量基本与全球申请量趋势保持一致，保持一个逐步增长的态势，其中在2008年左右，AR/VR头戴显示设备的专利申请量有所下降，这可能与金融危机环境下科研投入减少有关。2009年之后开始出现专利申请的爆发式增长。

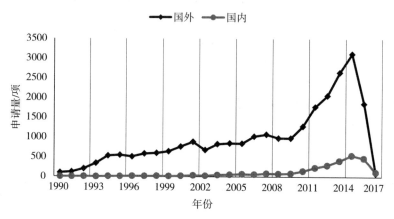

图3　国内外专利申请量历年分布

相比于国外，国内AR/VR头戴显示设备专利申请起初量比较小，这是由于国内技术起步较晚，并且早期国内AR/VR头戴显示设备市场较小，国外申请人对中国市场不够重视。2000年之后，随着国内技术的发展以及中国经济的增长，国内专利申请量开始有了相对较快的增长，随后在2009年左右出现了与国外申请量增长趋势一致的增长速度，接下来的时间里始终保持着高增长的态势。到2014年，我国AR/VR头戴显示设备专利申请量相比2009年增长了约6倍。

2. 各国家/地区/组织专利申请量

由图4可以看出，AR/VR头戴显示设备的申请量前五位的国家/地区/组织分别是美国、日本、WIPO、欧盟和中国，美国和日本的专利申请量就占了全球申请量的一半，其中美国是专利申请量最多的目标国，占全球申请量的31%，其次是日本，占全球申请量的19%，再次是向WIPO提出的PCT申请，占全球申请量的13%，紧随其后的是向欧盟和中国提交的申请，均占全球申请量的10%。可见，美国与日本在AR/VR头戴显示设备领域的技术创新能力优势明显。

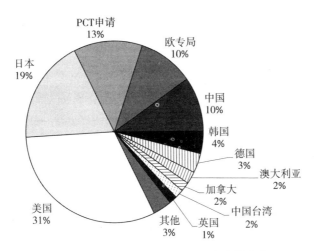

图4 各国家、地区或组织专利申请量分布

（二）全球主要申请人分析

1. 全球主要申请人排名

如图5所示，从全球专利申请量排名前20位的企业来看，主要来自日本、美国、韩国、德国、法国、英国和芬兰，其中日本企业占据8个席位，美国企业有6个席位，韩国企业占有两个席位，其余4个国家各占一个席位。主要申请人集中于日本和美国，并无绝对垄断现象，但日本申请人在AR/VR头戴显示设备领域最为活跃，其中涉及的企业类型也各有差别，排在首位的索尼是世界视听、电子游戏、通信产品和信息技术等领域的先导者，其重点研发的是用于电子游戏和个人观影用的AR/VR头戴显示设备。另外，还有传统的光学影像设备生产商精工爱普生、奥林巴斯、佳能和尼康；以及来自其他领域的商业巨头，比如微软、谷歌、三星、诺基亚等。高平（KOPIN）是美国军方头戴显示系统的主要供应商，该公司是Oculus VR强有力的竞争对手之一。MICROVISION（MVIS）公司是美国微机电投影显示技术领导厂商，也是老牌的头戴显示设备制造商。此外还有新晋的专注于AR/VR头戴显示设备的美国的MAGIC LEAP公司，成立于2011年，主要研发方向就是将三维图像投射到人的视野中。

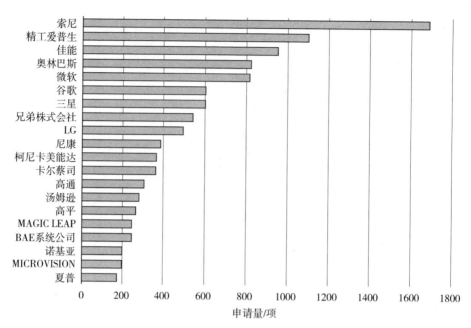

图 5　全球主要申请人申请量排序

2. 全球主要申请人历年申请量

选取申请量前六位的索尼、精工爱普生、佳能、奥林巴斯、微软以及谷歌作为主要申请人进行历年申请量分析。从图 6 可见，索尼和精工爱普生的专利申请趋势基本一致，起步都很早，最初发展比较缓慢，在 2010 年左右开始进入急速发展时期。而佳能自 2010 年起申请量逐年下降，虽然从当前 AR/VR 头戴显示设备市场来看，佳能并未大规模推出 AR/VR 头戴显示设备产品，但该公司具有一定的技术储备。奥林巴斯的专利申请最初发展很快，但是中间申请量起伏变化较大，也并没有在 2010 年进入申请量激增的阶段。微软和谷歌相比前述四家企业，其技术起步较晚，但是从专利申请伊始就保持着申请量激增的态势，在 2012—2014 年达到申请量的高峰，之后申请量逐渐减少，这可能是两个原因导致的：一方面谷歌眼镜技术已相对成熟，需要改进之处不多；另一方面更重要的原因可能是由于设备及研发成本过高而市场反响一般，微软和谷歌在头戴显示设备的投入相对减少。

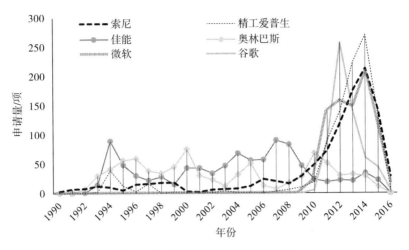

图6 全球主要申请人申请量分布

(三)在华专利申请分析

1. 在华国外/国内申请人的申请量

如图7所示,自1991年开始,国外申请人开始在华申请 AR/VR 头戴显示设备的专利,起初由于申请人的申请量相对较少,加之对中国市场的重视程度不高,最开始国外申请人在华申请量比较少。随着全球 AR/VR 头戴显示设备的发展,以及中国市场的崛起,自1999年开始国外申请人逐渐增加在华的专利申请。2009年左右随着全球 AR/VR 头戴显示设备专利申请量的激增,国外申请人在中国的申请量也随之剧增。

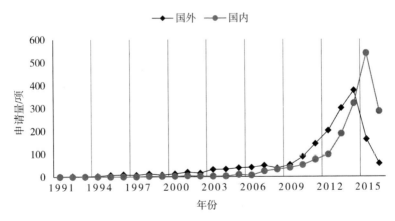

图7 在华国内外申请人申请量历年分布

AR/VR 头戴显示设备在国内发展较晚,参见图7可以看出,从1998年开始才有国内申请人提出相关专利申请,跟其他新技术一样,最初的研发进程较为缓慢，并且国内申请人的专利保护意识不强，最初的几年申请量比较少，自2007年左右申请量出现比较明显的增长趋势，在2012年开始出现指数型的增长，这有可能与谷歌在2012年4月公布Google Glass有关，Google Glass的发布给国内AR/VR头戴显示设备研究人员带来了信心，投资者也加大了相应的投入，使得国内申请人在AR/VR头戴显示设备方面的申请激增。

2. 在华国外申请人的国家/地区/组织申请量

从图8可见，在华申请AR/VR头戴显示设备专利的非中国国家/地区/组织主要是日本、美国、韩国3个国家；其中日本最多，占全部国外申请人申请量的39%，日本为主要技术输出国，其在中国申请力度最大，其次是美国，占全部国外申请人申请量的35%，两者所占比例是其他国家总占比的三倍左右，再次是韩国，占全部国外申请人申请量的9%。分析其原因，首先，AR/VR头戴显示技术在这两个国家发展最快；其次，中国是美国和日本最重要的贸易伙伴，两者都十分重视中国市场。

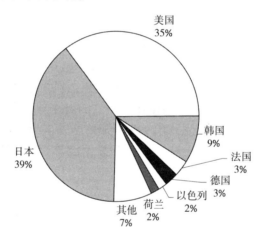

图8 在华国外申请人的国家/地区/组织分布

3. 在华国外主要申请人排名

图9示出了在华国外主要申请人的申请量，索尼公司仍然占据申请量的榜首，远超其他申请人。其他申请人的申请量与其全球申请量排名并不是十分一致，其中日本佳能和奥林巴斯的申请量相比于其在全球专利布局中的申请量排名有所减少，而日本的兄弟株式会社和美国的三家新兴AR/VR头戴显示设备公司完全排在了十名开外，说明上述公司在短期内并未考虑开拓中国市场。

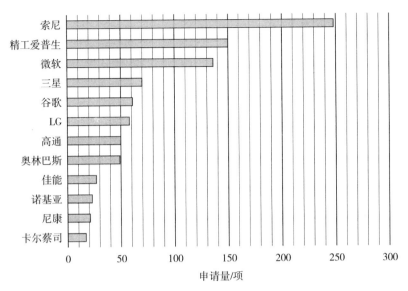

图9 在华国外主要申请人申请量

4. 在华国内主要申请人排名

图10示出了国内主要申请人在AR/VR头戴显示设备领域申请专利的情况，与国外大公司相比，国内主要申请人在申请量上具有一定的差距，申请量相对较少，并且主要申请并没有集中在传统的知名企业或研究机构；相反，歌尔、成都理想境界、北京小鸟看看这些新生的创新型企业后来居上，在专利申请量上占有一定的优势，并且已经有产品发布。

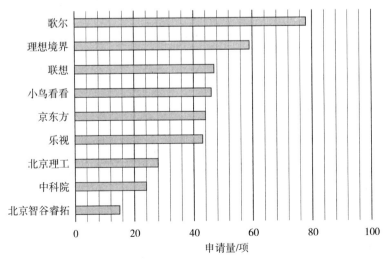

图10 在华国内主要申请人申请量分析

三、专利技术分析

（一）重要申请人关键技术分析

1. 国外申请人

国外申请人在头戴显示设备领域的专利文献具有申请量大、申请时间早、核心技术多的特点和优势。其中，索尼和精工爱普生的专利布局较早，从初期一直到 2009 年，两家公司的专利申请数量发展趋势比较平缓，虽然专利年申请量不高，但其核心专利在多个地区进行保护以维持技术竞争力，而奥林巴斯作为医疗器械领域的代表，对 AR/VR 头戴显示设备的研发持续投入，保持稳定的申请量。通过分析以上三位国外申请人专利文献中的关键技术，有利于掌握行业的技术发展脉络和发展方向。

（1）奥林巴斯

奥林巴斯是日本乃至世界精密、光学技术的代表企业之一，其在医疗、影像以及生命科学等三大领域具有强大的研发投入和技术支撑。奥林巴斯在头戴显示设备方面在全球专利申请量排名第四位，从 20 世纪 90 年代至今专利申请一直比较活跃。

如图 11 所示，奥林巴斯专利申请中最主要的一级分支是图像质量（约 45%），图像质量与视觉效果和用户体验具有直接关系，改进图像质量是奥林巴斯最关注的技术分支。在图像质量的二级分支中主要集中在消除像差（约 21%），其次是通过提高图像的分辨率、亮度以及提高视场角来改善图像的质量；而用于消除鬼像以及提高对比度相对较少。其中，US5701202A、US5790311A 是通过优化棱镜各个面的形状来修正像差，从而提高显示效果；JP2002072131A、JP2002107658A、JP2003035869A、JP2005202060A 则是在目镜系统中引入全息元件（如全息光栅），通过控制像畸变和色差来提高图像的清晰度和分辨率，增强佩戴者的观看效果。US5499138A 则采用微透镜技术使像素通过相对应的每一个微透镜聚焦到视网膜形成高分辨率图像进行显示，进而提高分辨率。JP2010224479A、JP2013061480A 通过采用光导结构设计，并对该结构进行改进和优化，从而形成大视场和图像亮度高的头戴显示设备。另外，JPH11142783A 通过在棱镜上设置涂层，从而减少重影光以消除鬼像。

其余的一级分支中，人体工学约占比 26%、图像调节约占比 10%。JPH09130705A、JP2001330794A 通过在显示装置中设置支撑部件，实现头戴设备的可调节，其可以根据不同佩戴者的头型大小来进行调节定位以满足不同的用户正常观看使用。JP2012203113A、JP2014035422A 中的头戴显示设备中包含有位置调节单元，其可以调节显示元件和瞳孔的相对位置来实现图像显示和人眼的高度对准，从而提高观看的舒适度、缓解眼疲劳。JPH08160345A、US6449309B1 根据探测到的用户眼球的方向和角度来调整图像的显示位置，以提

高图像调节的准确性和高效性。US5621424A、US2005248852A1、JP2013093706A
就是通过根据探测到的头部姿势（如倾斜角度等）来控制显示装置的显示状态，
从而使用户在操作头戴设备时更加方便、高效、准确。

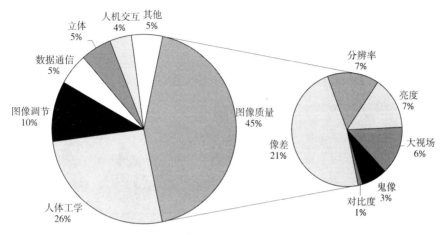

图11　奥林巴斯关键技术分布

（2）索尼

索尼在全球具有约1700项关于头戴显示设备技术的专利申请量，全球排名
第一位。该公司早在20世纪90年代已经开始进行头戴显示设备的技术研发，在
2010年以后，索尼头戴显示设备的相关技术专利申请量出现了突飞猛进的增长。

如图12所示，索尼的一级分支中最主要的是图像质量（约35%），在图像质
量的二级分支中，图像亮度占9%、改善像差占8%，其他4个二级分支占比也都
在3%以上。US2010039796A1是通过采用根据光线宽度合理设计的波导结构实
现图像亮度的均匀化，同时消除佩戴者的疲劳感。US2009303212A1则是通
过采用反射式光栅将波导中的光反射，进而使图像亮度的不均匀性得以改善。
JP2008058777A通过衍射光栅改善图像色彩和提高光利用率。JPH10333086A
则通过采用曲面反射器来修正像差，提高佩戴者的舒适度。JPH11326818A通过
在目镜系统中引入1/4波片以消除鬼像。JP2011248318A则通过采用反射式体全
息光栅来提高衍射效率，进而提高显示图像的分辨率和对比度。

其余的一级分支分别是图像调节（约15%）、人体工学（约14%）、人机
交互（约11%）以及数据通信（约10%）。索尼在人体工学方面也做出了很大
的改进和优化。CN101726857A可根据瞳距调节显示装置的位置以便适用于不
同用户的使用佩戴。JPH09292588A、CN103430534A、WO2015137165A1根据
佩戴者头部的大小来调整尺寸和位置以满足不同佩戴者的尺寸需求。
JP2002328330A、JPH11119148A则通过优化光学系统结构使其紧凑化，从而减
小尺寸和质量。人机交互是索尼所关注的另一技术方向，其在最近几年开始更

加注重对该技术的专利申请布局。CN104335155A、CN104781873A 根据检测到的头部姿势来选择控制菜单，大大提高了可操作性和便捷性。CN105190477A、US2015160736A1、US20160187974A1 则分别根据检测到的手势动作来实现对显示设备的控制。此外，在其他方面如数据通信、图像调节、立体显示、头部/眼部追踪等技术方面，索尼同样申请部分专利，可见，该公司在头戴显示领域所掌握的技术是非常全面的。

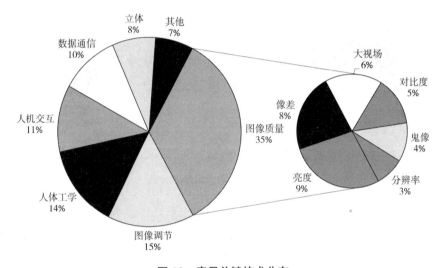

图 12　索尼关键技术分布

（3）精工爱普生

精工爱普生作为传统的光学影像公司，其在光学设备、光学元件以及光学系统等方面具有很大的市场和强大的技术支持，在 20 世纪 90 年代就已经开始进行头戴显示设备的研发和专利申请，并且在该领域具有全球第二的专利申请量，约 1100 件专利申请。

如图 13 所示，精工爱普生同样在改善图像质量方面占比最大，约为 44%，可见 3 个公司对提高图像质量和改善人体工学方面均做出了巨大的技术改进和优化，在改善图像质量的二级分支中主要是改善亮度（约 17%）。JP2013080038A 通过对反射单元的结构设计来抑制图像亮度的不均匀性；JP2011222168A 则是通过采用一种发光装置来防止影响光泄露进而提高图像亮度。改善图像质量的二级分支中是增大视场（约 11%）和减少像差（约 10%），CN103837987A 通过在图像投影中进行梯形修正来减少像差；JP2012163662A、JP2012198391A 分别通过抑制色斑和亮斑来减少图像失真。其余二级分支占比不足 4%。

其次，人体工学占比为 31%。CN102628992A 通过采用高柔性的显示装置来使该显示装置适用于不同的佩戴者头部尺寸。CN104166273A 中则是通过引入可调整的鼻托使得用户在观看过程中可以调整佩戴装置的位置来缓解压迫感。CN105278106A通过在头戴设备上设置一眼宽调整机构从而实现眼宽的快速调整，借此来满足不同佩戴者的需求。

另外，人机交互、图像调节技术相关的专利申请量占比分别为7%和8%。其中CN104423046A、CN104615237A分别通过手势图像识别以及手指的移动来对头戴设备进行操作控制；US2016109703A1、JP2016034133A则是通过探测视线的凝视方向来对设备进行操作控制。US2014085203A1、CN103984096A通过对头部移动位置的检测来移动图像的显示位置，使用户能够在不同的位置观看显示的图像。CN104280883A、CN105549203A通过使用红外传感器获取眼镜的位置图像，进而调节图像的显示位置。同时，该公司还在数据通信以及立体显示等相关技术方面具有较少的专利申请量，分别占了该领域的2%左右。

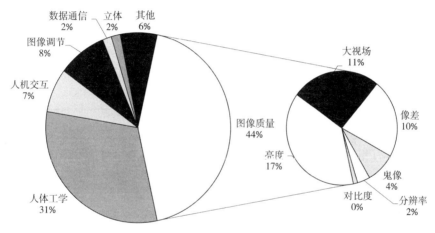

图13 精工爱普生关键技术分布

2. 国内申请人

相较于国外，国内关于AR/VR头戴显示设备的起步较晚，且申请量也远低于国外的申请量。其中，歌尔、成都理想境界、北京小鸟看看等近几年才涉足AR/VR头戴显示设备，但是都十分重视专利，与技术研发同步进行专利申请，布局专利保护，保证市场竞争力。通过分析以上三位国内申请人专利文献中的关键技术，有利于找出国内申请人与国外申请人在关键技术和专利布局等方面的差距，从而寻求打破国外申请人技术垄断的突破点。

（1）歌尔

成立于2001年的歌尔在刚兴起的VR行业不断进行布局和规划，从国内申请量上就能看出其对VR设备的重视。在2016年9月，IFA柏林电子消费展上，歌尔与高通正式推出基于骁龙820芯片的虚拟现实参考设计平台——VR820，采用了眼动追踪技术和双摄像头6自由度追踪技术。

　　歌尔是国内申请人中在该领域申请量最多的公司，该公司的头戴显示设备的相关专利中大部分是对显示器的镜头进行设计优化，从而获得高质量的图像显示效果，如 CN104503076A、CN104049369A 通过对显示设备的目镜系统的各透镜的面形以及屈光度等参数进行设计优化，从而减少图像显示的像差。CN103837968A、CN104536129A 是通过对系统的目镜所使用的镜头进行结构设计，从而提高头戴显示设备的视场角。CN104090354A、CN104570355A 则是通过在头戴设备中引入变焦镜头或调节部件，进而使目镜系统的焦点可调，使用时根据自身远视或近视度数来调整焦距从而实现清晰成像，通过上述设计也使头戴设备满足不同屈光度用户的佩戴需求。

　　（2）成都理想境界

　　成都理想境界成立于 2012 年，该公司自创立伊始便致力于研发 AR/VR/AI 等计算视觉、人机智能领域的技术与产品。在 2016 年 1 月 3 日，成都理想境界在 CES 展上发布了 Simlens VR 一体机，并且成为本届 CES 展唯一量产的 VR 一体机。

　　该公司在该领域的申请量在国内位于前列，排名第二。通过分析可知该公司在头戴显示领域的技术发展较全面，包括电路程序控制以及机械机构设计等方面。在上述专利中，CN103487938A、CN103487939A、CN103500446A 均是涉及图像显示调节的相关专利，根据目标图像到人眼距离的远近自动调节虚像到人眼的距离，从而实现虚像与实际环境更好的融合。另外，该公司在眼动追踪方面也具有相关专利申请，其中 CN105812777A、CN105812778A 是通过对视线进行追踪，从而将虚拟图像显示在人眼所注视的路径上，进而提高用户体验感。另外，在头戴设备的机械结构设计方面，CN104317055A、CN204028463U 则是通过对各光学元件进行设计，使头戴设备结构简单、紧凑、佩戴舒适，从而提高用户的体验效果。

　　（3）北京小鸟看看

　　北京小鸟看看科技有限公司成立于 2015 年，也是一家专注于虚拟现实的科技型创业公司，在 2015 年 4 月小鸟看看与乐视共同设计的乐视超级头盔发布，紧接着在 2015 年底，小鸟看看独立研发了 PICO 1 虚拟现实头盔和 PICO VR 虚拟现实 APP，2016 年 4 月小鸟看看发布了全球首款搭载高通骁龙 820 的 VR 一体机 PICO NEO 开发者版。

　　该公司的专利申请主要集中在人机交互与佩戴调节等技术方面，在上述专利中，CN105334959A 通过手部关节处的动作，并以有线和无线结合的方式传递给识别模块，进而提高了手势识别的效率和准确度，实现手势动作的交互控制，也给使用者带来了真实、舒适、准确的操作体验。CN105807915A 则是使用传感器采集头部运动数据，根据头部运动数据进行解析计算从而控制头戴显示设备的虚拟鼠标的移动操作，这种交互控制方法省去了外接物理鼠标，提高了设备的便携性同时也提升了用户的体验。CN105511618A、CN105301778A 则是通过捕获使用者的视觉信息进而提供虚拟光标进行选择操作。另外，在佩戴调节方面，小鸟看看公司也具有一定数量的专利申请，其中 CN104977718A 通过在显示设备中引入机械调节结构，从而使显示屏幕与用户视线间的角度和距离实现可调节；CN105022169A 则是采用弹性可变形结构使头戴装置适用于不同的头部特征，提高了佩戴舒适度。

从以上分析可知国内主要申请人的研发方向各具特色，但由于其起步较晚，在总体申请量、核心技术数量、技术分支等方面与国际知名申请人还具有一定差距，仍然需要注重技术的改进和研发投入。

（二）技术演进

通过对重要申请人的关键技术进行分析，发现目前申请人最关注的技术为图像质量、人机交互追踪以及佩戴调节，针对以上三个关键技术进行技术演进的发展脉络梳理，找到未来技术发展的趋势。

1. 图像质量像差修正

图像质量的像差是各个企业一直以来比较关注的一项技术，占涉及图像质量改进专利的约 20%，图像质量的改进与用户的视觉效果以及用户的体验度具有直接关系。此外，提高图像质量也是所有致力于研究头戴显示设备的公司所重点关注并努力改进的一项技术。

在头戴显示设备中，图像像差的修正方式按照所采用的技术手段不同主要分为以下几种：基于棱镜结构的设计、基于衍射/全息元件设计、利用镜头组等，其中棱镜结构主要是分光棱镜、偏心棱镜和偏心光学系统，衍射/全息元件主要是衍射光栅以及体全息元件，利用棱镜的组合或是透镜的组合校正是利用各个透镜的组合设计优化校正像差。

利用分光棱镜和衍射光栅结构校正像差均较早就被提出，无论理论研究还是应用研究都比较深入，目前依然是国内外申请人关注的热点，而将镜头模组应用于头戴显示设备中以用来校正像差是最近提出的。

如图 14 所示，奥林巴斯在 1993 年分别研发了一种分光棱镜（US5596433A）和一种偏心棱镜（JP2001188173A）。利用分光棱镜形成紧凑放大的光学系统，其水平视角达 30°，离轴失真减少 5%，偏心棱镜是一种具有 3 个偏心曲面的光学棱镜，其反射面相对于光轴的倾角小于 30°。该公司于 2011 年提出了一种基于偏心棱镜的偏心光学系统，能够更好地校正像差，并且具有较大的视场角和较高的分辨率，结构更加紧凑。

同年，奥林巴斯还提出了通过设置两个光栅（US5742262A）扩大光束直径、减小图像源的光束孔径和像差。精工爱普生在 2013 年提出了一种具有不同衍射结构分布的双层衍射光栅组合（JP2015049376A），其利用衍射光栅的起伏表面减少不规则颜色的方式达到校正像差的效果。

精工爱普生在 2013 年提出了一种具有两个棱镜组成的光学系统的像差校

正显示装置（CN104698588A），作为平面状棱镜的第1及第2棱镜和在这些棱镜所设置反射面构成的光学系统中，配置于靠近眼镜一侧即从影像显示元件某种程度地离开的一侧的第1棱镜具有用于校正影像光的色像差的校正透镜面，其具有使虚像显示装置小型轻量、降低放大色像差的高性能。

继精工爱普生的棱镜组校正像差之后，歌尔在2014年提出了利用镜头组实现像差校正（CN104049369A），通过沿视线方向依次设置的非球面双凸透镜和非球面平凹柱透镜，原始显示图像不用做任何预处理，仅利用易于成型的光学镜头使图像宽高比由8:9压缩到4:3的比例，呈现在视网膜上时像差得到很好校正，其制造成本和重量都大大降低。

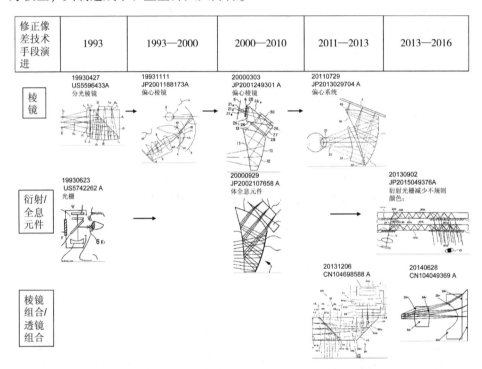

图14　图像质量像差修正技术演进

2. 人机交互追踪

交互技术一直引领消费类电子产品的变革和发展，追踪技术是用户使用AR/VR头戴显示设备时体验"沉浸感"的关键技术之一。而头部运动、眼球运动、手势运动、脑电波等交互均是利用人身本体携带的"遥控器"，使交互技术更为直接、方便。

目前AR/VR头戴显示设备的交互技术主要有声音控制、手势控制、头部运动追踪以及眼动追踪。然而声音仅适用于特定场合，但这种控制方式的响应速度很慢且不准确，在公共场合声音太大还会影响其他人。手势控制时，手臂和肩膀很快就会感觉很累，疲惫的手臂会让人们的交互慢下来，并丢失追踪精度。头部运动追踪现在正作为主要的控制方式，但不停地转动头部和倾斜脖子也会让人感觉很累，不实际，并可能会造成脖子损伤。头重约 5kg，占人体重的 7%，每只眼重约 8g，占人体重的 0.002%，相比于头部运动，眼动更为简便，并且对身体的负担较小，眼球运动的精细肌肉对疲劳免疫，眼动追踪技术的响应速度很快，追踪很准确，也不会造成疲劳，这样一种交互方式可以促进人机交互领域的技术突破。

如图 15 所示，较早提出的交互控制是 1992 年奥利巴斯在 US5621424A 中提出通过探测头部是否倾斜来控制光透过还是遮挡。索尼在 2002 年申请的 JP2004096224A 提出通过检测头部的方向和位置来判断是否正在使用显示设备，如果没有则关闭状态以减少能耗。上述两种头部控制仅是用来控制显示设备的开关，企业和用户对于追踪控制的要求肯定不仅于此。奥林巴斯分别在 2004 年和 2011 年提出了根据头部倾斜控制显示状态（US2005248852A1）和根据头部姿势设置显示区域（JP2013093706A）的显示装置。

通过头部运动追踪实现控制的技术逐渐增多，索尼在 2013 年提出通过用户头部移动改变显示器的方向（CN104335155A），使在圆柱坐标系内的区进入选择待机状态，从而选择控制菜单。2015 年乐视提出了一种追踪头部运动加速度实现功能菜单翻页的方法（CN105867608A），根据用户的甩头方向来实现功能菜单的自动翻页功能。2016 年北京小鸟看看提出了一种计算头部运动数据实现虚拟鼠标控制操作的方法（CN105807915A），其直接根据用户的头部运动控制虚拟鼠标的移动，省略了外接物理鼠标。

在眼动追踪方面，精工爱普生在 2011 年提出了通过探测眼睑状态（US2012242570A1）控制响应的头戴显示装置，无需使用者的手部操作。眼动追踪技术逐渐得到各个企业和申请人的关注，谷歌在 2012 年提出（US9096920B1）通过感测使用者视线控制选择观测目标；精工爱普生也在 2002 年提出（JP2014127968A）通过检测用户注视方向确定用户凝视的地方区域作为外景被识别。2014 年，精工爱普生提出（US2016109703A1）通过检测使用者视线方向调整进入到使用者眼睛中的外界光线，从而提高显示质量。

随着眼动追踪不断得到申请人的重视，越来越多的眼动追踪控制操作被提出和实现。乐视在 2015 年就分别提出了三项通过眼动追踪实现不同控制操作的技术：一是通过追踪使用者视线检测视线和虚拟键盘是否相交，以进行虚拟键盘操作显示（CN105892631A）；二是通过确认左右眼亮度值关系确定是否翻页操作（CN105867605A）的技术，不需要人手操作，根据人的眨眼动作即可操作功能菜单翻页；三是通过眨眼过程中闭眼时间实现菜单选择（CN105867607A）的方法，无需借助外物或者双手，仅通过闭眼就可以进行虚拟现实头盔中的菜单选择。这三种眼部追踪控制方式操作方便简洁，保持了操作的连贯性，解放了双手，用户可以更好地用于其他的交互。

在手势交互方面，谷歌在 2011 年提出了（US8179604B1）一种通过眼镜上发射出的红外光线照射到手上，利用眼镜上的红外相机探测反射回的红外线，以实现人机交互的手势追踪方式；在 2012 年提出了（US9076033B1）一种通过手势触发操作并限图像摄取位置的方式以及一种手势识别方式（US9164588B1）。为了不断提升使用者对虚拟现实操作的体验感，越来越多的手势控制操作方式被开发，2013 年精工爱普生提出（CN104615237A）一种手指移动虚拟操作部的头戴显示装置，通过检测使用者手指的移动，使用者观看到手指移动的虚像和相应的虚拟操作部进行操作。2014 年索尼提出了一种手套（US2016054797A1），通过手套进行触碰、抓取等动作操作。

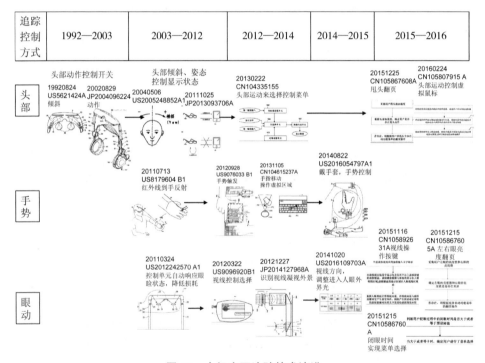

图 15　人机交互追踪技术演进

3. 佩戴调节

不同使用者具有不一样的头部体积和眼睛生理状态，因此对于头戴显示装置的佩戴要求其满足不同的佩戴者使用。以下从调节可适用不同头型大小、减缓使用者压力、提高舒适度等效果方面分析其技术发展。

在佩戴调节适用于不同的头部体积和人眼瞳距方面，精工爱普生在 1993 年提出（EP94921832A）适应于不同视力和眼睛间距的头戴显示装置；奥林巴斯在 1995 年提出（JPH09130705A）设置支撑结构，通过调节支撑结构实现设备可佩戴于不同的使用者头部体积；索尼在 2008 年提出（CN101726857A）根据不同人眼瞳距调节左右眼图像显示装置的间距；索尼在 2014 年还提出了一种绑带调节方式（WO2015137165A1），通过设置采用一根弹性可膨胀材料绑带和一根低张力性能材料绑带以及调整绑带长度的机械结构来适用佩戴者头部。

在缓解头部压力、提高佩戴舒适度方面，主要是通过减轻重量实现轻小型和平衡调节两种方式。如图 16 所示，奥林巴斯在 1994 年提出（US5671037A）一种头戴显示的调节机构用来缓解头部佩戴不适，在 2009 年提出导光部调节结构。精工爱普生在 2012 年（JP2013239813A）提出使用柔性部件，减轻重量，实现位置调节，适用于不同佩戴者头部。2011 年谷歌（US8593795B1）通过将电路设备配置在镜腿末端以平衡在眼镜上的设备的重量，2013 年精工爱普生提出（US2014204438A1）通过匹配佩戴者的面部面型减缓头部佩戴压力，同年提出（JP2014191007A）通过调节佩戴者眼部和耳部的重量平衡，从而缓解佩戴压力；同年该公司提出（CN104166273A）调节鼻托调整佩戴状态减轻眼睛负担，能够减缓佩戴者的紧张程度。在 2016 年，索尼提出了一种能够同时适用于多个用户佩戴，又能够缓解使用者压力的具有机械调节机构的头戴显示设备。可见，同时具有适用于不同的头部体积以及能够缓解头部压力、提高佩戴者的舒适度这两种效果的头戴显示装置更能满足使用者的佩戴要求，也是未来的发展趋势。

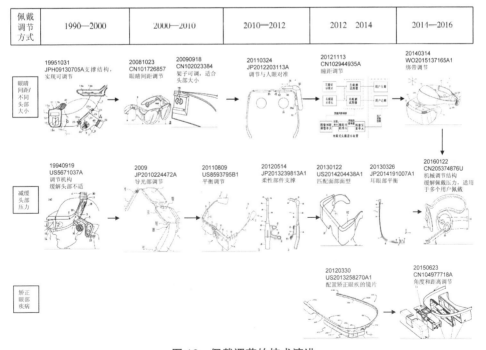

图 16　佩戴调节的技术演进

四、结论与建议

（一）结 论

通过对 AR/VR 头戴显示设备现状及其全球专利和中国专利的分析，对于当前 AR/VR 头戴显示技术的发展态势有了宏观认识，并对其发展脉络进行了梳理。

1. 图像质量和人体工学是技术持续改进的重点

在 AR/VR 头戴显示设备的发展过程中，由于图像质量是用户最直观的视觉感受，同时人体工学关乎用户佩戴的舒适度，图像质量、人体工学成为市场研发的主体，占据专利申请的重要地位。可见，图像质量和人体工学的改进与用户的视觉效果以及用户的体验度具有直接关系，因此，提高图像质量和人体工学也是所有致力于研究头戴显示设备的公司所重点关注并一直努力改进的技术分支。

2. 人机交互将成为未来研发的热点

人机交互是体验 VR/AR 人性化和沉浸感的关键技术，实现一个完整的 AR/VR 系统，不仅需要一种具有沉浸感的、不同于二维屏幕的观看手段，更需要能够让人沉浸其中的交互方式，以及与之相配合的数字内容。近年来，相比于人机交互中的头部追踪、眼动追踪、手势追踪等专利申请量逐步增多，成为技术研发的热点，而现实生活中，人们优先以眼球转动来实现注视目标锁定，并用手部动作实现与环境的交互操作，眼球追踪有利于注视点的像差实时校正，在画面渲染过程中也可以加入注视点位置渲染。可见，手势追踪和眼部追踪是实现人机交互的关键技术，可以预测未来交互技术的发展重点在于眼球追踪和手势追踪。

3. 美国和日本申请占据全球专利的垄断地位

美国和日本由于技术研发力量强，掌握的核心专利技术多，专利申请覆盖的技术分支全面，一直排在全球申请量的前两位。在市场竞争的促进下和国内巨大市场的吸引下，美国和日本也不断重视在中国的专利申请，抢占技术优势地位，尤其在图像质量和人体工学等技术分支占比最高，其中图像质量分支中的亮度、大视场、像差等分支占比也相对更高。而中国的 AR/VR 头戴显示设备技术研发开始较晚，专利布局主要在国内进行，并未积极进行海外布局。可见，美国和日本在全球内的专利垄断地位优势明显。

（二）建 议

由于国内企业起步较晚，在传统技术分支上追赶国外商业巨头的同时必须在新兴技术分支中寻求突破来实现企业的快速发展。根据我国的发展现状，对涉及 AR/VR 头戴显示设备的企业提出以下建议。

1. 持续关注图像质量和人体工学的改进方向

不论产品的技术如何发展，不论产品的应用方向如何变化，AR/VR 头戴显示设备最基本的应用是始终为观察者提供高质量的图像，图像质量和其佩戴的舒适性是始终要关注的主题。在当前国家重视中国制造和中国智造的背景下，国内 AR/VR 头戴显示设备的厂商要用工匠精神保持在图像质量和人体工学方面的研发投入，不断提高图像观看品质，增加佩戴舒适性。

2. 充分把握人机交互的未来发展机遇

我国 AR/VR 头戴显示设备企业在技术研发上应充分把握住人机交互这一未来发展趋势。可以预见，人机交互技术分支的研发将不断推进 AR/VR 头戴显示设备与用户之间的互动体验，从而提高设备的可用性和对用户的友好性，将在用户体验方面发挥越来越重要的作用。加大人机交互中的眼动追踪和手势追踪的研发力量，积极探索新的高效的交互方式以便给用户带来更加新鲜的体验，从而寻求打破国外企业的技术垄断，占据更大的市场。

3. 扩宽技术分支打破专利垄断

虽然近些年我国 AR/VR 头戴显示设备企业的技术发展迅速，但核心专利较少，并且主要集中在图像质量中的亮度分支，极少涉及图像质量和人体工学的核心技术。因此，需进一步扩宽技术分支，尤其对图像质量中的大视场、像差、分辨率和对比度等核心技术加强研发，从而寻求突破国外专利垄断的机会，尽快缩小与技术发达国家的差距。此外，在追赶国际巨头发展脚步的同时，应重视专利的全球布局，在一些以后潜在的目标国家市场提前进行专利布局，保证市场竞争力，实现产业可持续发展。

参考文献

［1］马天旗. 专利分析——方法、图表解读与情报挖掘［M］. 北京：知识产权出版社，2015.

［2］杨铁军. 产业专利分析报告（第5册）［M］. 北京：知识产权出版社，2012.

［3］杨铁军. 专利分析实务手册［M］. 北京：知识产权出版社，2015.

［4］贺化. 专利导航产业和区域经济发展实务［M］. 北京：知识产权出版社，2013.

纳米压印技术专利动态分析

朱丽娜　杨子芳　王　琳　刘　江

摘　要： 图案化工艺是集成电路制造的一个关键环节，该工艺中传统的光刻技术已经成为提高电路集成度的瓶颈，受到业内高度关注。纳米压印技术作为光刻技术的潜在替代技术，主要采用具有纳米图案的模板将基片上的聚合物膜压出纳米图形，具有工艺简单、分辨率高的优势。本文对纳米压印技术在全球及中国的相关专利申请进行了研究，从申请趋势、区域分布、主要申请人、重点技术等多个角度进行分析，提供了纳米压印技术领域的重要专利，绘制了专利技术路线演进图，梳理了纳米压印技术的现状及发展趋势，希望能为我国纳米压印相关技术的研发和产业化发展提供建议。

关键词： 纳米压印　技术路线　专利分析

IPC 分类号： H01L　G03F7　B29C59/02

一、概　述

纳米压印是一种通过压印胶的机械变形来制造纳米级图案的技术，其具有工艺简单、成本低、分辨率高、图案尺寸免受光学物理限制等优势，受到人们的广泛关注[1-5]。为了进一步提高集成电路的集成度以满足业内需求，破解目前传统光刻技术的物理尺寸瓶颈，纳米压印技术有望成为光刻技术的重要替代技术，对其进行专利技术分析以了解目前发展现状、明确关键技术、分析发展趋势是非常有必要的。

（一）纳米压印技术发展现状

纳米压印技术起源于 1995 年，美国的周郁教授将压印技术引入到图案化工艺中，提出了一种全新的图形复刻技术，采用了机械模具复型原理将纳米级的图案转移到聚合物上，实现了亚 25nm 的精细图案[5]。图 1 是纳米压印设备的示意图。纳米压印不涉及传统光刻中复杂的光学、化学、光化学反应机理，也避免了特殊曝光束源、高精度聚焦系统、复杂透镜系统的使用，且不会受到光学衍射的影响，具有高分辨率、高产量、低成本等适合工业化生产的独特优势[6-10]，被列为可能改变世界的十大技术之一[11-13]。采用纳米压印进行图案化加工可大致分为三步，首先制备具有纳米级图案的模板，然后通过压印的方式在压印胶上实现图案的转移，最后将模板与压印胶分离[14]。

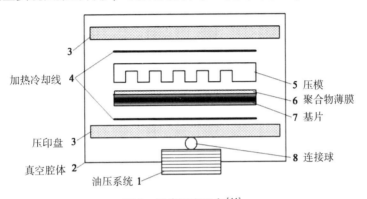

图 1 纳米压印设备[14]

纳米压印工艺主要分为三类，即热压印、紫外固化压印和微接触压印。热压印是最早出现的纳米压印技术，它和塑性加工类似，利用高温使聚合物具有流变特性以实现图案的转移。紫外固化压印与热压印不同，通过紫外光使得流体状态的聚合物发生交联固化从而完成图案的转移。微接触压印与印章过程较为接近，利用分子自组装的原理以实现图案的印制。

迄今为止，纳米压印技术已经可以达到 5nm 甚至更高的分辨率，但是从实验室的 5nm 到工业化的 5nm 还有很长的路要走。目前纳米压印所面临的技术问题主要包括：高品质模板的制作、压印胶的性能、图形的精确转移、无损脱模、高选择性离子刻蚀等。

（二）纳米压印产业发展现状

国际上有 5 个主流欧美公司提供纳米压印设备，并已经形成比较成熟的商品进行销售，分别为美国的分子制模公司、Nanonex 公司、奥地利的 EV 公司、瑞典的奥贝杜卡特和德国的 Suss 显微技术公司。此外日本的很多企业也展开了纳米压印技术的研究，比如大日本印刷、东芝、佳能等。根据东芝与海力士在 2014 年 12 月达成的联合开发基本意向，切实促进了存储器产品的精细化，进一步加强了存储器业务，推动了相关产品的产业化进程。佳能在技术展会"Canon EXPO 2015 Tokyo"上宣布已可利用纳米压印技术生产线宽为 11nm 的半导体器件，正在验证量产的可能。

中国的纳米压印技术主要以高校研究为主，产业化程度较低。国家层面很重视对纳米压印技术的研发，组织了数次 973、863 课题研究，帮助清华大学、西安交通大学等研究团队研究纳米压印技术以期尽快启动和推动产业化步伐。另外，国家也特别重视纳米压印海外人才的引进。2013 年 8 月 16 日，美国周郁团队的纳米压印 LED 图形衬底产业化项目与北京纳米科技产业园签订入驻意向协议。此次签约的项目计划开展纳米压印图形衬底的规模化制备，同时计划成立北京市纳米压印技术及应用产业化中心，将普林斯顿大学的实验室成果在中国实现产业化。

目前，纳米压印技术产业化程度还不够高，一些主流半导体企业如飞思卡尔、英特尔仍然保持着审慎的态度。国内的纳米压印技术启动较晚，且研发力量主要集中在高校，半导体企业的研发投入和技术关注度还不够，产业化动力尚显不足。

（三）研究方法

本文对纳米压印领域的国内外专利进行了检索，检索截止日期为 2016 年 9 月 6 日。通过在德温特世界专利索引数据库（DWPI）中进行检索获得 2473 篇专利文献，通过在中国专利数据库（CPRSABS）中进行检索获得 672 篇专利文献。

主要检索过程由初步检索、全面检索和补充检索三个阶段构成，检索要素如表 1 所示。

表 1　纳米压印检索要素

关键词		纳米压印，纳米压制，纳米印压，热纳米压印，紫外固化压印，紫外压印，微纳压印，微接触压印，压印光刻，nano imprint+，nano-imprint+，nanoimprint+，nanostamp+，nano-stamp+，nano stamp+，imprint lithography，hot embossing，replica mold+，step flash imprint+，micro contact print+
分类号	IPC	H01L，G03F7，B29C59/02
	UC	UC977/887
	FT	3C081/CA37
	CPC	Y10S977/887

二、专利申请总体情况

下文将从申请趋势、申请类型、法律状态、申请人分布以及技术分布等方面对纳米压印技术开展系统分析。

（一）纳米压印技术全球专利状况

1. 申请趋势

纳米压印技术专利申请始于 1995 年。图 2 显示了 1995—2015 年申请量按年度分布的情况（以最早申请日或优先权日计）。2000 年以前，纳米压印申请量非常少，处于萌芽状态，很多企业和科研机构尚未对这项技术产生足够的关注；2001—2005 年，专利申请量快速增长，2005 年申请量超过 200 项，说明随着纳米压印技术的发展，纳米压印所具有的独特优势开始吸引业界越来越多的目光；2005—2013 年为波动增长期，其中 2005—2009 年间申请量基本平稳，申请量保持在 200 项左右，2009 年以后，申请又出现了新一轮的增长，并且在2011 年达到峰值 284 项，之后虽然略有下降，但仍然保持较高的申请量，表明纳米压印依然是专利技术热点。

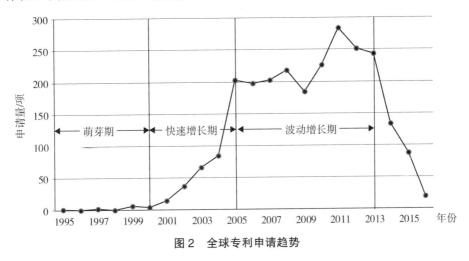

图 2　全球专利申请趋势

2. 申请区域分布

图 3 显示了纳米压印技术全球专利申请的区域分布。该领域的专利申请区域主要为日本、中国和美国，共 1792 项，占总申请量的 72%。日本提交的专利申请量最多，为 743 项，占 30%；其次是中国，为 537 项，占 22%；然后是美国，为 512 项，占 21%；排名第四的国家为荷兰，占 5%。

美国属于纳米压印的技术发源地国家，虽然从申请量来看未能占据头把交椅，但并不能说明美国的纳米压印技术发展滞后。美国在前沿领域并不是以量取胜，它们的公司和科研机构掌握着最关键的原创技术和重要专利，以重要专利保证自己的领先地位。日本是该项技术专利申请的第一大国，虽然起步晚于美国，但是其对前沿技术的跟进非常迅速，日本企业对纳米压印技术给予了极大的研究热情。依托于大日本印刷、佳能、富士胶片等企业的资金实力和研发能力，日本迅速带动了国际纳米压印技术的发展和产业化应用进程。

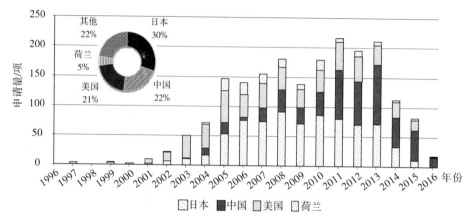

图3　全球专利申请区域分布

美国早在 1995 年就提出了第一项专利申请（申请号 US19950558809）。中国、日本于 1999 年提出了第一项纳米压印专利申请。荷兰起步相对较晚，在 2002 年提出了第一项纳米压印的专利申请。从发展趋势来看，在经历过一个上升期之后，美国和日本申请量比较稳定，而中国呈继续增长势头。分析其原因，主要在于美、日两国技术发展成熟度高，而中国近年开始对纳米压印技术持续投入；荷兰在经历过发展期之后，近年来申请量有所下降。

3. 申请目的地分布

图4是纳米压印技术全球专利申请的目的地分布图。全球专利申请目的地主要为日本、美国、中国、欧洲和韩国，专利主要产出地与主要目的地相同是由于专利申请人一般会优先进行本土的专利布局，同时也说明这些国家/地区已经成为本技术研发企业最为关注的主要市场。

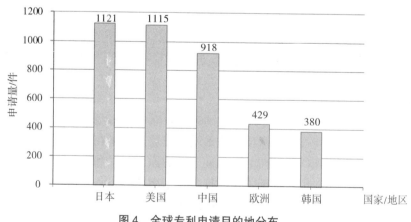

图4　全球专利申请目的地分布

4. 全球主要申请人

（1）主要申请人分布

图5为全球申请量排名前12位的公司，其中5家是日本公司，表明日本公司对纳米压印技术十分重视。申请量最多的是大日本印刷，为135项；排名第二的是美国的分子制模，为129项，以生产设备为主；排名第三的是日本的富士胶片和荷兰的ASML，同为110项。中国三家公司分列第10~12名，分别为鸿富锦、华中科技大学和无锡英普林。整体来看，纳米压印的申请人分布比较分散，第一名也只有135项，占全球申请量的5.46%，表明目前纳米压印并没有形成明显的技术垄断。

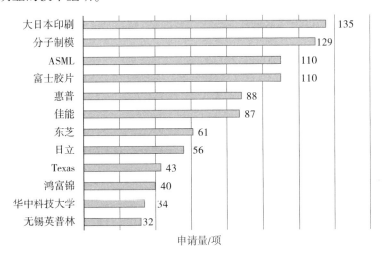

图5 全球主要申请人分布

（2）申请人专利布局

图6示出了排名前五位的申请人的专利布局。从图中可以看出，大部分申请人优先布局本土，尤其是富士胶片，其绝大多数申请在日本，占据5个国家/地区申请总量的一半以上，在美国和韩国也有一些布局，但是在中国布局很少，仅有5件。除本土市场外，大日本印刷专利布局的一个重要市场是欧洲，显示了大日本印刷对欧洲市场的重视。分子制模在韩国、欧洲、日本布局较多，在中国布局较少；荷兰ASML优先布局的是日本、美国，欧洲市场只排到了第四位，显示出ASML对于日本和美国市场的高度重视。

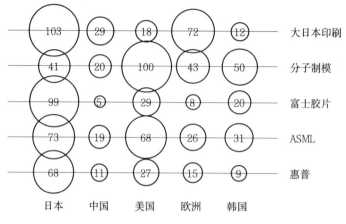

图6 主要申请人的专利布局区域

（二）纳米压印技术中国专利状况

1. 趋势分析

（1）申请趋势

图7示出了中国纳米压印技术专利申请趋势。中国专利和全球专利的趋势大致相同，在2000年前处于萌芽状态，申请量很少；2004年经历了第一次发展，申请量显著提高；2011年经历了第二次发展，年申请量达到90件以上；随后虽然有所波动，但是保持了较高的申请量。国内申请人占比较大，达64%，说明国内申请人重视纳米压印技术的本国布局；国外申请人占36%，说明了国外申请人对中国市场比较重视。

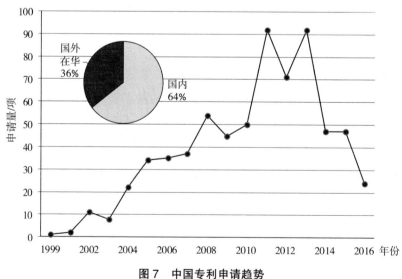

图7 中国专利申请趋势

（2）申请类型和法律状态

从表2可以看出，纳米压印专利申请中绝大多数为发明申请，国外在华申请中没有实用新型，这是因为纳米压印设备比较昂贵，研发投入资金大，发明人希望寻求更长的保护期。国外在华的发明申请中PCT申请占总申请量的一半以上，说明外国公司对纳米压印的专利布局范围较广，并且中国是重要市场。国内申请的有效案件和失效案件大体相当，而国外在华申请的有效案件是失效案件的两倍多。

另外，国内申请驳回占比只有6%，授权为41%，说明纳米压印的相关申请授权比例较高，这也是前沿领域的一个普遍的特点，这些领域产业化程度还不够高，研发的原创性较高。而国外在华的申请相对国内申请，驳回比例更低，只有3%，授权比例高达50%，说明国外申请人的专利申请创新性更高一些，技术更加领先。基于美国作为纳米压印技术原创国，以及日本各大公司竞相展开投入和研发的事实，这些结果也是可以预期的。

表2　中国专利申请概况　　　单位：件

	国内申请			国外在华		
	发明（非PCT）	发明（PCT）	实用新型	发明（非PCT）	发明（PCT）	实用新型
授权	149	0	27	57	63	0
驳回	24	0	0	3	5	0
视撤	62	0	3	25	21	0
权利终止	42	0	6	8	5	0
实质审查	120	0	0	14	38	0
总计	397	0	36	107	132	0

（3）申请人区域分布

图8显示了纳米压印技术专利申请人的国家/地区分布，中国申请人占据第一位，表明中国申请人优先在本国进行专利布局；日本申请人和美国申请人占据第二、第三位，体现了纳米压印技术的主要产出国和技术起源国的两个国家对于中国市场的高度重视；韩国排在第四位，说明韩国企业重视在中国的专利布局；欧洲的荷兰和瑞典分别位列第五和第六。

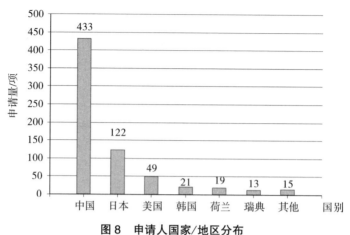

图8　申请人国家/地区分布

（4）申请人分析

图9显示了国内外申请人的类型分布情况。国内以大学申请为主，国外以公司申请为主，说明我国尚处于基础研发阶段，产业化程度尚显不足。纳米压印技术方面的个人申请非常少，这主要是因为纳米压印投入较大，个人也是依托于一些公司和研究机构进行研发。合作申请人也占据了相当的比例，国内和国外都达到10%左右，这也和纳米压印技术申请人较分散，尚不具有技术垄断的现象有关，也说明各公司间的技术交流较为活跃。

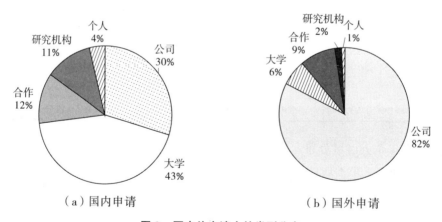

（a）国内申请　　　　　　　　（b）国外申请

图9　国内外申请人的类型分布

表3列出了中国专利申请中主要申请人的分布情况。其中鸿富锦和清华大学占据前两名，需要指出的是，两者的合作申请较多，有20件都是联合申请的。国内申请人以高校和研究机构为主，国外的申请人都是公司。

表3 主要申请人分布

排名	申请人名称	申请量（件）	占总申请量比例	所属国家/地区
1	鸿富锦	30	4.46%	中国台湾
2	清华大学	27	4.02%	中国
3	华中科技大学	23	3.42%	中国
3	无锡英普林	23	3.42%	中国
5	西安交通大学	22	3.27%	中国
6	青岛理工大学	18	2.68%	中国
7	日立	15	2.23%	日本
8	信越化学	14	2.08%	日本
8	中科院微电子所	14	2.08%	中国
10	复旦大学	12	1.79%	中国

结合申请人的申请量及所处国家/地区的情况，我们选择了比较有代表性的六位申请人做了进一步的分析。

图10示出了主要申请人在华申请的技术分布情况。除了青岛理工大学，国内主要申请人的研究方向以工艺和应用为主，设备方面申请量较少。无锡英普林工艺所占比重最大，表明其更加重视工艺过程的研究，其他申请人的应用占比最大，它们往往不是改进纳米压印设备或工艺步骤本身，而是利用纳米压印做一些电子电路、电子器件等制备过程中的图案化操作。

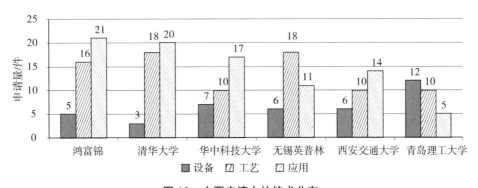

图10 主要申请人的技术分布

（5）中国重要申请人分析

为了更好地分析国内申请人的申请特点，选取了申请量最多的鸿富锦作为代表，从专利申请的角度进一步分析各自申请总体情况和研发方向。

鸿富锦自2004年开始研发纳米压印技术，其研究方向主要涉及纳米压印工艺、设备及应用三个方面。图 11 显示出涉及纳米压印应用方面的相关专利为 21 件，工艺方面的相关专利为 16 件，设备方面的相关专利为 5 件。

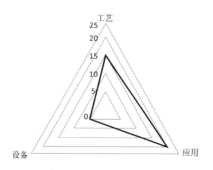

图 11　纳米压印技术鸿富锦的重点研究方向

图 12 为鸿富锦纳米压印技术国内申请的法律状态。鸿富锦高度重视自主创新和知识产权的保护，在国内企业申请量中居第一位。就纳米压印技术而言，鸿富锦共申请相关专利 30 件，其中授权 19 件、驳回 1 件、视撤 3 件，权利终止 3 件以及未结案 4 件，授权率 64%。在 30 件专利申请中，鸿富锦自主研发的专利申请有 10 件，与清华大学合作研发的专利申请有 20 件，这体现了鸿富锦能够充分利用科研资源，开展相互合作有利于取长补短，共同攻关。可见，选择与具有前沿技术研发优势的高校合作成为鸿富锦专利申请的一个重要特点。

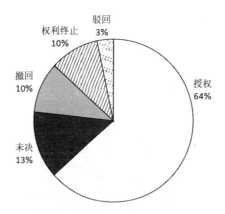

图 12　鸿富锦纳米压印技术国内申请的法律状态

2. 重要技术分支中国专利申请现状

纳米压印技术主要有三个分支，分别是工艺、设备和应用，以下将对中国纳米压印重要技术分支的专利申请进行分析。如图 13 所示，三个分支之间均有交叠，说明三个分支之间的紧密联系。工艺又可分为热压印、紫外固化压印和微接触压印等；设备包括整机和零部件如模板；应用方面涉及二极管、太阳电池等。

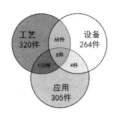

图13 涉及纳米压印各技术分支的专利申请量

（1）趋势分析

图14显示了纳米压印三个技术分支的中国专利申请趋势。三个技术分支的发展趋势与整体趋势相类似，2004—2010年申请量稳步增长，在2011年申请量大幅增长。1999年，国内首个纳米压印专利申请是涉及设备方面的，早期纳米压印设备的年申请量多于纳米压印工艺和应用，后期设备的发展较为缓慢，工艺和应用方面的申请相对较多。2013年，工艺和应用技术分支年申请量达到顶峰，分别为57件和50件。

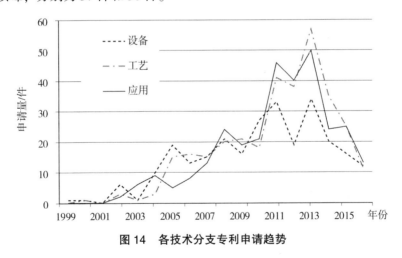

图14 各技术分支专利申请趋势

图15示出了纳米压印各技术分支的来源区域分布。国内纳米压印工艺分支申请量为205件，设备分支申请量为152件，应用分支申请量为242件，说明中国对纳米压印工艺方面有较强的研发实力和强烈的专利保护意识。国外来华申请中，日本的申请量最多，工艺、设备和应用方面的申请量分别为62件、57件和21件，表明日本比较重视中国市场，在中国进行了一定的专利布局。

图 15　各技术分支申请区域分布

（2）技术分布

图 16 示出了主要国家来华申请的技术分布。在工艺方面，各国紫外固化压印的专利申请量都大于热压印，尤其是日本在紫外固化压印方面的申请量约为热压印方面申请量的 3 倍。日本对于紫外光刻胶较为关注，多为针对光刻胶组分改进的专利申请。在设备方面，各国零部件的专利申请量都大于整机，日本在零部件方面的申请量约为整机方面申请量的 3 倍，且专利申请主要为模板的制造。国外在应用方面的专利申请相对较少。

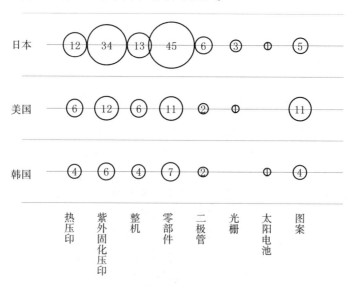

图 16　主要国家来华申请的技术分布

（3）申请人分析

国内申请人类型分布与国外来华申请人类型分布有明显差异。国内申请人主要以大学为主，国外来华申请人主要以公司为主。

通过对国内几家公司和高校的技术分布情况进行分析，可以发现无锡英普林与华中科技大学的热压印和紫外固化压印发展较为均衡。清华大学和鸿富锦的发展主要以热压印为主，而且在二极管和太阳电池上的应用有共同的兴趣，合作申请了部分专利。青岛理工大学的研究团队较为关注紫外固化压印技术，而且在纳米压印整机设备方面投入也比较大。西安交通大学除了关注热压印和紫外固化压印技术之外，还对微接触压印技术有一定的研究。

国外申请人中，日本的富士胶片和佳能较为关注紫外固化压印中所采用光刻胶的改进；信越化学对于纳米压印设备方面的研究发展主要集中在模板，其专利申请的内容全部是和模板有关的，如模板的制作方法和模板的材料等。

三、技术分析

（一）纳米压印专利技术发展路线

考虑到专利申请时间、被引用频次、同族专利数量等指标，通过对纳米压印技术所有专利进行筛选，筛选出 36 项重要专利。图 17 为重要专利技术节点演进图。从重要专利的技术来源国看，在 36 项重要专利中，美国有 14 项，占38.9%，中国 9 项，日本 5 项，韩国 3 项，新加坡和英国各 1 项，说明美国掌握了纳米压印大部分的重要技术，中国、日本、韩国最近几年也加大了对纳米压印技术的研发力度。从重要专利的技术分类来看，美国主要是纳米压印工艺和模板两方面，对纳米压印的应用并不多。而中国虽然有 9 项重要专利技术，但主要集中在纳米压印应用方面，说明虽然中国近几年对纳米压印的关注持续高涨，申请量不断增加，但是中国的研发水平与先进技术国家还有一定差距，特别是重要专利的数量。从重要专利分布的时间来看，大部分重要专利分布在2000 年前后。从纳米压印发展趋势来看，2000 年开始，纳米压印技术的申请量得到快速增长，世界各国的竞争者竞相抢占纳米压印技术领域的空白，并开始有意识地进行专利布局，抢占纳米压印的市场，而这也会促进整个纳米压印技术的发展。

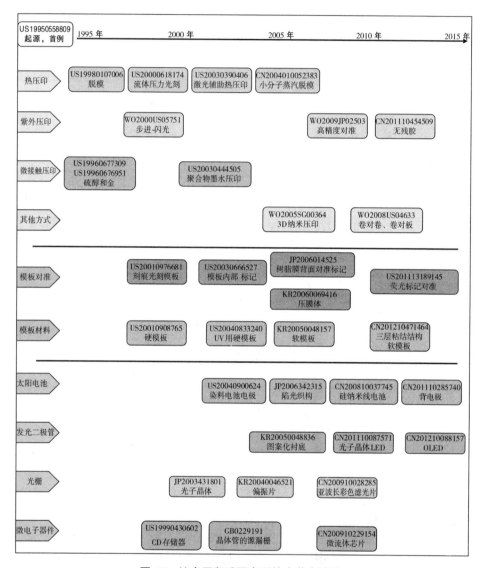

图 17　纳米压印重要专利技术节点演进

（二）各技术分支的发展

下面从纳米压印工艺、纳米压印模板以及纳米压印应用三方面介绍相关重要专利：

1. 纳米压印工艺

1995 年美国的周郁教授提出了首个纳米压印专利申请，申请号为 US19950558809，介绍了热纳米压印技术，采用机械模具将图案复制到聚合物上。传统的热纳米压印技术存在很多缺点，如图案成型需要高温高压、模板成本高等，因此，在接下来的二十多年中针对纳米压印技术的改进层出不穷。为提高模板加压的均匀性出现了采用流体加压技术的专利申请 US20000618174；为解决热压印形变误差以及其整体工艺时间较长的问题，出现了激光辅助压印技术的专利申请 US20030390406；为提高脱模质量，出现了有关纳米压印脱模材料的专利申请 US19980107006 和采用小分子物质蒸汽以降低模与基底之间吸附能的专利申请 CN2004010052383。针对热压印受热产生形变的问题和加热降温需要耗费大量时间的问题，产生了无需加热在室温下即可进行的紫外固化压印技术。1999 年，Texas 大学的 Willson 教授提出了步进-闪光的紫外固化压印光刻技术 WO2000US05751；为提高精度，出现了包含对准的高精度紫外固化纳米压印技术 WO2009JP02503；为解决现有技术中存在光刻胶残余的问题，出现了使压印模板的凸起底部直接与基板接触的专利申请 CN201110454509。除了热压印和紫外固化压印技术之外，纳米压印还有另外一个重要的技术分支是微接触压印，该工艺技术在室温下即可进行，且无需施加太大压力。微接触压印由哈佛大学的 Whitesides 等首次提出并申请了专利 US19960677309 和 US19960676951；之后出现了采用聚合物墨水的压印技术 US20030444505。除此之外，还有 3D 纳米压印技术 WO2005SG00364、采用卷对卷或卷对板方式的大面积辊轴纳米压印光刻工艺 WO2008US04633 等。

2. 纳米压印模板

纳米压印作为一种图形化方法，是通过模板和基底之间的机械接触实现模板图形的转移的，因此模板的材质特性和制造精度直接影响图形的质量。2001年，Texas 大学申请了关于纳米压印技术压印对准的首项专利申请 US20010976681，利用刻痕光刻模板，实现模板和衬底之间间隙的精确控制。然而由于这种刻痕光刻模板的对准标记与模板本身材料相同，折射率也相同，造成对准标记的识别困难，出现了将与模板不同的材料构成的对准标记刻印在模板内部的专利申请，其中代表专利为 US20030666527。另外，日立于 2006 年提出一种采用在树脂膜基板背面形成对准标记的模板 JP2006014525，避免由于外力作用产生的位置偏差。同年，三星为了避免由于外部条件导致的变形，申请专利 KR20060069416，对压膜体设置有加强部分，提高了基底与压膜的排列精确度。随着纳米压印应用的发展，西安交通大学 2010 年提出了提高莫尔条纹对准图像质量的方法。随着纳米压印对准标记材料的发展，纳米压印对准技术也更为先进，比如 2011 年 ASML 提出了一种利用荧光标记对准的模板，进一步提高对准精度。

根据纳米压印模板材料的特性，压印模板材料可以是刚性材料、柔性材料或者两类材料的叠合组成。2001 年 Texas 大学提出专利申请 US20010908765，采用硬模板得到较高精度的模板；2004 年分子制模提出了一种 UV 刻印用的柔顺性硬质模板 US20040833240，但是这种硬质模板的硬度较大，容易断裂，因此软模板应运而生。2005 年 LG 提出了一种软模板 KR20050048157，耐用性久。当然软模板虽然耐用，但也有其劣势，就是复型精度不高。2012 年苏州光舵提出了一种采用三层粘结结构的复合模板 CN201210471464，使其既具有软模板的特性，又具有硬模板的高精度。

3. 纳米压印应用

纳米压印主要应用在太阳电池、发光二极管、光栅、微电子器件等方面。在太阳电池方面，2004 年，专利申请 US20040900624 将纳米压印应用到了染料敏化电池，制备了纳米结构的电极，提高了吸光面积；2006 年，专利申请 JP2006342315 利用纳米压印技术制备了陷光的表面织构；2011 年，专利申请 CN201110285740 采用纳米压印制备了背电极；2008 年，专利申请 CN200810037745 利用纳米压印制作了硅纳米线结构，得到了硅纳米线太阳电池；2009 年，专利申请 US20090388212 用纳米压印制备了聚合物活性层，这是其他微加工技术很难做到的。在发光二极管方面，可以制备衬底的纳米结构提高出光效率。2005 年，专利申请 KR20050048836 利用纳米压印制备了具有凹凸纳米结构的衬底；2011 年，专利申请 CN201110087571 利用纳米压印制备了光子晶体结构并结合到了发光二极管器件上；2012 年，专利申请 CN201210088157 将纳米结构应用到了有机发光二极管器件上。在光栅方面，2003 年，专利申请 JP2003431801 采用纳米压印制了光子晶体；2004 年，专利申请 KR20040046521 利用纳米压印制备了红、绿、蓝彩色滤光片，可以应用到显示技术当中。除了光学器件和光电器件之外，在传统的微电子器件方面，早在 1999 年，专利申请 US19990430602 利用纳米压印制备了高密度存储 CD；在 2002 年，专利申请 GB0229191 制备图案化的场效应晶体管的源漏电极和栅电极；在 2009 年专利申请 CN200910229154 中，生物学上应用广泛的微流体芯片采用了纳米压印制备技术。纳米压印技术提供了一种全新的纳米微结构构造方法，在光学器件、电子器件、光电器件等方面有着独特的优势。

（三）重要专利技术

纳米压印光刻工艺的首个专利申请是美国的周郁教授提出的，申请号为 US19950558809。该专利采用热压印的技术，以较低成本实现了精度为 10nm 的图案大规模生产。如图 18 所示，欲将图案形成在基板 18 上，先在基板上涂覆光刻胶 20，准备一个硬模具 10，硬模具 10 具有间隔开的凸起结构 16，将光刻胶 20 加热到玻璃态，通过施加压力将硬模具 10 置于光刻胶 20 上，降低温度后去除硬模具 10，最后通过蚀刻工艺去除残留的光刻胶，完成图形的转移。该方法开启了采用纳米压印技术制作超微细特征的序幕，也为后来纳米压印技术的发展奠定了基础。在此基础上，为解决热压印形变误差以及其整体工艺时间较长的问题，出现了激光辅助压印技术的专利，公开号为 US2004046288A1。激光辅助压印技术是通过激光透过模板直接照射基板，使基板上表面形成软化或液化状态，可通过压印直接将图案形成到基板上，无需使用传统光刻胶。

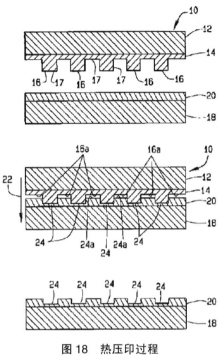

图18 热压印过程

针对热压印受热产生形变的问题和加热降温需要耗费大量时间的问题，紫外固化压印技术出现，美国 Texas 大学的 Willson 教授首次提出了步进-闪光紫外固化纳米压印技术并申请了专利，公开号为 WO0054107A1。该专利所涉及的方法可制作大面积高分辨率纳米结构图案，主要通过采用小模板分步循环压印的方式，既有效又节省成本。具体包括透明的模板，在基板上涂覆对紫外光敏感的光刻胶，将模板压在光刻胶上，通过紫外光照射使光刻胶固化，然后去除模板，重复循环压印多次，即可得到大面积图案。该专利首次提出了步进-闪光紫外固化纳米压印技术，且能够有效地实现大面积高分辨率纳米结构图案的转移，具有非常重要的意义。

四、结　论

（一）技术发展现状及趋势预测

通过对纳米压印技术现状及其全球专利和中国专利的分析，对于当前纳米压印的发展态势有了宏观认识，并对其发展脉络进行了梳理。

1）纳米压印技术全球专利申请前景广阔，美国起步较早，日本紧跟美国步伐，中国申请量呈增长势头。

1995 年全球首项纳米压印技术专利申请（US19950558809）出现于美国。自 2000 年起，全球申请量持续增长，2005 年年申请量超过 200 项，经历约四年的调整期后，2009 年又进入新一轮增长周期。美国作为纳米压印技术的发源地经过多年的积累，总申请量排名全球第三；日本虽然起步晚于美国，但由于对纳米压印技术的研发高度重视，投入较大，因此总申请量显著高于美国，排名全球第一；中国申请量略高于美国，排名全球第二，这是由于中国对纳米压印技术的投入持续增长，特别是在 2004 年和 2011 年经历了两次较大发展。

2）纳米压印技术全球专利布局特点鲜明，中、美、日三国为各方专利布局的主要区域。

美国在纳米压印技术方面开始最早，且研究水平处于国际领先地位，尤其注重在海外进行专利布局；日本紧随美国成为纳米压印技术专利申请的主力军，前期主要在本土进行专利布局，自 2011 年开始专利布局重点转向中国；中国的纳米压印技术研究开始较晚，专利布局主要在本土进行，并未积极进行海外布局。

3）纳米压印技术全球产业化程度差异较大，整体上呈现多方竞争的态势。

全球专利申请量排名前 12 位的申请人中，7 位来自日本，占一半以上，申请主体主要为公司，并且已逐步实现产业化。反观中国专利申请量，排名前十位的申请人中 8 个来自中国，占 80%；中国申请人主要以高校、研究所为主，企业较少，产业化程度较低，可能成为制约纳米压印技术在中国进一步发展的主要因素。值得注意的是，全球主要申请人的研发方向呈多元化态势，均处于技术探索阶段，尚未形成技术垄断局面，有利于中国申请人参与国际竞争。

4）中国侧重应用方面的研究，与技术发达国家相比，综合研发实力仍有显著差距。

在筛选出的重要专利申请中，美国拥有量最多，占比 38.9%，显示出美国在纳米压印技术中的科研实力，其主要关注点在于纳米压印的工艺和设备；虽然中国近些年在纳米压印领域发展迅速，但重要专利较少，并且主要集中在纳米压印应用方面，极少涉及工艺和设备的重要技术，体现出中国的研发水平与先进技术国家还有一定差距。

5）国内研发模式类型多样化，企业与高校合作方式值得推荐。

国内研发模式大多属于独立研发，但是鸿富锦除采用独立研发模式外，更多地与清华大学进行合作研究，取得了良好的实践效果，体现了企业技术研发和学术研究方向的合作共赢，值得借鉴。

（二）对我国纳米压印研发和产业化的建议

目前我国涉及纳米压印研究的单位主要有鸿富锦、清华大学、华中科技大学、无锡英普林、西安交通大学等公司和高校，研究方向涉及纳米压印设备、工艺和应用。根据中国的发展现状，对纳米压印技术提出以下建议：

1）我国知识产权相关部门应及时发布纳米压印行业专利预警信息，为我国集成电路制造行业提供决策信息辅助。

作为集成电路制造工艺之一的纳米压印技术在我国正处于研究性阶段，专利申请量快速增长，及时掌握国内外纳米压印技术相关专利的发展动向，掌握纳米压印技术的发展趋势，对重点技术进行跟踪和预警，有利于指导我国纳米压印行业调整研发思路，提高研发效率。

2）加强企业与高校、科研院所之间的合作，形成产、学、研联动格局，促进产业化不断走向深入。

我国纳米压印技术方面的研发力量主要集中在高校和科研机构，它们在理论研究和技术前沿跟踪方面具有明显优势，而企业立足于产品和市场，拥有产业化的平台和经验，更多关注技术的产业化可行性。应促进大学、科研机构与企业合作，提高共同研发能力，整合形成产、学、研支持的合力，提高我国纳米压印技术核心竞争力。加强交流，充分发挥各自优势，推动纳米压印技术由实验室走向产业化。

3）以应用为切入点，逐步推进工艺方面的研究，加强自主创新。

我国纳米压印的重要专利技术集中在纳米压印应用方面，因此以应用为切入点，逐步推进工艺方面的研究，特别是在紫外光固化工艺方面加强自主创新，掌握一大批具有自主知识产权的专利技术，尽快缩短与技术发达国家的差距。利用应用方面的发展带动纳米压印工艺的完善，将纳米压印技术和集成电路技术结合，实现纳米压印技术替代光刻技术的目标。

4）提高专利保护意识，对重要专利及时进行海外布局。

目前，我国纳米压印技术的专利布局主要在国内，对国外的市场重视程度不够。因此，我国申请人应该提高专利保护意识，学习和借鉴国外优秀企业的专利申请和保护策略，注意自身专利的挖掘和优化组合，形成一定量的专利组合，提前对国外潜在市场进行专利布局。

参考文献

［1］Swtkes M, Rothschild M. Immersion Lithography at 157nm ［J］. J. Vac. Sci Technol, 2001, B19（6）. 2353-2356.

［2］Torres S. Alternative Lithography ［M］. Boston: Kluwer Academic Publishers, 2003: 1-19.

［3］Chou S Y, Keimel C, Gu J. Ultrafast and Direct Imprint of Nanostructures in Silicon ［J］. Nature, 2002, 417: 835-837.

［4］Xia Y, Whitesides G M. Soft Lithography ［J］. Annu. Rev. Mater. Sci., 1998, 28: 153-154.

［5］Chou S Y, Krauss P R, and Renstrom P. J. Imprint of sub-25 nm vias and trenches inpolymers ［J］. Appl. Phys. Lett., 1995, 67: 3114.

［6］Chou S Y, Krauss P R, Renstrom P J. Nanoimprint Lithography ［J］. J. Vac. Sci. Tech.,

1996，B14（6）：4129-4133.

[7] Chou S Y, Krauss P R, Renstrom P J. Imprint Lithography with 25-Nanometer Resolution [J]. Science, 1996, 272: 85-87.

[8] Dumond J J, Mahabadi K A, Yee Y S. High resolution UV roll-to-roll nanoimprinting of resin moulds and subsequent replication via thermal nanoimprint lithography [J]. Nanotechnology, 2012, 23（48）：1-10.

[9] 丁玉成，刘红忠，卢秉恒，等. 下一代光刻技术——压印光刻 [J]. 机械工程学报，2007，43（3）：1-7.

[10] 张鸿海，胡晓峰，范细秋，等. 纳米压印光刻技术的研究 [J]. 华中科技大学学报（自然科学版），2004，32（12）：57-59.

[11] 王金合，等. 纳米压印技术的最新进展 [J]. 微纳电子技术，2010，47（12）：722-730.

[12] Piaszenski G, Barth U, Rudzinski A. 3D structures for UV-NIL template fabrication with grayscale ebeam lithography [J]. Microelectronic Engineering, 2007, 84（5-8）.

[13] Guo L J. Recent progress in nanoimprint technology and its applications [J]. J. Phys. D: Appl. Phys., 2004, 37: R123-R141.

[14] 陈建刚，等. 纳米压印光刻技术的研究与发展 [J]. 陕西理工学院学报（自然科学版），2013，29（5）：1-5.

IIIA 族元素共掺杂 ZnO
透明导电薄膜专利分析

于慧泽　王　蔚　赵　亮　王　蕾　龙巧云

摘　要：本文从专利分布和布局的角度出发，选择以 IIIA 族元素共掺杂 ZnO 透明导电薄膜制备方法作为主题，使用关键词并结合国际专利分类号，对全球专利数据库中的全球发明专利申请进行了检索，得到相关的发明专利申请，对上述数据进行手工筛选分类，并做了研究分析，揭示了我国 IIIA 族元素共掺杂 ZnO 透明导电薄膜领域内发明专利申请的当前状况和未来的发展趋势。

　　近年来，采用 IIIA 族元素共掺杂制备 ZnO 透明导电薄膜已成为研究热点，本文分析了其制备方法的专利申请，描绘出其技术发展路线，并对各种制备方法的代表性专利进行了详细分析，在此基础上，为我国相关创新主体未来研究方向和专利布局提供了建议。

关键词：ZnO 透明导电薄膜　IIIA 族　技术路线 专利布局　代表性专利

一、概　述

（一）透明导电薄膜分类

自 1907 年 Badeker 通过对溅射镉进行热氧化而制备出透明导电氧化物薄膜，并发表了该领域的首篇报道[1]以来，研究者们对透明导电薄膜的兴趣便与日俱增。现在，透明导电薄膜以其高电导率、可见光范围的高透射率、红外光高反射率和良好的半导体特性在光电池、液晶显示、光学记忆、太阳能收集、红外线遥感遥测、气敏传感器、压电换能器、光波导、抗静电涂层和半导体/绝缘体/半导体（SIS 异质结）等方面得到了广泛应用。

　　根据材料的不同，透明导电薄膜又可以分为金属透明导电薄膜、氧化物透明导电薄膜和非氧化物透明导电薄膜。金属透明导电薄膜可以获得良好的导电性，但对金属薄膜来说，其透光性越好，导电性越差，所以金属透明导电薄膜的厚度一般限制在 3~15nm。

非氧化物透明导电薄膜主要是 C 基薄膜，是指利用特殊制备方式获取的金刚石薄膜或石墨烯薄膜，这类薄膜也能具备好的透明导电性能，但目前仍处于实验室研发阶段，离实际应用尚远的其他化合物薄膜指氮化物和硼化物等非氧化物材料的薄膜，如 TiN、ZrN、LaB_4 等。

氧化物半导体薄膜指本征或通过掺杂后具备透明导电性能的氧化物，如 SnO_2、In_2O_3、ZnO、CdO、GaO；它们被掺杂后的复合氧化物等氧化物薄膜具备热学稳定性好、抗氧化性、硬度相对较高且易刻蚀的特点，因此是透明导电薄膜材料选择的一个主要方向。

ZnO 薄膜是目前研究的热门金属透明导电薄膜，国内外众多学者都在进行这方面的研究工作。ZnO 薄膜在诸多领域有重要应用，利用 ZnO 薄膜开发光电性能更好的透明电极、液晶元件电极、太阳电池窗口材料、紫外发光二极管、光波导器件等具有十分广阔的前景。ZnO 薄膜中天然存在锌间隙原子与氧空位，这些缺陷在 ZnO 禁带中引入施主能级，在生长过程中易形成非化学计量比的薄膜，使 ZnO 呈 n 型极性半导体。

ZnO 薄膜的禁带宽度一般在 3.2~3.4eV 之间，通过掺杂可以使禁带宽度扩展到 5eV。ZnO 透明导电薄膜的掺杂研究主要选择 IIIA 族元素，如 Al、Ga 和 In。IIIA 族掺杂元素在 ZnO 中取代 Zn^{2+} 离子，从而提供一个剩余电子，使材料中载流子浓度增加。同样因为这个原因，ZnO 的导带发生兼并，禁带宽度增加。

近年来，为了增加载流子浓度，提高电导率及节约材料成本，采用 IIIA 族元素共掺杂制备 ZnO 透明导电薄膜已成为研究热点。ZnO：Al（AZO）透明导电薄膜的研究始于 1985 年，目前已在太阳电池领域中实现产业化应用，其电阻率为 $5\times10^{-4}\Omega\cdot cm \sim 10^{-3}\Omega\cdot cm$，透光率为 80%~92%。铝原子掺杂的 ZnO（ZAO）薄膜具有成本低廉、无毒、热稳定性高（热稳定温度可以提高到 500℃以上）并且具有可同 ITO 薄膜比拟的光学、电学性质，是开发成本最低的透明导电薄膜，可望成为 ITO 薄膜最佳的替代者[2]。ZnO：Ga（GZO）的研究稍晚，但由于 Ga 掺杂对 ZnO 薄膜晶格的影响更小，因此性能更为优越，也越来越受关注[3]。除了 Ga 的掺杂，也有部分研究着重于 In 掺杂 ZnO 透明导电薄膜的研究，同样获得了高透过率、低电阻率的 ZnO：In 透明导电薄膜[4-5]。

IIIA 族元素共掺杂 ZnO 透明导电薄膜通常用化学气相沉积（CVD）、真空蒸发、电子束蒸发、辉光放电（GD）、液相外延（LPE）、溅射（Sputter）、气相外延（VPE）、金属有机化学气相沉积（MOCVD）、分子束外延（MBE）法、溶胶-凝胶法、沉淀法等方法制备，或者通过热扩散、离子注入掺杂而形成，薄膜的性能因其制备方法的不同而不同。

（二）研究目的

专利是最能反映科技发展最新动态的情报文献，通过对专利文献的统计分析，可以对特定技术领域发展做出趋势性预测、对竞争对手做跟踪研究，从而产生指导国家、行业、企业生产、经营决策的重要情报。虽然 IIIA 族元素共掺杂对 ZnO 透明导电薄膜的制备方法在非专利文献中报道较多，但在专利库中涵盖了相关制备工艺的核心技术，因此，本文将分析 IIIA 族元素共掺杂 ZnO 透明导电薄膜制备方法的相关专利申请数量、年申请量趋势、国别分布，以揭示 IIIA 族元素共掺杂 ZnO 透明导电薄膜制备方法相关技术的研发重点。

二、IIIA 族元素共掺杂 ZnO 导电薄膜的制备方法专利申请总体情况

（一）技术手段及数据检索

专利检索系统采用 S 系统，数据库采用 CNABS 和 VEN 数据库，针对制备方法对 IIIA 族元素共掺杂对 ZnO 透明导电薄膜性能的影响的相关专利进行了检索，数据检索截止时间为 2016 年 11 月 11 日。所涉及的检索要素见表 1。

表 1 检索要素

检索要素	氧化锌透明导电薄膜	组分	方法
关键词（中文）	氧化锌、ZnO；透明、透过；电导、导电、电阻；膜、层、薄膜	B、Al、Ga、In、硼、铝、镓、铟；共掺，掺杂	溅射、溶胶凝胶、沉淀、脉冲激光沉积
关键词（英文）	ZnO、zin oxide；transparen +、transmissib +；conduct+、electric +、resistan +；film+、coat+、layer+	B、Al、Ga、In、boron、alumin？um、gallium、indium；dop+	Sput +、sol 1w gel、precipit +、sediment +、pld、pulse + laser deposit+
分类号	H01B5/14/LOW，H01B13/00/LOW，H01B1/08/LOW，H01L21/34/LOW，H01L33/42/LOW，C23C14/08/LOW，C23C14/22/LOW，C23C16/44/LOW，4K029/CA00/LOW，4K030/BA49/LOW，4K030/FA00/LOW		

所涉及的专利申请的国际专利分类（IPC）和日本专利分类（FT）的分类的定义参见表 2 和表 3。

表 2 IPC 分类号与类名

H01B 5/14	在绝缘支承物上有导电层或导电薄膜的
H01B 13/00	制造导体或电缆制造的专用设备或方法

H01B 1/08	氧化物、按导电材料特性区分的导体或导电物体
H01L 21/34	具有 H01L 21/06、H01L 21/16 及 H01L 21/18 各组不包含的或有或无杂质，例如掺杂材料的半导体器件
H01L 33/42	透明材料（•以电极为特征的•相应的材料）
C23C 14/08	氧化物•以镀层材料为特征的
C23C 14/22	以镀覆工艺为特征的
C23C 14/24	真空蒸发
C23C 14/34	溅射
C23C 16/40	氧化物
C23C 16/44	以镀覆方法为特征的

表 3　FT 分类号与类名

4K029/BA49	ZnO 系统
4K029/CA01	真空蒸发
4K029/CA03	离子束蒸发
4K029/CA05	溅射
4K029/CA07	离子束辅助
4K029/CA10	离子束注入
4K029/CA00	涂层处理方法
4K030/FA01	等离子体处理
4K030/FA06	光照处理
4K030/FA10	热处理
4K030/FA12	高能电子束

经过检索后通过人工去噪、标引，最终得到的检索结果文献量见表 4。

表 4　检索结果文献量

技术分支	溅射法	溶胶凝胶法	沉淀法	脉冲沉积	其他	总计
专利数量/项	18	1	5	1	9	34

（二）IIIA 族元素共掺杂 ZnO 导电薄膜的制备方法专利态势分析

2010 年以前关于 IIIA 族元素共掺杂 ZnO 透明导电薄膜的制备方法的专利申请较少，自 2010 年起申请量逐步增加，如图 1 所示。

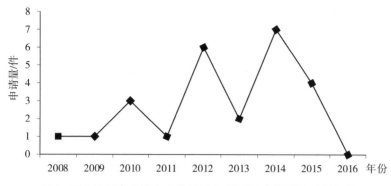

图1 ⅢA族元素共掺杂申请量ZnO透明导电薄膜随时间变化

在本文所采集的数据中，由下列多种原因导致了2015年及之后的专利申请的统计数量是不完全的。如PCT专利申请可能自申请日起30个月甚至更长时间之后才进入国家阶段，从而导致与之相对应的国家公布时间更晚；发明专利申请通常自申请日（有优先权的，自优先权日）起18个月（要求提前公布的申请除外）才能被公布。虽然专利文献数量较少，但仍可看出关于ⅢA族元素共掺杂ZnO透明导电薄膜的制备方法在近期申请量呈上升趋势。

（三）ⅢA族元素共掺杂ZnO导电薄膜的制备方法专利申请人分析

截至2016年11月11日，对全球ⅢA族元素共掺杂ZnO透明导电薄膜不同地区的专利申请量进行比较，其中中国的专利申请量明显高于其他国家。对于除中国外的其他国家，最大的专利来源区域为韩国和日本，并且均有PCT申请，体现出韩国和日本在本领域研发投入较多和技术实力较强，并积极向其国外进行广泛的专利布局，而中国申请人的专利申请大部分仅在国内申请，较少在海外布局。其中LINTEC CORPORATION申请量最大为7件，其次为KOREA ENERGY RESEARCH INST、三星集团、海洋王照明科技股份有限公司、新澳光伏能源公司及国内高校科研院所，申请量均为2件（见表5）。

表5 ⅢA族元素共掺杂ZnO透明导电薄膜申请人

申请人地区	公 司	申请量/件
欧洲	FILS	1
美国	应用材料公司	1
韩国	KOREA ENERGY RESEARCH INST	2
	三星集团	2
	(UYKU-N) UNIV KUNSAN NAT IND ACAD COOP FOUND	1
	SNU R DB FOUNDATION	1

续表

申请人地区	公 司	申请量/件
日本	LINTEC CORPORATION	7
中国	北京航空航天大学英利集团	1
	东北师范大学	2
	大连理工大学	2
	华南理工大学	2
	山东建筑大学	2
	海洋王照明科技股份有限公司	2
	沈阳工程学院	2
	中国科学院宁波材料技术与工程研究所	2
	新澳光伏能源公司	2
其他	KRASNOV ALEXEY；FRATI MAXIMO	2

申请人的类型一般分为个人、企业和科研院校，从图 2 申请单位的类型分布来看，IIIA 族元素共掺杂 ZnO 透明导电薄膜领域专利申请，企业申请占比 59%，科研院校为 36%，个人仅为 5%。说明企业为该领域专利申请主体。

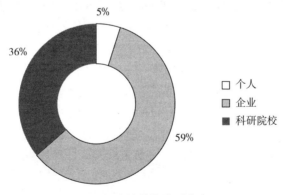

图 2　申请单位类型分布

（四）各技术分支申请态势分析

IIIA 族元素共掺杂制备方法中由于沉淀法工艺发展较早，因此申请量较多，达到 13 件；溅射法次之，为 12 件，如图 3 所示。

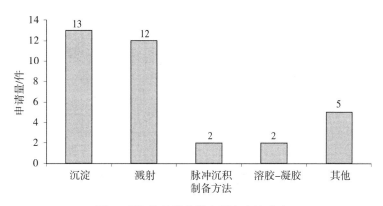

图3　IIIA族元素共掺杂制备方法分布

　　经过统计分析，有关IIIA族元素共掺杂ZnO透明导电薄膜的专利申请主要集中在2010年以后，属于ZnO透明导电薄膜中较新的技术领域。专利申请主要为中国申请，可见其对IIIA族元素共掺杂ZnO透明导电薄膜的研发和投入以及专利申请一直处于较活跃的状态，而韩国和日本紧随其后，且日本的PCT申请在各国市场的专利布局较为均衡，韩国次之，因此日本的专利布局较为有利。中国作为申请量第一的国家，其专利布局有明显劣势，主要集中在国内市场，在其他各国市场的专利布局极少，应当引起业内足够重视，对于基础性或者市场上比较重要的专利应进行国际专利申请，加强专利的全球布局，有利于获得更广泛和更有价值的保护。

三、IIIA族元素共掺杂ZnO导电薄膜的制备方法专利技术分析

　　ZnO的电阻率很高，要想达到可以和ITO相比拟的电学性能，必须对ZnO进行施主掺杂。用于ZnO的施主掺杂元素很多，主要包括B、Al、Ga、In、Sc、Y、Zr、F等。

　　在ZnO中掺杂Al、Ga、In、Sn、Ge，掺杂后ZnO的态密度均向低能方向移动，掺杂后费米能级进入导带，导带底有大量的电子存在，可以提高导电率，但仍然存在许多问题：Zn^{2+}被金属离子替代后，虽然载流子浓度较高，但由于掺杂引起散射中心的增加而致使迁移率不变甚至降低；金属离子的掺杂浓度过高时，晶粒里的金属离子会在内部团簇。团簇后的金属离子将不再贡献电子，反而会使部分产生施主载流子的金属离子发生钝化，致使载流子浓度降低。为解决上述问题，通常采用共掺杂来提高载流子的迁移率。

　　对共掺杂ZnO粉末的具体要求一般是：颗粒尺寸小于100nm，比表面积大于$15m^2/g$并且颗粒形貌呈现球状。粒径分布范围窄、团聚少。氧化锌纳米粒子的制备方法很多，一般可分为物理法和化学法[5]。物理法是采用特殊的粉碎

技术将普通级粉体粉碎；常见的物理法为磁控溅射、脉冲激光沉积法等。化学法则是在控制条件下，从原子或分子层次上成核，生成或凝聚为具有一定尺寸和形状的粒子。常见的化学法有 CVD、溶胶-凝胶法、沉淀法等，通过调控反应条件可获得纳米级或亚微米级的粒子。

（一）制备方法技术发展路线分析

IIIA 族元素共掺杂 ZnO 透明导电薄膜制备方法技术发展路线分析如图 4 所示。

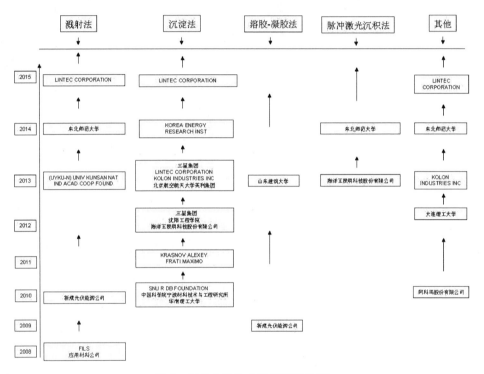

图 4 制备方法技术发展路线分析

2008 年 FILS 公司首先采用溅射法制备 In 和 Ga 共掺杂的 ZnO 透明导电薄膜，随后 2009 年新澳光伏能源有限公司采用溶胶-凝胶法制备了 Al 和 Ga 共掺杂的 ZnO 透明导电薄膜。

2013—2015 年，日本 Lintec Corporation 对溅射法和沉淀法制备工艺做出改进，通过调节 IIIA 族元素的掺杂含量，调整相关工艺参数对薄膜的导电性能做出改进。

随着技术的发展，在现有的溅射法和沉淀法基础上，深圳市海洋王照明技术有限公司、山东建筑大学、大连理工大学等国内高校和研究所在激光脉冲沉积、蒸镀等制备方法上进行了探索，所制备的 IIIA 族元素共掺杂 ZnO 导电薄膜

电阻率可达到 $10^{-4}\Omega\cdot cm$ 数量级。

（二）IIIA 族元素共掺杂 ZnO 导电薄膜的制备方法代表性专利

截至 2016 年，IIIA 族元素共掺杂 ZnO 导电薄膜的制备方法代表性专利如下：

1. 磁控溅射法

磁控溅射方法技术成熟，是被广泛应用的薄膜生长工艺，已用于 ITO 和 ZnO：Al 薄膜的商业化生产。ZnO 薄膜可以用基于 ZnO 陶瓷或粉末靶的射频磁控溅射制备，也可用基于 ZnO 金属靶的直流反应磁控溅射，溅射中通入 O_2 和 Ar，O_2 作为反应气体。用磁控溅射法制备 ZnO 薄膜有很多优点：设备简单、沉积速率高、沉积温度低；容易实现掺杂，方法是对靶材掺杂或者通入反应气体；膜厚比较均匀，可以实现大面积沉积；溅射原子能量高，薄膜的附着力较强；由于溅射是在真空中进行，薄膜的纯度高；可以获得 c 轴择优取向、结晶质量较好、致密的多晶 ZnO 薄膜。

代表性专利有新澳光伏能源有限公司于 2010 年申请的专利 CN102034901A，公开了一种太阳电池，尤其涉及作为太阳电池的前电极的透明导电薄膜及其制备方法和应用。利用三氧化二铝的掺杂浓度为 $0.3\sim2wt\%$，三氧化二镓的掺杂浓度为 $0.5\sim5wt\%$ 的靶材，在有氩气存在的压强为 $0.5\sim3Pa$ 的气体环境中，在温度为 $200\sim300℃$ 的预设有阻挡层的衬底上磁控溅射铝镓共掺氧化锌，形成厚度为 $800\sim1200nm$ 的透明导电薄膜，薄膜电阻率小于等于 $8\times10^{-4}\Omega\cdot cm$，对波长为 $380\sim760nm$ 的光的透过率大于等于 81%，对波长为 $780\sim1100nm$ 的光的透过率大于等于 78%。

韩国（UYKU-N）UNIV KUNSAN NAT IND ACAD COOP FOUND 于 2013 年申请专利 KR1315002B，将 B 和 Al 进行共掺并采用磁控溅射法制备了 ZnO 透明导电薄膜，电阻率为 $2\times10^{-4}\Omega\cdot cm\sim5\times10^{-4}\Omega\cdot cm$。

日本 Lintec Corporation 于 2013 年申请专利 JP2014021981A，通过控制 In/Ga 含量采用溅射方法制备掺杂 Ga 和 In 的 ZnO 透明导电薄膜，将氧化锌的掺杂量定为 80%～98.7% 重量范围内，将氧化镓的掺杂量定为 1%～10% 重量范围内，且将氧化铟的掺杂量定为 0.3%～10% 重量范围内，厚度为波长 550nm 的光线透过率为 90% 以上，电阻率为 $1\times10^{-4}\sim1\times10^{-1}\Omega\cdot cm$。

2. 脉冲激光沉积法（PLD）

脉冲激光沉积法（PLD）是从 20 世纪 80 年代开始发展起来的一种先进的真空物理镀膜方法，主要被用于实验室研究。

图 5 是 PLD 系统示意图[5]。高能量的激光脉冲照射在靶材上，使得靶材表面的材料在瞬间被气化电离，形成了垂直于靶材表面的等离子体羽辉，等离子体羽辉中的各种离子撞击衬底表面并在衬底表面沉积成膜。因为蒸发的粒子具有相当高的动能，所以 PLD 法制备的薄膜可以在相当低的衬底温度下结晶，即使采用多组分的靶材，获得的薄膜也能保持和靶材非常接近的化学计量比，对

靶的表面和形状无特殊要求。但是用 PLD 法难以制备大面积的均匀薄膜。

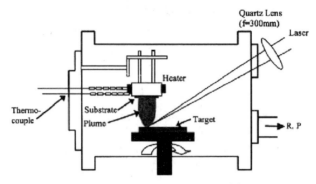

图 5　脉冲激光沉积系统示意[5]

深圳市海洋王照明技术有限公司于 2012 年申请专利 CN103668064A，公开了一种铝镓共掺杂氧化锌导电薄膜，对共掺元素的含量进行进一步调整，其中 $0.005 \leq$ Al 离子含量 ≤ 0.05，$0.005 \leq$ Ga 离子含量 ≤ 0.08，采用脉冲激光方法制得铝镓共掺杂氧化锌导电薄膜的可见光透过率达 88%、电阻率为 $0.96 \times 10^{-4} \Omega \cdot cm$。

3. 溶胶-凝胶法

溶胶-凝胶法是以无机盐、醇盐或者混合醇盐为原料，首先将原料分散在溶剂中，然后经过水解反应生成活性单体，活性单体进行聚合开始成为溶胶，再生成具有一定空间结构的凝胶，最后经过干燥和热处理制备出纳米粒子和所需的材料。利用乙酸锌 $[Zn(CH_3COO)_2]$ 为原料，在有机介质中进行水解、缩聚反应，使溶液经溶胶、凝胶化过程得到凝胶，凝胶经干燥后煅烧成纳米 ZnO 粉体。该法的优点是产物均匀度高、纯度高、反应过程易控制，但成本昂贵，故售价较高。制备流程框图如图 6 所示[5]。

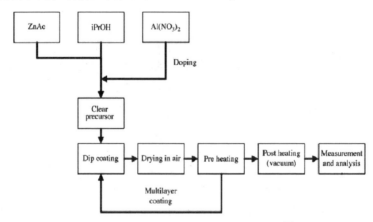

图 6　溶胶凝胶法制备 ZnO 薄膜的流程[5]

山东建筑大学于 2012 年申请专利 CN102877049A，公开了一种透明导电薄膜的制备方法，采用溶胶-凝胶法制备 ZnO 基薄膜，利用 Al^{3+} 和 Ga^{3+} 的共掺杂获得具有优良光电性能的透明导电薄膜。所述的溶胶配制工序中，溶胶浓度为 1.0mol/L，溶液中金属离子浓度满足 C（Zn^{2+}）+C（Al^{3+}）+C（Ga^{3+}）= 100%，按 97.5 at% Zn^{2+}+2.0at% Al^{3+}+0.5at% Ga^{3+} 配制，Al^{3+}/Ga^{3+} = 4；混合液在水浴锅中的搅拌温度为 60℃。

4. 沉淀法

沉淀法是液相化学反应中比较重要的制备纳米粉体的方法之一。其原理是：在原料溶液中加入适当的沉淀剂，使得原料溶液中的阳离子形成各种形式的前驱沉淀物，然后经过滤、洗涤，再经加热分解制得纳米粉体。沉淀法以无机盐为原料，具有原料便宜易得、成本低的优势，是最经济的制备方法。而且设备简单、工艺过程易控制、易于商业化。但是，因必须通过液固分离才能得到沉淀物，又由于 SO_4^{2-} 或 Cl^- 等无机离子的大量引入，需要经过反复洗涤来除去这些离子，所以存在工艺流程长、废液多、产物损失较大的缺点，而且由于完全洗净无机离子较困难，因而制得的粉体纯度不高，适用于对纳米粉体纯度要求不高的应用领域。根据沉淀的方式，沉淀法可分为直接沉淀法、均匀沉淀法等。

（1）直接沉淀法

这种方法是使溶液中的金属阳离子直接与沉淀剂发生化学反应而形成沉淀物。具体来说直接沉淀法是在包含一种或多种离子的可溶性盐溶液中加入沉淀剂后（如 OH^-、$C_2O_4^{2-}$、CO_3^{2-} 等），于一定条件下生成沉淀从溶液中析出，将阴离子除去，沉淀经热分解得到纳米 ZnO。直接沉淀法操作简便易行，对设备、技术需求不高，有良好的化学计量性，成本较低；但粒子粒径分布较宽，分散性较差，洗除原溶液中的阴离子较困难。

中国科学院宁波材料技术与工程研究所于 2010 年申请专利 CN101845614A，公开了一种氧化锌基溅射靶材的制备方法，采用直接沉淀法将盐溶液按比例和规定工序，制得掺杂有铝、镓、铟、锡、硼、铬、钒中的一种掺杂元素或多种掺杂元素的氧化锌纳米粉体溅射镀膜。

（2）均匀沉淀法

为了避免直接添加沉淀剂而产生的体系局部浓度不均匀现象，均匀沉淀法是在溶液中加入某种物质，这种物质不会立刻与阳离子发生反应生成沉淀，而是在溶液中发生化学反应缓慢地生成沉淀剂。只要控制好沉淀剂的生成速度就可避免浓度不均匀现象，使体系的过饱和度维持在适当的范围内，从而控制粒子的生长速度，制得粒度均匀的纳米粒子。

北京航空航天大学英利集团有限公司于 2013 年申请专利 CN103408062A，公开了一种铝镓共掺氧化锌纳米粉末及其高密度高电导溅射镀膜靶材的制备方法，采用均相共沉淀法将三种透明溶液按比例和规定工序制得铝镓共掺氧化锌纳米粉末溅射镀膜，其电阻率为 $2 \times 10^{-3} \Omega \cdot cm$ 以下，甚至可达到 $7.3 \times 10^{-4} \Omega \cdot cm$。

5. 其他方法

除了常用的物理法和化学法外，还包括其他如蒸镀、分子束外延（MBE）等方式制备掺杂的 ZnO 透明导电薄膜。

大连理工大学于 2012 年申请专利 CN102534496A，公开了一种高热稳定性透明导电薄膜及其制备方法和应用，并指出薄膜中镓的掺杂是为了提高薄膜的热稳定性和导电性，少量镓掺杂可有效提高氧化锌薄膜的热稳定性，从而延长其使用寿命，而镓是一种贵金属元素，价格相对其他普通金属较高。采用第 IIIA 族元素 B、Al 或 In 的一种进行共掺杂，少量镓元素可保证薄膜的热稳定性，其他掺杂元素可保证薄膜的导电性。如实际应用要求薄膜具有较高的热稳定性，此时可适当提高薄膜中镓的掺杂含量降低其他共掺杂元素的掺杂含量；如实际应用要求薄膜具有较低的电阻率而对耐热温度没有太高要求，此时可适当降低薄膜中镓的掺杂含量同时提高其他共掺杂元素的掺杂含量。采用第 IIIA 族元素中的一种和镓共掺杂的氧化锌透明导电薄膜，将氧化锌、氧化镓和第 IIIA 族元素的氧化物中的一种混合，压制烧结得到陶瓷靶；其中，第 IIIA 族元素中的一种和镓共掺杂总含量为（0.5~5）at%，在 $10^{-3}Pa$、250℃、2r/min 下通入氩气和氧气的混合气体，开始蒸镀；所述的蒸镀在高压为 6kV，电子束流为 30mA，蒸镀时间为 30min 下进行，制备的薄膜热稳定性>300℃和电阻率<$10^{-2}\Omega \cdot m$。

通过分析专利的情况，可以发现最早制备 IIIA 族元素共掺杂 ZnO 透明导电薄膜的方法为溅射法，因此制备工艺成熟，但制备工艺复杂，成本较高。国外专利主要集中在韩国和日本两个亚洲国家，薄膜的电阻率可达到 $1 \times 10^{-4}\Omega \cdot cm$；对于国内专利，采用溅射法制备的透明导电薄膜的电阻率也可达到 $8 \times 10^{-4}\Omega \cdot cm$。相较溅射法而言，沉淀法所需设备都比较简单，并且都能制备出纳米级掺杂 ZnO 粉末。均相共沉淀法由于采用尿素受热在液体中均匀产生氨水，所以掺杂 ZnO 晶粒大小均匀，主要分布在 10~30nm 范围内，并且对环境污染较小，不过工艺周期长，不适合规模生产；对于同样可达到 $10^{-4}\Omega \cdot cm$ 数量级的脉冲激光沉积法（PLD）而言，因为蒸发的粒子具有相当高的动能，所以 PLD 法制备的薄膜可以在相当低的衬底温度下结晶，即使采用多组分的靶材，获得的薄膜也能保持和靶材非常接近的化学计量比，对靶的表面和形状无特殊要求，但是用 PLD 法难以制备大面积的均匀薄膜。国内申请人出于节约成本和简化制备工艺的角度，大多采用如离子束增强沉积、均相共沉淀、溶胶-凝胶、脉冲激光、烧结的制备方法，虽未达到溅射法的低电阻率，但也达到了相同数量级的低电阻性能，如采用均相共沉淀法可制备电阻率为 $7.3 \times 10^{-4}\Omega \cdot cm$ 的铝镓共掺氧化锌透明导电薄膜。

综上所述，采用溅射法制备大面积的 IIIA 族元素共掺杂 ZnO 透明导电薄膜是现有技术中最常规的做法，虽然国内专利技术制备的 IIIA 族元素共掺杂 ZnO 透明导电薄膜的电阻率没有达到 $1×10^{-4}\Omega\cdot cm$，但也达到相同数量级的低电阻性能。

四、结 论

本文基于目前公开的全球专利申请，简述了 IIIA 族元素共掺杂 ZnO 透明导电薄膜的发展和改进。从上面的专利分析可以看出，全球 IIIA 族元素共掺杂 ZnO 透明导电薄膜专利技术存在如下特点：

（一）专利申请量

IIIA 族元素共掺杂 ZnO 透明导电薄膜自 2010 年以来进入迅速发展时期，尤其是在近年来申请量呈上升之势。

（二）专利申请人

在 IIIA 族元素共掺杂 ZnO 透明导电薄膜制备方法技术领域，国外专利申请主要集中在韩国和日本，且日本在各国市场的专利布局较为均衡，韩国次之。例如韩国三星集团和日本的 Lintec Corporation 公司的研究范围几乎覆盖了所有的 IIIA 族元素的共掺杂组合。

中国为 IIIA 族元素共掺杂 ZnO 透明导电薄膜制备方法技术领域的主要申请国，国内公司开始注重整体技术布局，例如，深圳海洋王照明科技股份有限公司，其专利技术在在多种制备方法上实现了技术覆盖。同时，全球主要申请人中，我国有华南理工大学入榜，可见我国 IIIA 族元素共掺杂 ZnO 透明导电薄膜领域的研发在高校等科研单位的研发实力较强。中国作为申请量第一的国家，其专利布局有明显劣势，主要集中在国内市场，没有进行国际专利 PCT 的申请，应当引起业内足够重视，对于基础性或者市场上比较重要的加强专利的全球布局，有利于获得更广泛和更有价值的保护。

（三）IIIA 族元素共掺杂 ZnO 透明导电薄膜制备方法发展趋势建议

IIIA 族元素共掺杂 ZnO 透明导电薄膜的制备方法主要集中在溅射方法和液相化学沉淀法。

出于产品的产业化角度，国外专利主要集中在溅射方法和沉淀法，其中日本采用溅射方法 IIIA 族元素共掺杂 ZnO 透明导电薄膜性能最为优异，但制备成本较高，制备工艺较为复杂。

为节约制备成本和简化制备工艺，中国申请人掌握如溶胶–凝胶、脉冲激光沉积等制备方法的核心技术，虽未达到溅射法的低电阻率，但也达到了相同数量级的低电阻性能。

根据上述的 IIIA 族元素共掺杂 ZnO 透明导电薄膜技术发展情况和趋势，我国研究机构或企业可以相应调整研发方向和专利布局，例如，在继续优化传统制备方法，如溅射法和沉淀法的同时，关注脉冲沉积法、溶胶–凝胶法等新型透明导电薄膜的技术发展动态，重视新型制备方法的研究，尤其是脉冲沉积法已经可以制备媲美传统方法的低电阻率的 IIIA 族元素共掺杂 ZnO 透明导电薄膜，以及开发低成本、可大面积生产的 IIIA 族元素共掺杂 ZnO 透明导电薄膜生产工艺。

参考文献

［1］ Badeker K. Uber die elektrische Leitfahigkeit und die thermoelektrische Kraft einiger Schwermetallverbindungen ［J］. Annalen Der Physik, 1907, 327（4）: 749-766.

［2］ Minami T, Nanto H, Takata S. Highly conductive and transparent ZnO thin films prepared by r. f. magnetron sputtering in an applied external d. c. magnetic field ［J］. Thin Solid Films, 1985, 124（1）: 43-47.

［3］ Khranovskyy V, Grossner U, Nilsen O, Lazorenko V, Lashkarev G V, Svensson B G, Yakimova R. Structural and morphological properties of ZnO: Ga thin films ［J］. Thin Solid Films, 2006, 515（2）: 472-476.

［4］ Luna-Arredondo E J, Maldonado A, Asomoza R, Acosta D R, Melendez-Lira M A, Olvera M de la L. Indium-doped ZnO thin films deposited by the sol-gel technique ［J］. Thin Solid Films, 2005, 490（2）: 132-136.

［5］ 龚丽. ZnO 基透明导电膜的制备与掺杂研究 ［D］. 杭州：浙江大学，2011.

海底可燃冰勘探开采技术专利布局

孟　渊　刘　锋　李　皓

摘　要: 本文分析了海底天然气水合物勘探开采技术的全球专利申请态势，对比了国内外主要申请人的申请特点，梳理了其主要的技术分支，结合技术分支对勘探开采技术的技术演进路线进行了研究，归纳总结了萌芽期、快速增长期与成熟平稳期三个阶段，并分析了各个阶段的重点专利。结合国内技术的发展特点，根据技术演进路线，提出了我国相关技术在未来需要关注的关键问题以及发展趋势，为国内海底天然气水合物勘探开采技术的研发提供了可靠的依据。

关键词: 可燃冰　天然气　水合物　海底　探测　开采

一、概　述

1. "可燃冰" 简介

"可燃冰" （英译名: Flammable ice，Fire ice），学名天然气水合物（Natural Gas Hydrate，简称 Gas Hydrate），因其外观像冰一样且遇火即可燃烧而得名。天然气水合物是分布于深海沉积物或陆域的永久冻土中，由主体分子（水）和客休分子（甲烷、乙烷等烃类气体，及氮气、二氧化碳等非烃类气体分子）在低温（-10～+28℃）、高压（1～9MPa）条件下，通过范德华力相互作用，形成的结晶状笼形固体络合物。水合物具有极强的储载气体能力，每立方米天然气水合物可储载 160～180m³ 天然气[❶]。

天然气水合物分布范围广、规模大、能量密度高，近二十年来在海洋和冻土

---

❶ 陈光进，等. 气体水合物科学与技术 [M]. 北京: 化学工业出版社，2008.

带发现的天然气水合物资源量巨大，甲烷的总资源量为 $(1.8\sim2.1)\times10^{16}m^3$，有机碳储量相当于已探明矿物燃料（煤、石油、天然气）的两倍❶。同等条件下，天然气水合物燃烧产生的能量比煤、石油、天然气要多出数十倍，而且燃烧后不产生任何残渣和废气，高效绿色，因而，天然气水合物被誉为"后石油时代"最有希望的战略资源❷，许多国家对其做了大量的研究和探索工作，应用领域涉及水资源、环保、气候、油气储运、石油化工、生物制药等诸多领域，研究、开发和利用水合物中的天然气资源已成为各国政府在能源领域的当务之急❶。

2. 天然气水合物的研究历程

早在 20 世纪 30 年代，天然气水合物就在远东地区的天然气输送管道内被发现，此后，许多国家都在天然气水合物调查研究方面给予了高度重视。据资料显示，迄今至少已在全球 116 个地区发现天然气水合物，其中陆地 38处（永久冻土带），海洋 78 处。国外天然气水合物研究历程始于苏联科学家 Davy 于 1810 年首次在实验室发现氯气水合物，其后，美国、加拿大、德国、日本等国家，从能源储备战略角度考虑，纷纷制订了长远发展规划和实施计划，在天然气水合物探测及开采方面投入大量研究❸❹❺❻，1969—1999 年，以美国为首的 DSDP 及其后继的 ODP 在 10 个深海地区发现了大规模天然气水合物聚集；2000 年开始，可燃冰的研究与勘探进入高峰期，世界上至少有 30 多个国家和地区参与其中。日本希望 2018 年开发出成熟技术，实现大规模商业化生产❽。我国自从 1999 年国土资源部启动天然气水合物资源调查以来，完成了在珠江口盆地、南海西沙海槽、青藏高原冻土区、南海北部、祁连山冻土区等多地开展调查、测量、取样，并主办国际天然气水合物大会，更于近年来不断突破技术瓶颈，取得多项技术攻关，快速追赶并达到国际先进水平❼❽❾❿⓫。按照我国战略规划的安排，2006—2020 年是调查阶段，2020—2030 年是开发试

---

❶ 陈光进，等. 气体水合物科学与技术 [M]. 北京：化学工业出版社，2008.

❷ 宋广喜，等. 国内外天然气水合物发展现状与思考 [J]. 国际石油经济，2013（11）：69-76.

❸ Sloan E D. Conference Overview [J]. Int. Conf. on Nat. Gas Hydrates, 1st, New York Academy of Science, 1994, 715：1-23.

❹ 李小森. 天然气水合物能源的勘探与开发 [J]. 现代化工，2008，28（6）：1-13.

❺ 钟水清，熊继有，孟英峰，等. 我国 21 世纪天然气商机研究及其展望 [J]. 钻采工艺，2007，30（5）：93-98.

❻ 孙萍. 东亚、东南亚部分国家 2004—2005 年度油气勘探进展 [J]. 天然气地球科学，2006，17（2）：256-260.

❼ 中国申请人首次海域天然气水合物（可燃冰）试采成功 [EB/OL].（2017-05-18）. 凤凰.

❽ 我国在珠江口海域钻获高纯度"可燃冰" [EB/OL].（2013-12-17）. 新华网.

❾ 中国申请人可燃冰开采技术获突破性进展达国际先进水平 [EB/OL].（2017-01-30）. 凤凰资讯.

❿ 中国申请人成功开采超级能源：4 年反超日本申请人稳居世界第一 [N]. 人民日报，2017-05-18.

⓫ 邹才能. 非常规油气地质 [M]. 北京：地质出版社，2013：330.

生产阶段，2030—2050 年，中国可燃冰将进入商业生产阶段，把天然气能源民用化。

3. 海底天然气水合物分布

天然气水合物在自然界广泛分布于大陆永久冻土、岛屿斜坡地带、大陆边缘隆起处、极地大陆架以及海洋和一些内陆湖的深水环境。海底已发现的天然气水合物主要分布区域是大西洋海域的墨西哥湾、加勒比海、南美东部陆缘、非洲西部陆缘和美国东海岸外的布莱克海台等，西太平洋海域的白令海、鄂霍茨克海、千岛海沟、冲绳海槽、日本海、四国海槽、日本南海海槽、苏拉威西海和新西兰北部海域等，东太平洋海域的中美洲海槽、加利福尼亚滨外和秘鲁海槽等，印度洋的阿曼海湾，南极的罗斯海和威德尔海，北极的巴伦支海和波弗特海，以及大陆内的黑海与里海等❶。据统计，全球已累计发现超过 230 个天然气水合物矿区。我国天然气水合物资源主要分布在南海、东海海域、青藏高原以及东北冻土带，其资源量分别约为 $64.97×10^{12}m^3$、$3.38×10^{12}m^3$、$12.5×10^{12}m^3$ 和 $2.8×10^{12}m^3$。图 1 为天然气水合物全球分布图。

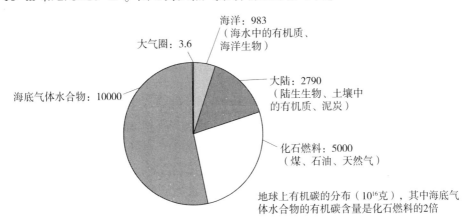

图 1　天然气水合物全球分布❷

天然气水合物的生成至少要满足三个条件：温度、压力和原材料。第一是低温，可燃冰在 0~10℃ 时生成，超过 20℃ 便会分解，海底温度一般保持在 2~4℃；第二是高压，可燃冰在 0℃ 时，只需 30 个大气压即可生成，而以海洋的深度，30 个大气压很容易保证；第三是气源，海底的有机物沉淀中丰富的碳经过生物转化，可产生充足的甲烷气源。海底的地层是多孔介质，在温度、压力、气源三者都具备的条件下，可燃冰水合物就会在介质的空隙间

❶　许红，黄君权，夏斌，等. 最新国际天然气水合物研究现状与资源潜力评估（上）[J]. 天然气工业，2005，25（5）：18-25.

❷　邹才能. 非常规油气地质 [M]. 北京：地质出版社，2013：330.

生成。据潜在气体联合会（PGC，1981）估计，永久冻土区天然气水合物资源量为 $1.4 \times 10^{13} \sim 3.4 \times 10^{16} \, \mathrm{m}^3$，包括海洋天然气水合物在内的资源总量为 $7.6 \times 10^{18} \, \mathrm{m}^3$。

4. 天然气水合物的开采勘探标识及主要开采方法

（1）天然气水合物的开采勘探标识

天然气水合物可以通过底质沉积物取样、钻探取样和深潜考察等方式直接识别，也可以通过拟海底反射层（BSR）、速度和震幅异常结构、地球化学异常、多波速测深与海底电视摄像等方式间接识别。

（2）天然气水合物的主要开采方法

由于可燃冰在常温常压下不稳定，目前开采可燃冰的方法主要分为传统开采方法和新型开采方法。

传统开采方法：

1）热激法开采法：通过直接对天然气水合物层进行加热，使天然气水合物层的温度超过其平衡温度，从而促使天然气水合物分解的开采方法。加热方式的不断改进促进了热激法开采法的发展。但这种方法热利用效率较低，而且只能进行局部加热，有待进一步完善。

2）减压开采法：通过降低压力促使天然气水合物分解的开采方法。减压途径主要有两种：①采用低密度泥浆钻井达到减压目的；②当天然气水合物层下方存在游离气或其他流体时，通过泵出天然气水合物层下方的游离气或其他流体来降低天然气水合物层的压力。减压开采法无需连续激发、成本低，适合大面积开采，尤其适用于存在下伏游离气层的天然气水合物藏的开采。但只有水合物藏位于温压平衡边界附近，减压开采法才具有经济可行性。

3）化学试剂注入开采法：通过向天然气水合物层中注入化学试剂，如盐水、甲醇、乙醇、乙二醇等，破坏水合物藏的相平衡条件进而促使其分解。该方法可降低初期能量输入，但缺陷却很明显，所需的化学试剂昂贵、对水合物层作用缓慢，还会带来环境问题。

新型开采方法：

1）CO_2 置换开采法：在一定的温度、压力条件下，相对于天然气水合物，CO_2 水合物则易于形成并保持稳定，向天然气水合物藏内注入 CO_2 气体，CO_2 气体就可能与天然气水合物分解出的水生成 CO_2 水合物，该过程释放出的热量又可使天然气水合物的分解反应得以持续地进行下去，进而完成 CO_2 置换天然气 CO_2 水合物。

2）固体开采法：直接采集海底固态天然气水合物，具体步骤是：首先促使天然气水合物在原地分解为气液混合相，采集混有气、液、固体水合物的混合泥浆，然后将这种混合泥浆导入海面作业船或生产平台进行处理，促使天然气水合物彻底分解，从而获取天然气。

二、专利申请基本情况分析

本文以中国专利文摘数据库 CNABS 和德温特世界专利索引数据库和世界专利文摘数据库组成的虚拟数据库 VEN 作为检索数据库，对海底"可燃冰"勘探开采专利申请进行梳理，分析其研发方向和发展趋势。

1. 1983—2017 年国内外申请量分布

1983 年 6 月 27 日至 2017 年 1 月 24 日，涉及海底天然气水合物勘探开采技术的国内外专利共有 777 篇，图 2 是各国申请量分布，从中可以看出，中国的申请量为 274 件，居于首位，其次是日本 83 件，美国 59 件，韩国 23 件，欧洲专利局 22 件，加拿大 20 件，俄罗斯 19 件。

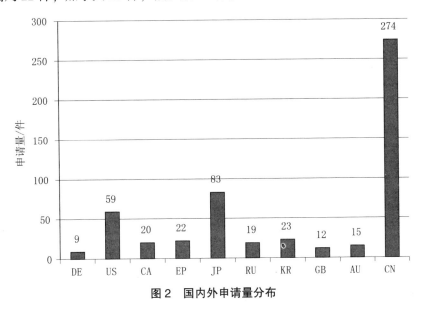

图 2　国内外申请量分布

从申请数量来看，中国申请量位于首位。然而，我国在海底天然气水合物勘探开采领域的研究起步较晚，与国际水平还存在着一定差距，从图 3 国内外申请逐年分布图中可以看出，国内申请大多集中于 2003 年之后，而国外申请在 1996 年左右已开始有较大申请量，此外，除去 PCT 的申请量，国内自主申请也集中于 2003 年之后。图 3 中申请量在 2017 年表现出的骤降，是由于申请文件尚未公开造成的。

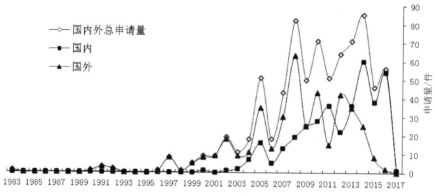

图3　国内外申请量逐年分布

2. 国内外申请人分布

海底天然气水合物勘探开采技术的国内外申请人分布如图4和图5所示。

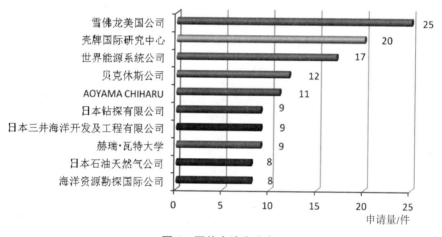

图4　国外申请人分布

从图4可以看出，国外申请的龙头企业主要集中在美国和日本，包括雪佛龙美国公司25件、美国世界能源系统公司17件、美国贝克休斯公司12件、日本 AOYAMA CHIHARU 11件、日本钻探有限公司9件、日本三井海洋开发及工程有限公司9件、日本石油天然气公司8件、美国海洋资源勘探国际公司8件，其他国家中壳牌国际研究中心、赫瑞·瓦特大学、康菲石油公司、哈里伯顿能源服务公司也有较多申请。

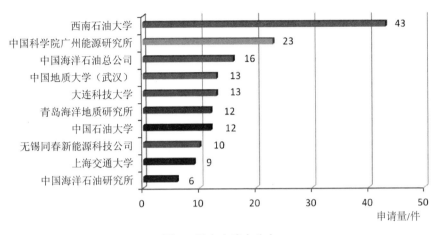

图 5 国内申请人分布

从图 5 可以看出，国内申请中申请人主要集中在高校、研究院所和大型石油公司中，其中西南石油大学 43 件，居于首位，其次是中国科学院广州能源研究所 23 件，中国海洋石油总公司 16 件，中国地质大学（武汉）13 件，大连科技大学 13 件。

通过对国内外申请人分布进行对比可以清楚地看出：国外申请人主要集中在大型企业中，排名前 10 位中有 9 位为企业申请，其中唯一的高校申请人赫瑞·瓦特大学排名第 8 位；而国内申请人较多集中于研究所、高校等研究机构，排名前 10 位仅有 2 位为企业申请，其余 8 位申请人均为研究所、高校等研究机构。可见，我国在海底天然气水合物勘探开采领域已有大量的基础研究，目前亟须加快基础研究的市场化转型，这也是更快占领海底天然气水合物勘探开采领域自主知识产权和市场的当务之急。

另外，2017 年 1 月，经 10 余年技术攻关，吉林大学科研团队研发出天然气水合物冷钻热采关键技术，填补了国内该领域空白，总体达到国际先进水平，然而，根据对吉林大学在海底天然气水合物勘探开采领域的专利申请情况进行跟踪，其相关申请量仅为 5 件，且其首次提出的"主动式降温冷冻取样"技术方案并没有进行专利申请，这也是国内各研究所、高校等研究机构及各企业普遍存在的问题，即普遍缺乏对拥有自主知识产权的深刻认识。同时，经过对在海底天然气水合物勘探开采领域有关研究所和高校的专利文献和非专利文献的对比，发现大多数研究所和高校实际研究内容远超出专利申请文件中请求保护的技术内容。经过对中外专利申请量的对比还发现，相对于国外申请，国内申请同族数极少，也说明我国相关专利申请亟须在全球进行专利布局，以实现自主知识产权的有效保护。随着我国科研实力的增强及对知识产权重视程度的提高，深化我国各研究所、高校等研究机构及各企业、科研工作者整体对知识产权的重要性的理解，并落实在具体的知识产权获取和保护上尤为重要。

三、技术手段及其分布

对 777 项专利申请进行分析和梳理后，对其中主要的技术手段进行分析，图 6 是海底"可燃冰"勘探开采专利技术手段及其分布。海底"可燃冰"勘探开采专利申请中采取的技术手段主要包括热激法开采法、减压开采法、化学试剂注入开采法、CO_2 置换开采法、固体开采法以及高速射流/扰动等开采法，开采模式也从传统的单向能源输入取出天然气/天然气水合物的开采模式向兼顾能源节约的能量循环开采模式演变。经对开采模式进行统计能够发现，采用能量循环开采模式约占全部开采模式的 6.03%。

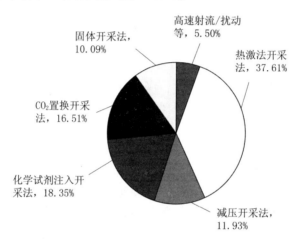

图 6　海底天然气水合物勘探开采专利技术手段及其分布

四、技术演进路线

海底天然气水合物勘探开采技术演进主要分为三个阶段：第一阶段初始萌芽期，第二阶段快速增长期和第三阶段成熟平稳期。

1. 第一阶段初始萌芽期的演进路线

第一篇关于海底天然气水合物勘探开采专利技术文献出现于 1983 年，其后 1983—1999 年处于海底天然气水合物勘探开采专利技术的初始萌芽期。在此期间涉及的开采方法包括热激法开采法、减压开采法、化学试剂注入开采法、CO_2 置换开采法和极少量的固体开采法，并涉及兼顾能源节约的能量循环开采模式。

1990 年 7 月 11 日申请的前苏联专利申请 SU4864664A 中提出，利用在管道中投入催化剂及加热的方法开采深海天然气及其水合物，此篇专利申请涉及热激法和化学试剂注入开采法，是在苏联天然气水合物领域技术人员前 50 多年研究的基础上提出的，苏联申请人开始着手天然气水合物相关知识产权的保护。

随着日本对天然气水合物的关注和研究投入，1991 年 3 月 18 日出现了第一篇专利文献 JP5247691A，公布了海底天然气水合物开采的 CO_2 置换开采法：将液化 CO_2 注入水合物层，并利用 CO_2 转换为 CO_2 水合物产生的潜热进一步使天然气水合物分解。该开采方法利用水合物生成原理中天然气与 CO_2 水合物生成气之间平衡条件的差别，在适宜的压力下注入（液化）CO_2，与天然气水合物接触并达到气—固平衡，使水合物中的部分天然气组分释放出来，而 CO_2 进入水合物相。该篇专利成为初始萌芽期的重要专利文献，其同族被引用数达到 253 次，一定程度上为 CO_2 置换开采法的研究奠定了基础。

1996 年 10 月 2 日申请的美国专利 US19960720825A 提出了化学试剂注入开采的技术方案：通过海底井管注射酸性和基础液体化学试剂，通过反应产生热盐溶液，进而使天然气水合物分解完成天然气的开采，为海底天然气水合物勘探开采提供了新的思路。

前述采用热激法和化学试剂注入法开采海底天然气水合物的显著缺点在于能源的投入过高，1998 年 8 月 18 日申请的日本专利 JP23209498A 就该问题提出了解决的技术方案：能量循环开采模式，其提出一种新型能源系统用于海上作业，将从燃烧废气中分离出的 CO_2 注入海底天然气水合物层，置换开采出甲烷气供能源系统燃烧提供电能、热能等能源，再从燃烧废气中分离出 CO_2，实现 CO_2 及能源的循环使用。该技术方案首次体现了科研工作者们对海底天然气水合物开采过程中最重要的能源来源问题的思考。

1999 年 2 月 13 日申请的德国专利 DE19906147A 中提出了一种从海底提取甲烷水合物的方法，其将输送管道引入甲烷水合物的下部区域，并从中送入高压空气，利用管道中自下而上形成的强气流夹带固态甲烷水合物上行，并在上行过程中使水合物进一步融化。此篇文献体现了固体开采法的雏形。随后，同年 9 月 20 日申请的美国专利 US19990399246A 提出了减压开采法：在海底表面罩一伞状保护层用于集气，通过一定温度下的海水、水或热水促进天然气水合物气化，在保护层表面连接输气管道对甲烷气进行抽吸，进而形成低压区域促进天然气水合物的分解。

在海底天然气水合物勘探开采专利技术文献的初始萌芽期，申请量较少，但基本开采方法均有涉及，并就开采所使用的能源成本问题提出了部分解决思路。

2. 第二阶段快速增长期的演进路线

2000 年开始，可燃冰的研究与勘探进入高峰期，世界上至少有 30 多个国家和地区参与其中，伴随着该研究热潮，相关专利申请进入快速增长期，快速增长期主要为 2000—2008 年间。在此期间，除了在初始萌芽期提到的开采方法，还出现了高速射流/扰动、电磁波、超声波等打破天然气水合物藏稳定状态的开采方法，出于对节约能源方面的考虑还提出了使用地热、太阳能等可再生能源的概念，并提出了多相混输、海水浓缩制热盐水等开采技术，对于天然气水合物性能研究中使用的模拟系统和探测系统也开始着手专利申请。在该快速增长期，我国相关专利申请奋力直追，相对第一阶段初始萌芽期取得了显著进步。

对于化学试剂注入法中化学试剂种类的探索：2001 年 7 月 13 日的德国专利申请 DE10134224A，采用硅酯化合物用于天然气水合物抑制剂替代常规化学抑制剂（甲醇，乙醇）抑制油气管道天然气水合物生成；2001 年 11 月 13 日的美国专利申请 US20010337714P 中，采用化学制剂（包括水、羟基聚合物如醇酯等、交联剂、交联延迟剂、促分解剂和气体水合物抑制剂）抑制水合物的形成；2002 年 12 月 25 日的日本专利 JP2002375298A 和 2006 年 9 月 7 日的中国专利申请 CN200610037582，均采用分解促进剂提高天然气水合物的分解速率来实现天然气水合物的开采；2006 年 10 月 9 日的美国专利申请 US20060850181P 则公开了使用纳米催化剂，其纳米催化剂可以包含钴、铁、镍、钼、铬、钨、钛、其氧化物、其合金、其衍生物或其组合；2007 年的中国专利申请 CN200710026918、CN200710026857 中则公开了使用海水浓缩加热装置制备热盐水，进而促进天然气水合物分解的技术方案。由此可知，化学试剂的研制开始多样化。

对于开采模式的探索，一是生产方法由初始萌芽期的单井生产法向双井、多井生产法演进，单井生产法不能实现连续生产，2002 年 12 月 25 日提交的日本专利申请 JP2002375298A 通过多井道向海底天然气水合物层中注入高温物质或分解促进剂，使天然气水合物分解并输出；2003 年 8 月 8 日的日本专利申请 JP2003289857A 在天然气水合物矿藏设置多个平行井道，井道间设有加热器，使热水或水蒸气在井道间循环流动，进而分解水合物；2008 年 12 月 5 日提交的韩国专利申请 KR20080123027A、KR20080123025A 使用 CO、CO_2 蒸气通入天然气水合物层，置换天然气水合物，两通道分别输入输出，提高了天然气水合物的开采效率。二是热源的来源由单元向多元演进，2003 年的日本专利申请 JP2003120864A，通过燃烧开采出的天然气水合物为开采提供热水和 CO_2 及所需电力能源，实现循环开采，2004 年的日本专利申请 JP2004020524A 提供了一个封闭的能源系统，同样通过海面工作平台上的能源转化器将开采的水合物气体的能量转化为电能，并将该过程中释放的热能用于加热水合物分解的水，热水输入水合物层用于天然气开采；2005 年的中国专利申请 CN200510045398 则提供了一种深部地热水循环开采海底水合物的方法，由至少两口井组成一个注采井组，利用深部热地层水上行促进水合物的分解，2007 年的日本专利申请

JP2007196650A 同样利用地热水促进水合物的分解；2007 年的中国专利申请 CN200710011137 公开了一种利用太阳能加热开采天然气水合物的方法和装置，利用多个聚光器采集太阳能，经光纤输送至井下的天然气水合物储层来开采天然气，开采的效率高、经济性好且环保；而 2007 年的中国专利申请 CN200810236855 公开的一种海底天然气水合物开采方法同样是利用太阳能，通过太阳能发电加热地层使海底天然气水合物分解从而收集产生的天然气。三是开采模式由单一法向复合法的转变，并开拓新的开采模式，通过将多种开采方式复合使用，提高天然气水合物的开采效率，2002 年的日本专利申请 JP2002010757A 通过管道向天然气水合物层喷射高性能流体（黏合剂，化学试剂，CO_2），破坏水合物层，使其与流体混合物输出到地上，在水下分解并开采，喷射流体则填充水合物空隙，该技术方案是化学试剂注入开采法、CO_2 置换开采法、固体开采法与高速射流/扰动开采法的复合；中国科学院广州能源研究所于 2006 年提交的专利申请 CN200610037582 公开了一种原位催化氧化热化学法开采天然气水合物的方法：向水合物储层注入水合物分解促进剂分解天然气水合物，同时在安装于开采井下的催化氧化燃烧器中采用氧化剂原位催化氧化燃烧燃料加热载热流体，然后将载热流体泵入水合物储层供给天然气水合物分解所需的热能；将催化氧化燃烧所产生的 CO_2 气体注入水合物储层，该技术方案是热激法开采法、化学试剂注入开采法和 CO_2 置换开采法的复合，极大地提高了天然气水合物的开采效率。2003 年的日本专利申请 JP2003379600A 使用电磁波或超声波破坏水合物层，分解出的气体输出，因波不被水吸收，实现经济有效的开采天然气水合物；2008 年的专利申请 WO2008EP05490 公开了一种开采和加工海底沉积物的方法，采用机械扰动的方式破坏海底沉积物形成浆料，将浆料输送至海面工作台开采和加工海底沉积物的方法提高海底沉积物采收率。

对天然气水合物性能模拟系统和探测系统的探索，在天然气水合物进行开采之前，需要对气藏进行定位，2001 年 9 月 14 日提交的日本专利申请 JP2001280455A 提出了一种天然气水合物探测系统：通过定位船的传感器发射信号到海底，海底气藏反射回的信号被船上另一传感器接受，通过卫星进行水合物气藏定位，该气藏定位方法利用现有的卫星定位系统，成本低且简单易行。南京理工大学于 2003 年提交的专利申请 CN03112892 公开了一种天然气水合物状态变化模拟实验光电探测系统，采用光纤照明对水下狭小空间及高压低温条件下平衡釜内天然气水合物合成与分解状态变化的全过程进行实时观察监视、摄像记录以及光强透射、散射特性变化的测量记录，具有高清晰度、高保真度、大容量及精确选时回放等功能。南京工业大学于 2005 年提交的专利申请 CN200510094456 公开了一种海底天然气水合物模拟合成与分解成套设备系统，本系统的核心部件反应釜能承受 3000 米水深的压力和温度，该设备系统对海水中和真实海底泥沙中天然气水合物的形成和分解均能进行模拟合成与分解分析，对海底天然气水合物的储量、勘探起重要的指导作用；反应釜为高压可视化反应釜。2006 年的美国专利申请 US20060432269A 公开了一种利用电磁或地震勘测检测和/或表征气体水化物沉积的勘探范例，它说明气体水化物可聚集在垂直或接近垂直的岩脉中的可能性，可使用地震技术，例如变偏垂直地震剖面技术，或适合于检测存在有垂直或接近垂直岩脉的电磁勘测来收集数据。中国地质科学院矿产资源研究所于 2008 年提交的专利申请 CN200810126092，公开了一种在原地直接采集沉积物孔隙水并气密回收的系统，可将采集样品气密保存提升到考察船，提高检测结果的真实性。同年，中国科学院地质与地球物理研究所提交的专利申请 CN200810240946 公开了一种天然气水合物勘探用海底地震仪，提高了海底数字地震仪的性能，可适应大于 3000m 的水深、提高分辨率和连续工作时间等。

对于循环开采系统的探索，日本专利申请 JP2003120864A、JP2004020 524A，通过燃烧开采出的天然气水合物为开采提供热水和 CO_2 及所需电力能源，实现循环开采，JP2003289857A 公开技术方案模拟在天然气水合物矿藏设置多个平行井道，井道间设有加热器，使热水或水蒸气在井道间循环流动，进而分解水合物。中国科学院广州能源研究所的专利申请 CN200510100811 公开了一种天然气水合物水下注热开采装置，采用热泵的原理从海底 5℃ 左右的海水中吸收热量，将加热后的海水由加压泵加压，经注水管进入开采套管，并由此注入水合物层，用于水合物分解；制冷剂冷凝后进入膨胀阀降压，然后进入蒸发器吸热，再返回压缩机循环使用。中国石油大学（华东）的专利申请 CN200510045398 则公开了一种深部地热水循环开采海底水合物的方法，使用多井法利用深部热地层水上行分解，采用加热及降压相结合的方法与技术，可以应用于大规模地开采海底水合物。

相对于初始萌芽期提到的开采方法，快速增长期的技术方案更趋于多种开采方法配合使用，更注重能源的合理利用，对化学试剂等的使用、输送方式的开发也更具体化，模拟、勘探、检测系统更细致详实。

3. 第三阶段成熟平稳期的演进路线

2009 年至今，海底天然气水合物勘探开采技术进入成熟平稳期，相关专利申请量也进入较为稳定的第三阶段。在此期间，中国申请人申请量持续增长，表现出较好的自主知识产权保护势头。

在成熟平稳期，国外集中于开采方法的多样性研究，国内则更集中于模拟、检测系统的保护和实际开采过程中环境、设备及输出天然气后续处理技术等方面的知识产权保护。其中海底天然气水合物勘探开采技术主要专注于实验室模拟真实海底环境下天然气水合物生成、分解和开采过程的研究，以及在天然气水合物实际开采过程中开采设备研制、地理环境监测、开采环境安全预防技术研究等。

在此期间的国外研究进展：2009 年韩国专利申请 KR20090024828A 使用 CO_2 置换天然气水合物，在液化前分离 CO_2 和天然气，通过管道的设置和海底液化气低温液化吸入的天然气进而制得液化天然气。同年，俄罗斯专利申请 RU2009106493A 使用冲击波在低于水合物形成温度和压力的条件下将液化气体打碎，气体水合物则在液体颗粒表层形成壳状附着，从而完成对海水和矿物水的净化和脱盐；JP2009204145A 使用多管道栅栏状装置输入低甲烷浓度海水，机械搅拌，通过浓度差和扰动方式促进水合物藏分解，此方法不用改变温度和压力，开采效率提高。2011 年，日本专利申请 JP2011036073A 采用双井法在海底供给生石灰生热，泵将天然气及水合物在输送过程中分离，天然气经一管道输出到海面工作平台，水从另一管道与生石灰供给管道一起进入海底，进而完成循环开采。2012 年提交俄罗斯专利申请 RU2012114360A 使用不同频率的地震波检测天然气水合物岩石层及其中天然气的饱和度。国外通过开采方法的多样性研究不断开拓海底天然气水合物勘探开采新技术。

与此同时，国内进展迅速，在多个方面对海底天然气水合物勘探开采技术进行了深入的研究。

1）模拟系统趋于真实精准的演进：2009 年 6 月 5 日，中国石油大学（北京）提交的专利申请 CN200910086812 公开了一种模拟天然气水合物开采的实验方法及装置，可以三维模拟海底沉积物中天然气水合物与下伏游离气共生的水合物生成环境，可进行单原理或多原理联合开采水合物模拟，可采用降压法、热激法和/或化学试剂注入法真实模拟天然气水合物藏的开采过程。同年，中国科学院广州能源研究所的专利申请 CN200910214412 提供了二氧化碳置换开采天然气水合物的实验装置一维模型；中国科学院力学研究所的专利申请 CN200910236249 则提供了一种水合物沉积物合成与分解参数测试的装置，其能同时获得应力应变、渗流、热、波、各组分含量等多种基本参数，可提供不同的围压，可测量合成与分解的气体量，重量轻，体积小，可方便放入 CT 等测量装置进行微观实时观测。浙江大学于 2011 年提交的专利申请 CN201110025495 公开了一种深拖分置式脉冲等离子体震源系统，其通过将直流充电单元置于海面上，将高压脉冲单元和发射阵置于海底附近，利用拖曳传输线将直流充电单元与高压脉冲单元相连，可以明显提高震源系统深海勘探的分辨率，甚至达到超高分辨率，并大大减少脉冲传输损耗。

2）开采模式由单一法向复合法、能源来源多元化的演进：中国地质大学（武汉）于 2010 年提交的专利申请 CN201010269241 公开了固体氧化物燃料电池—燃气轮机混合发电法开采天然气水合物，利用固体氧化物燃料电池—燃气轮机发电后产生的高温废气，经过处理后得到 CO_2；CO_2 通入到已经压裂的、压裂液中含有 PVPK90、SDS 和 THF 的天然气水合物地层中，循环置换出甲烷，固体氧化物燃料电池—燃气轮机同时产生电能发电，是将热激发开采法、化学试剂注入开采法、CO_2置换开采法复合并采用能量循环开采系统，具有能源转化效率高、安全环保的优点。同年，青岛海洋地质研究所提交的专利申请CN201010222103公开了一种模拟开采实验装置，能够更好地模拟海洋海底沉积物环境，实时监测水合物饱和度变化，可以进行热激发（电加热、注热水）开采法、减压开采法、注入化学试剂开采法等实验研究；中国海洋石油总公司中海石油研究中心提交的专利申请CN200910235235公开了一种海洋能源一体化开发系统，包括波浪能发电模块、传统油气生产模块、海洋温差能发电模块、潮汐和洋流水下发电模块、海底天然气水合物开采模块；天然气水合物开采模块通过海洋表层温水注入法及二氧化碳置换法开采天然气水合物。2012年上海交通大学提交的专利申请CN201210172216公开了一种天然气水合物开采方法，采用风力发电机和太阳电池发电；采用化学试剂催化法、热激化法和CO_2置换法相结合分解天然气水合物，并采用高压液态CO_2射流切割天然气水合物储层。对于能源多元化的演进，中国石油大学（北京）于2014年提交的CN201410217147公开了一种利用CO_2和H_2的混合气体开采天然气水合物的方法，通过降压开采方式使用CO_2和H_2的混合气置换出CH_4，并实现混合气循环注入天然气水合物沉积层，既能够提高天然气开采效率，又能够克服采出物中甲烷摩尔分率低、难分离的缺点，从而降低了开采成本；2016年，西南石油大学专利申请CN201610135129公开了一种综合太阳能与超声空化开采天然气水合物的实验装置，包括太阳能发电供能系统、超声波控制器和水合物储层模拟系统，通过温度、压力变化及产出液和产出气体计量评价太阳能供能超声空化开采天然气水合物的可行性，为其实际运用提供了理论依据；中国石油大学（华东）的专利申请CN201610825000则公开了一种基于电磁–热–声效应的天然气水合物随钻探测与模拟方法，在钻铤上方、测井短节中安放两组线圈，当通入瞬态脉冲电流时，在周围含有海水的孔隙介质中激发涡电流，使孔隙介质瞬间受热产生相变和热膨胀，诱发电磁–热–声信号，基于电磁脉冲激励诱发水合物相变，产生电磁–热–声信号的天然气水合物探测和模拟方法。

复合法开采模式极大地提高了海底天然气水合物勘探开采效率，同时伴随着开采所需能源的多样化，综合利用太阳能、风能、潮汐能、海洋温差能等绿色能源，逐步实现海底天然气水合物勘探开采的高效环保。

3）天然气水合物勘探开采相关设备研制的演进：2011年上海交通大学的专利申请CN201110138189公开了一种能源开采装置技术领域的海底工作站天然气水合物收集提纯装置，其收集沉降舱与分离提纯舱连接并置于分离提纯舱的下面，能够提纯运输中的天然气水合物，避免了管路阻塞，减少了管路布置，降低运输成本并提高开采效率。其同年申请CN201120171637公开了一种能源开采技术领域的用于天然气水合物开采的海洋平台：若干个天然气储藏舱以圆形阵列均匀包围加工处理站且分别与加工处理站连接，提高了能源利用率，降低了成本，降低了平台的振动以及噪声，解决了海底天然气水合物开采和储存的问题。青岛海洋地质研究所于 2012 年提交的专利申请 CN201210160259 则公开了一种沉积物中水合物赋存状态的 CT 原位探测装置，包括压力控制系统、半导体控温系统、高压釜、X-CT 扫描系统，实现了水合物生成/分解过程中沉积物颗粒、水、水合物和游离气分布的实时探测；用于海底天然气水合物勘探开采的检测装置，还有大连理工大学 2013 年提交的专利申请 CN201310172686 公开了一种天然气水合物保真岩芯声波快速检测装置，该装置由声波发生器/声波接收器、声波换能器和数据采集系统，在实地勘探天然气水合物过程中能实现岩芯的快速检测，相较于电阻率法测量天然气水合物岩芯参数准确度高，后期实验分析的结果有较高的真实性；中国科学院地球化学研究所 2015 年的专利申请 CN201510490536 公开了一种用于高压水热体系的甲烷传感器及其制备方法，为探测海底天然气水合物资源提供技术支撑。我国对水合物开采后的分离和运输设备也进行了深入的研究，西南石油大学于 2016 年提交的专利申请 CN201610064722 公开了一种天然气水合物的管输装置，通过水力旋流器、ESP 罐状容器系统、管道线路交换装置实现了天然气水合物的固液气三相分离，将天然气采集输送到海面，同时排出固相和液相，提高开采效率。

在海底天然气水合物勘探开采过程中遇到的实际技术问题促进了相关设备的研制，同时，相关设备的研制也可以推动海底天然气水合物勘探开采技术的进步。

4）安全生产预防措施的演进：海底地理环境复杂，天然气水合物开采过程较陆地更为复杂，安全生产尤为重要。2016 年西南石油大学提交的专利申请 CN201610070734 公开了一种海底地形监测系统及方法，将对天然气水合物开采区域所在的海底地形进行监测，收集大量海底地形变化数据并传输到监测系统中进行分析，了解海底地形变化趋势，避免天然气水合物开采出现意外情况，保证开采作业顺利持续进行。同年，大连理工大学提交的专利申请 CN201610162314 公开了一种实时监测海洋天然气水合物开采地层变形的装置，该监测装置可应用于 0~2000m 水深的海底沉积层变形监测，对沉降的测量精度为 10mm，对地层倾斜角度的测量精度为 0.02°，量程为-30°~+30°，能实时监测海底的沉降、倾斜变形，并能自动上浮，方便回收，结构简单，操作方便，可多次使用；吉林大学提交专利申请 CN201610629877 则提供了一种用于海洋天然气水合物勘探的单动旋转取样钻具，由双壁钻杆、单动机构和旋转喷嘴缸体组成，解决现有的取样装置由于高速回转的钻头与水合物储层摩擦生热，导致天然气水合物受热分解，影响天然气水合物岩心的保真度，并且钻杆体回转带来的震动影响内部机构工作的稳定性，造成孔内事故等问题。吉林大学于 2017 年 1 月 24 日提交的专利申请 CN201710052492 提供了一种支撑海洋天然气水合物增产裂缝的装置及方法，可在海底水合物沉积物松散、富海水的特殊储层条件下监测压裂增产裂缝的位置、形态，据此进行裂缝支撑工作，在裂缝中构建三维网络状骨架结构，延展支撑裂缝并改善裂缝渗流能力，以提高开采过程传热传质效率、提供分解产物的渗流通道、解决近井地带的沉积物堵塞等可能带来的效率和安全问题。

根据第一阶段初始萌芽期、第二阶段快速增长期与第三阶段成熟平稳期技术演进的对比，明显可以看出海底天然气水合物勘探开采技术由理论研究逐渐转向实际开采生产，在这个转变的过程中，开采方法更趋于多种开采方法配合使用，开采生产所需能源更趋于多元化、绿色环保、循环节能，对化学试剂等的使用趋于高效，开采产物的分离、输送等后续处理技术也更具体，模拟、勘探、检测系统更真实精准，对于安全生产预防措施日益重视。

五、技术发展趋势及预测

1. 天然气水合物开采技术中存在的环境隐患

全球天然气水合物的储量丰富，具有广阔的开发前景，然而，天然气水合物开采仍存在严重的环境隐患。

1）温室效应：甲烷作为强温室气体，其温室效应为 CO_2 的 20 倍，而全球海底天然气水合物中的甲烷总量约为地球大气中甲烷总量的 3000 倍，天然气水合物分解产生的甲烷进入大气的量即使只有大气甲烷总量的 0.5%，也会明显加速全球变暖的进程。因此，天然气水合物开采过程中如果不能很好地对甲烷气体进行控制，就必然会加剧全球温室效应。

2）影响海洋生态：甲烷气体如果大量排入海水中，其较快的微生物氧化作用会消耗海水中大量的氧气，使海洋形成缺氧环境，从而对海洋微生物的生长环境带来危害。

3）海水汽化和海啸：进入海水中的甲烷量如果特别大，则可能造成海水汽化和海啸，甚至会产生海水动荡和气流负压卷吸作用，严重危害海面作业甚至海域航空作业。

4）地质灾变：在条件变化后，甲烷气从固结在海底沉积物中的水合物中释出，会改变沉积层的物理性质，极大地降低海底沉积物的工程力学特性，海底软化则会出现大规模的海底滑坡，毁坏海底工程设施，如海底输电或通信电缆和海洋石油钻井平台等。

2. 天然气水合物开采技术发展趋势及预测

基于上述天然气水合物开采可能引起的环境隐患，结合海底天然气水合物勘探开采专利技术的综合分析，预计未来的发展将朝着如下方向进行：

（1）由理论研究逐渐转向实际开采生产

目前国际上的开发方法主要有热激发法、减压法、化学试剂注入法、二氧化碳置换法、固体开采法以及多种开采模式组合法等，均为人为地打破水合物的相平衡条件造成其分解，是开采天然气水合物资源的主要思路。虽然单从技术角度来看开发天然气水合物资源已具可行性，但总体上开采技术尚不成熟，存在生产效率低、开采条件要求高、所用材料昂贵、环境风险大等问题，由理论研究逐渐转向实际开采生产还有待进一步深入研究，开采产物的分离、输送等后续处理技术应更具体可行，模拟、勘探、检测系统更真实精准。

（2）降低开采成本

现有开采技术、开采成本较高。根据日本申请人石油天然气金属矿物资源机构的估算，从海底的天然气水合物中每提取 1 立方米的天然气需要花费 46～174 日元，远高于美国申请人天然气每立方米约 10 日元的开发成本。因此，更趋于多种开采方法配合使用以提高采收效率，开采生产所需能源更趋于多元化、绿色环保、循环节能，对化学试剂等的使用趋于高效利用。

（3）提高开采生产安全性

由于海底天然气水合物开采仍存在严重的环境隐患，提高开采生产安全性是一个不可忽视的议题。通过对开采生产进行安全检测、安全预防，通过置换法、填充空隙等方法维持开采水合物后的地质工程力学特性，同时开拓出新的安全开采技术也显得尤为重要。

OLED 器件中薄膜晶体管专利技术综述

亢心洁

摘　要: 有机发光二极管（OLED）显示是未来最具有前景的显示技术,其中采用薄膜晶体管（TFT）的主动矩阵式（AM）驱动是主流的显示驱动技术。对于 AMOLED 中的 TFT 基板而言,简化工艺、降低成本、提高基板性能是目前的主要研究方向。韩国、日本等依托于传统显示技术的优势掌握了该领域的关键技术,而以京东方为代表的我国企业进入该领域的时间较晚,技术基础较为薄弱。本文从专利视角出发,对该领域全球专利申请进行分析和讨论,并重点对京东方的技术发展脉络和技术研发的热点进行了介绍,以期对 AMOLED 技术的发展趋势、未来的技术研发重点提供一定的参考。

关键词: 有机发光二极管　薄膜晶体管　显示　驱动　制备工艺　京东方

一、概　述

（一）OLED 器件的发光原理

有机发光二极管（OLED）具有全固态、主动发光、高对比度、超薄、低功耗、无视角限制、响应速度快、工作范围宽、易于实现柔性显示和 3D 显示等诸多优点,将成为未来最具有前景的显示技术❶❷❸。

OLED 内部结构的示意图如图 1 所示,它采用多层薄膜结构,有机发光层就夹在阳极与金属阴极中间,并按照"阴极—电子传输层（ETL）—有机发光

---

❶　张军杰, 杨铸. 全球 OLED 产业发展现状及趋势 [J]. 现代显示, 2010 (113): 25-30.

❷　杨剑. 第三代平板显示新贵 OLED 产业解读 [J]. 电子与电脑, 2007 (5).

❸　Shinar, Joseph. Organic Light Emitting Devices: A Survey [M]. NY: Springer Verla., 2004.

层（EL）—空穴传输层（HTL）—阳极—基板"排序。其工作原理是在电压驱动下，电子从阴极注入电子传输层，再经过电子传输层迁移到有机发光层；而空穴则从阳极注入空穴传输层，再通过空穴传输层迁移到有机发光层并与电子相遇。当电子与空穴在有机发光层结合时，激发有机发光层发光❶。因此，OLED 也属于电致发光半导体器件，OLED 显示屏的驱动电压约为 9V。

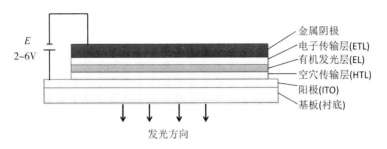

图 1　OLED 器件的内部结构示意图

（二）薄膜晶体管（TFT）驱动技术

目前 OLED 的驱动方式分为被动矩阵驱动（Passive Matrix）和主动矩阵驱动（Active Matrix）。其中基于薄膜晶体管（TFT）的 AMOLED 尽管结构复杂，但其性能适合于大尺寸和大信息量的显示，是目前主流的 OLED 显示驱动技术。AMOLED 是通过控制流过 OLED 单元的电流发光的，是电流驱动型，因而其驱动背板首先要求 TFT 电路具有较大的输出电流能力，即要求 TFT 的导电沟道具有较高的载流子迁移率，通常认为需要达到 $5cm^2/（V \cdot s）$ 以上，而且为保证对显示效果的控制，还要求在驱动背板上不同区域内的 TFT 特性具有较好的均一性和稳定性❷。

以 2T1C（两晶体管一电容）结构来说明 AMOLED 的工作原理，如图 2 所示，每个像素包括：开关管（Switching TFT）、驱动管（Driving TFT）、存储电容（C_{st}）、发光区域（OLED）、扫描线（Scanning Line）、数据线（Data Line）及电源电压线（V_{dd}）等几个部分。当扫描信号到达这个像素所在的行时，开关管被打开（开关管的栅极处于一个高电平），来自数据线的图像信号通过开关管的源漏电极读入到驱动管的栅极上，从而实现对驱动管输出电流（流经 OLED 的电流）的控制；当扫描信号撤除后，开关管被关住（开关管的栅极处于一个低电平），这时由于存储电容的存在，驱动管的栅极上的电压（图像信号）将维持不变，直至下一扫描信号的到来。这样 OLED 就可以在整个刷新周

---

❶　周太明，周详，蔡伟新. 光源原理与设计［M］. 上海：复旦大学出版社，2006：420-421.

❷　文尚胜，黄文波，兰林锋，等. 有机光电子技术［M］. 广州：华南理工大学出版社，2013：132-137.

期内都维持发光❶。

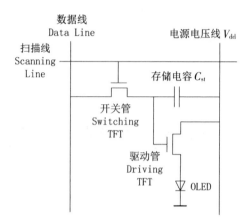

图2 AMOLED像素的电路结构示意

（三）AMOLED的器件结构

最基本的AMOLED像素结构包括：驱动晶体管、开关晶体管、存储电容、布线以及OLED发光区域。为了提高开口率，需要尽可能减少薄膜晶体管、电容以及电极线的面积而使OLED发光区域的面积最大化。

其中薄膜晶体管背板由多层不同形状的薄膜叠加而成，包括栅极层、栅极绝缘层、半导体层、漏源电极层、钝化层等，每一层的形状通过光刻的方法来控制。通常一套TFT背板的半导体工艺流程需要7~8块掩模板，配合OLED发光部分的制备，形成的最传统的像素结构的横截面如图3所示。

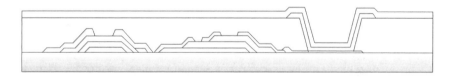

图3 AMOLED像素结构的横截面

在实际制备过程中，OLED可以制成底发射结构，即光从衬底底部发出；也可以制成顶发射结构，即光从顶部发出。

二、专利申请趋势分析

为了研究OLED器件中薄膜晶体管技术的发展现状，结合实际审查经验，通过比较准确的关键词，在DWPI以及CNABS数据库进行检索，采用各种算

---

❶ 于军胜，田朝勇. OLED显示基础及产业化［M］. 成都：电子科技大学出版社，2015：79.

符命令确保检索的全面性及准确性，并采用 S 系统统计命令和 Excel 对该领域的全球专利申请数据和中国专利申请数据进行统计分析。

（一）全球专利分析

1. 主要申请人所属国家分布

如图 4 所示是在 OLED 器件中薄膜晶体管技术领域的主要申请人的所属国家/地区分布。由图 4 可知，韩国、美国、中国、日本是申请量的主要贡献者，其中韩国由于有三星、LG 等显示器领军企业而占据申请量的半壁江山，其申请总量占全球申请总量的 46.9%，中国近年来随着京东方等企业的迅速发展，专利申请量也逐渐增大，占全球申请总量的 14.1%。

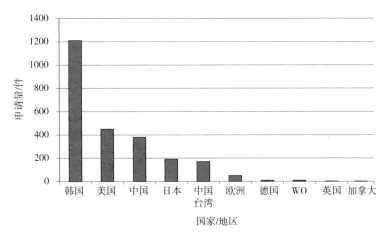

图 4　该领域全球专利首次申请国家/地区分布

继续对该领域的主要申请人进行分析。如图 5 所示是全球前 11 位申请人的申请量比例，三星、LG 是该技术领域中的领军企业，其依托于传统 LCD 显示器的技术优势发展 OLED 显示器件，TFT 领域的相关申请量与其他企业相比遥遥领先，在技术发展以及实际审查过程中都是应该重点关注的申请人。京东方自 2010 年以来着力开展 OLED 相关领域的研发，其申请量现已位列全球第三位，同时作为国内申请人的深圳华星光电以及上海天马微电子也是该技术领域的重要申请人。

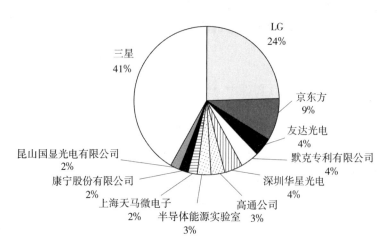

图 5　该领域主要申请人分布

2. 全球申请量的年度趋势

对该技术领域的专利申请年份分布趋势进行分析，其具体趋势如图 6 所示。从总的申请量上来看，2000 年至 2004 年申请量逐年递增，2004 年至 2005 年出现了申请量的第一个峰值，达到 274 件，此时的主要申请人为三星、LG 以及中国台湾友达光电。这一峰值可能与 2005—2006 年出现有机 TFT 以及氧化物 TFT 相关。随后，自 2006 年至 2010 年，申请量出现一段时间的振荡，总体上呈现下降的趋势，这段时间内，三星的申请量明显逐年减少，而中国台湾友达光电已经逐渐退出该领域的研究。2011 年至 2013 年，该领域专利申请量再次呈现出逐渐增加的趋势，三星、LG 仍然是主要申请人，其年申请量与总量呈现相同的趋势，值得注意的是京东方开始作为该领域的主要申请人出现，其申请量在 2012 年至 2013 年达到峰值，在全球申请量中占据的比例明显上升。2014 年开始，该领域的申请量再次出现下降趋势，而考虑到 2015 年的部分申请尚未公开，因此 2015 年的数据并不具有参考价值。整体上来说我国申请人进入该技术领域较晚，但是自 2010 年以后国内申请人更为活跃，在一定程度上反映了我国科学技术的快速发展和专利意识的逐渐增强。

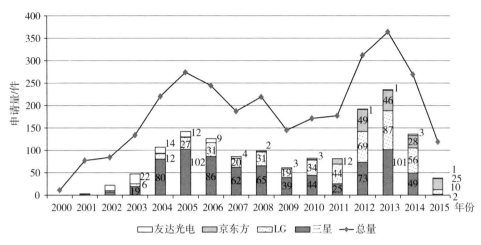

图 6　该领域全球专利申请量的年度趋势

（二）国内专利分析

1. 国内专利申请的申请人分布

图 7 所示是在该技术领域内国内专利申请的申请人分布情况。由图可知除国内大陆地区申请外，韩国、日本、美国仍然是主要的申请量贡献者，其中韩国申请共 419 件，占总申请量的 33.4%；日本申请 222 件，占总申请量的 17.7%；美国申请 25 件，占总申请量的 2%。在该技术领域内，国内大陆地区申请共 430 件，占总申请量的 34.3%，中国台湾地区的申请 145 件，占总申请量的 11.6%。可见，韩国、日本等技术先进国家非常重视中国大陆市场，专利申请大量进入大陆地区，已经形成具有规模的专利布局。加之国内申请人进入该领域的时间较晚，技术基础比较薄弱，因此，国外申请人仍然占据重要位置，掌握关键技术，对国内申请人而言，技术的发展和保护面临很大挑战。

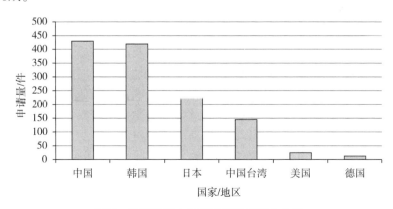

图 7　该领域国内专利申请的申请人分布

2. 国内专利申请量的年度趋势

如图 8 所示，国内申请量的总体趋势与全球趋势相似，自 2001 年至 2004 年，申请量逐年递增，至 2004 年出现峰值，并且随后呈现逐年下降的趋势，至 2009 年呈现谷值。这段时间内，国外申请人占据国内专利市场，成为申请量的主要贡献者，而国内几乎没有相关申请。因此，随着全球申请量的降低，国外申请人进入中国的申请数量随之减少。自 2010 年开始，申请量逐年递增，至 2013 年达到峰值，2014 年有所下降。值得关注的是，国内申请人的申请量自 2010 年开始迅速增加，并且由于友达光电公司申请量的逐渐淡出，中国大陆地区申请人成为主要的申请量贡献者，至 2013 年已接近国外申请数量，2014 年超越国外申请数量，成为该技术领域申请量的中坚力量。可见，该领域国内申请量与全球申请量保持相同的发展趋势，而自 2010 年开始，国内申请人明显比国外申请人活跃，在国外相关技术发展进入平缓期时，国内申请人的投入成为促进 OLED 显示技术发展的新力量。

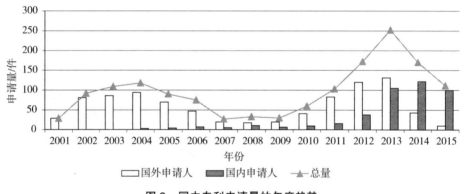

图 8　国内专利申请量的年度趋势

3. 国内主要申请人分布

国内对 OLED 器件中薄膜晶体管技术的研究起步较晚，如图 9 所示，目前，申请量前三位的申请人为京东方、天马微电子以及深圳华星光电，昆山国显以及其控股的昆山工研院新型平板显示技术中心也是该领域的重要申请人。其中京东方是国内申请量的重要贡献者，共申请 162 件，与其他申请人相比，处于明显的领先地位。在检索过程中注意到该领域的主要申请人为公司申请人，极少有学校及科研机构。这可能与集成电路的研发与设计需要足够的资金和先进的设备支持有关，公司申请人在集成电路相关领域的研发中占据优势。

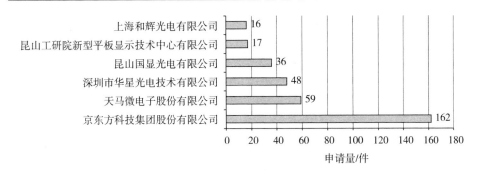

图9　国内主要申请人申请量

（三）小　结

OLED 显示器件中薄膜晶体管技术自 2000 年以来进入研究热潮，相关专利申请量总体呈现上升趋势，但在 2006—2010 年之间出现了振荡式下降的现象。其中韩国、日本、中国、美国为主要申请国家，尤其以韩国为首。主要的申请人包括三星、LG、京东方以及友达光电等公司，在全球范围内，该领域的学校及科研机构都极为少见。在国内，韩国、日本、美国的专利申请大量进入中国，目前在中国仍然控制核心技术。国内企业自 2010 年开始专利申请量迅速增加，逐渐成为专利申请量的重要贡献者，其中京东方、天马微电子以及深圳华星光电为申请量位于前三位的公司。

二、专利技术发展分析

京东方股份有限公司是国内首屈一指的显示面板生产商，自 2010 年进入 OLED 中薄膜晶体管相关技术领域，迅速成为国内申请量的重要贡献者。下面以京东方为例对国内 OLED 中薄膜晶体管的技术发展进行梳理。对京东方的专利申请进行分析，发现其申请的主要内容涉及以下几个方面的内容。

（一）低温多晶硅有源层

京东方自 2010 年开始在多晶硅 TFT 关键技术即有源层制备工艺方面的专利申请量出现了井喷式的增长。前面提到 AMOLED 驱动背板要求 TFT 电路具有较大的输出电流能力，即要求 TFT 的导电沟道具有较高的载流子迁移率，而多晶硅有源层 TFT 恰好迎合了这一要求。在这种背景下，京东方在 2010 年提出了将低温多晶硅应用于 OLED 中的 TFT 中的专利申请 CN201010180971，这一申请也是京东方最早的关于 OLED 中 TFT 的专利申请，其重点说明了低温多晶硅有源层的制备方法，包括在非晶硅薄膜之上涂覆催化剂颗粒进行结晶化使之形成低温多晶硅薄膜。

京东方在 2012 年至 2014 年都有多晶硅薄膜晶体管的相关申请，多涉及低温多晶硅有源层的制备方法。2014 年，专利申请 CN201410062345 提出了一种低温多晶硅薄膜晶体管的制作方法，包括采用离子注入法对非晶硅层至少在待形成欧姆接触层的区域进行杂质离子的注入，经准分子激光退火后同时形成多晶硅层和欧姆接触层，所形成的 TFT 阵列基板如图 10 所示。

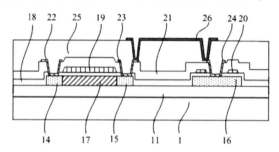

图 10　专利申请 CN201410062345 中形成的阵列基板

总结发现在 2014 年以前，主要的技术是低温多晶硅薄膜的制备，而在 2014 年以后，开始发展将低温多晶硅有源层用于薄膜晶体管以及低温多晶硅薄膜晶体管工艺改进等技术领域。

（二）TFT 阵列基板的工艺简化

薄膜晶体管阵列基板的制备工艺非常复杂，自 2011 年至 2015 年，简化工艺流程一直是京东方的重要研发方向。

2011 年，专利申请 CN201110125495 公开了一种 TFT 的制备方法，对 TFT 除沟道区外的所有区域进行 LDD 掺杂，以金属膜为掩膜对 TFT 源极及漏极注入离子。该方法克服了一般实现 LDD 中需要增加 mask 的缺陷，且无需采用阳极氧化，制作方法简单。

2013 年，专利申请 CN201310206614 公开了一种阵列基板的制备方法，其公开了在基板上同一层形成包括驱动薄膜晶体管的有源层、开关薄膜晶体管的有源层以及像素电极的图形的技术方案，减少了制作过程中的 mask 工序。采用这种方法制备的阵列基板如图 11 所示。专利申请 CN201310487699、CN201310701255、CN201410003682、CN201410039802、CN201510046638 等先后提出了同层设置漏源电极层（或有源层）、像素电极层以及数据线以节约工艺流程的技术方案。

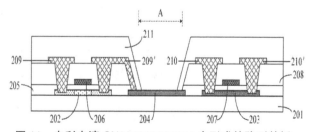

图 11　专利申请 CN201310206614 中形成的阵列基板

（三）TFT 中的沟道保护

沟道性能是决定薄膜晶体管性能的重要因素，在 OLED 阵列基板制作的过程中，不仅要考虑沟道材料本身的性能，例如载流子迁移率，还要考虑多层加工中对沟道造成的损伤。专利申请 CN201210046964 提出了一种 OTFT 阵列基板，包括在 OTFT 的有源层的沟道区域上设置钝化层，其结构参见图 12。保证了沟道的质量从而提高显示面板的质量。

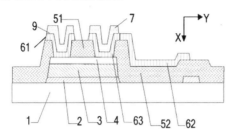

图 12　专利申请 CN201210046964 中形成的阵列基板

这种阵列基板结构是一种主流的 TFT 阵列基板结构，专利申请 CN201310175197 更进一步提出利用钝化层对沟道尺寸进行限定。

值得注意的是 2014 年专利申请 CN201410012665 提出了采用石墨烯材料形成有源层沟道的技术方案，材料本身的性能有助于提高沟道的载流子迁移率。

（四）TFT 驱动技术

专利申请 CN201110247334 针对简单的 2T1C 驱动方式提出改进，其驱动电路中通过分流方式使得充电电流和流过 OLED 的电流之间具有较大的缩放比例，保证流过 OLED 的电流在工作电流范围内同时加快对存储电容的充电速度。

2012 年，专利申请 CN201210564742 提出了一种多晶体管的像素电路及其驱动方案，可以有效补偿驱动管的阈值电压非均匀性、漂移以及 OLED 非均匀性导致的电流差异，从而提升显示装置的显示效果，同时可以提高使用寿命。随后，专利申请 CN201410321351、CN201410637704 也针对驱动电路中薄膜晶体管的使用和布置提出了改进的技术方案。虽然，京东方对驱动电路改进的申请量并不大，但其也是改善显示效果的重要技术手段。

（五）其他重要技术

在技术发展过程中，除了传统关键技术的不断进步，还会随着社会需求的变化而出现一些新的技术思路，这在京东方的专利申请中也有体现。

将 OLED 与其他功能性元件结合。专利申请 CN201310452236 提出了一种触控式有机发光二极管显示装置，其将触控屏和有机发光二极管显示部分制作为一体；专利申请 CN201410130738 提出了将太阳电池结构与 OLED 的制作结合在一起的技术方案。

柔性 OLED 显示基板的制作。专利申请 CN201310557272 在显示基板上引入树脂材料制备的应力吸收单元，使晶体管不易发生损坏。专利申请 CN201410224918 提供了一种柔性显示基板的制作方法，避免柔性基底在剥离过程中对 TFT 性能的影响。

双面显示 OLED 显示装置。专利申请 CN201510123403 提供了利用透光的第一阴极和反射性的第二阴极，同时实现顶部发射和底部发射，即 OLED 显示装置的双面显示。

（六）小　结

图 13 所示为京东方在 OLED 中薄膜晶体管领域历年的关键技术专利分布。京东方自 2010 年进入 OLED 中薄膜晶体管相关领域，传统的关键技术领域，例如有源层制备、沟道保护、制备工艺简化等，都出现了相关专利申请，并且可以看出 TFT 基板工艺简化是其重要申请领域。随着全球技术的进步，京东方的申请明显向着集成化发展，同时出现了对新技术领域的探索。在未来，大面积 OLED 显示器件、柔性 OLED 器件以及低成本 OLED 将是全球 OLED 产业重要的发展方向。

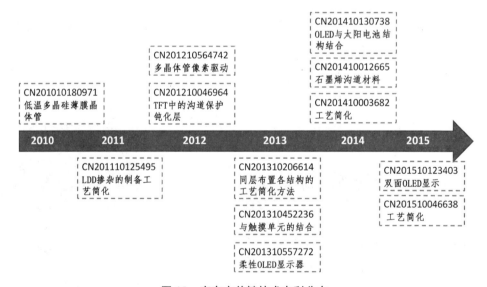

图 13　京东方关键技术专利分布

四、总　结

有机发光二极管（OLED）显示器是未来最具有潜力的显示装置，将向着大尺寸、全彩色、柔性、高分辨率、低成本的方向发展。韩国、日本等显示领域传统优势国家在 OLED 器件领域仍占据优势地位，我国进入该领域的时间较晚，基础薄弱，在发展 OLED 产业中面临很大挑战，但自 2010 年以后，以京东方为代表的国内各大企业在 OLED 领域的申请进入活跃期，逐渐成为全球 OLED 领域发展的重要力量。

基于 WiFi 的室内定位专利申请状况分析

高　燕

摘　要： 传统的 GPS 定位技术在室外已经能够实现米级的精确定位，但在室内环境下难以做到。随着 WiFi 技术的普及，WiFi 热点的覆盖率在近几年内不断提升，人们对 WiFi 室内定位技术的研究也越来越深入，基于 WiFi 的室内定位技术也呈现快速发展的趋势。本文从专利的视角对基于 WiFi 的室内定位技术的发展进行了全面的统计分析，介绍了基于 WiFi 室内定位技术的重点技术分支及其发展历程，并绘制了 WiFi 室内定位技术发展路线图，最后结合 WiFi 室内定位技术的发展现状对该技术的改进方向和发展趋势进行预测。

关键词： WiFi　室内定位　发展路线

一、概　述

随着移动计算设备的迅速发展和逐渐普及，室内环境下的各种基于位置服务的需求（Location-Based Service，LBS）日益迫切。传统的 GPS 定位和蜂窝网定位技术的定位信号不能有效覆盖室内环境，且受到室内复杂环境和多径效应的影响不能达到所需的定位精度。目前室内定位技术有很多种，研究人员尝试用各种无线技术来尽可能地降低室内环境的复杂多变性带来的对定位精度的影响，来实现室内环境下便捷而精准的定位。下面介绍几种常见的室内无线定位技术：

1）蓝牙室内定位技术：通过测量信号强度来实现室内环境下的精确定位，具有功耗低、体积小、易集成、不容易被障碍物影响等特点，但是由于其传输距离短，仅适合小范围短距离内精确定位。

2）红外线室内定位技术：通过安装在室内特定位置上的光学传感器来接收红外线来实现定位，在环境相对简单的情况下定位精度相对较高，当遇到室内有遮挡时容易出现误差，红外线穿透性有限，成本上相对较高，为了达到较好的定位效果，需要安装相对较多的光学传感器等设备，造价较昂贵，因此红外线室内定位技术适合于相对简单固定的室内环境。

3）超宽带室内定位技术：超宽带技术的特点主要有极窄的脉冲、极宽的带宽、无载波、数据传输率高、系统容量大、功耗低、传输可靠性高、安全性强、结构简单、电磁兼容性好。用超宽带技术来实现室内精确定位能够提供非常好的效果，但也有其局限性，超带宽技术发射距离短且易受干扰，导致在相对较大区域的室内环境中定位精度低。

4）超声波室内定位技术：利用接收到的目标物体反射回的超声波来确定目标距离参考位置的距离，从而确定目标的位置来实现定位。超声波室内定位技术的定位精度相对其他很多的定位技术来说都高，在一定的环境中甚至能达到厘米级的高精确度，但是由于其受环境因素的影响也很大，所以很容易出现误差，同时对于硬件的要求也很大，所以成本相对较高。

5）Zigbee 室内定位技术：一种可靠性非常高的短距离低功耗无线数据传输网络，与蓝牙技术类似。用这种技术来实现室内定位可以实现高效、精确的定位，但根据环境要求需要铺设另外的定位网络，需要大量的设备，成本也相对较高。

6）WiFi 室内定位技术：通过移动设备与无线网络接入点（AP）之间的无线信号交流来确定目标的位置，从而实现定位。WiFi 的通信距离在开放性区域叫以达到 300m，在封闭区域可以达到 75~120m，WiFi 室内定位技术相对于其他的定位技术来说无论从定位精度、效率以及成本方面考虑都具有很大的优势。

7）射频识别室内定位技术：一种短距离定位技术，通过利用射频的方式进行双向的非接触式通信交换数据来实现定位。这种室内定位技术的优势在于能够在几毫秒的时间内实现厘米级的精确定位，同时用于定位的标识体积小，制造成本也较低，但其劣势在于标识的作用距离较短而且不具备通信能力，不利于整合到其他系统中进行使用。

基于以上几种室内定位技术，WiFi 定位技术相比于其他几种技术有着很大的优势：应用场景比较多，且 WiFi 网络的覆盖率很高；仅依赖于现有的 WiFi 网络，不需要进行大的改动，无需增加额外硬件，添加软件简单易行，使用成本低；WiFi 信号受 NLOS（非视距）的影响小。

二、专利申请基本情况

本章主要对全球和国内专利申请状况的趋势以及国内专利重要申请人进行分析，从中得到相关的基于 WiFi 的室内定位技术发展趋势，以及重要申请人的历年专利申请状况。

　　WiFi 定位技术源于 20 世纪 90 年代末在美国兴起的热点地图，热点地图最初的目的是为了大家上网方便，国外许多公司都推出了允许用户在地图上查看（或标记）无线热点位置的应用程序，Ekahau 公司是其中的代表，后来人们发现用热点地图可以进行定位，通过检测 WiFi 接入点 AP 的 MACAddress 从而实现定位。随着无线网络的大规模应用以及移动计算设备的快速发展，基于 WiFi 的室内定位技术也得到了较好的发展。为了获得基于 WiFi 的室内定位技术相关的专利技术的申请情况，本文使用 S 系统，选择相关的关键词（如"室内""WiFi""WLAN""接入点""AccessPoint（AP）"），选择审查领域的分类号 G01S5/02（无线电定位）检索 CNABS 数据库、CPRSABS 数据库和 VEN 数据库来获得进行统计分析的专利申请样本。检索的截止日期是 2016 年 12 月 26 日。由于未申请提前公开的发明专利申请通常在申请日之后 18 个月才公开，由此将导致部分专利申请（如 2015 年 6 月之后申请的发明专利申请）由于未公开而不在本次文献采集之列。

　　1. 全球专利申请状况

　　基于 WiFi 的室内定位技术在全球专利申请量历年的分布情况如图 1 所示，其发展过程大致可以分为两个时期：2001 年至 2009 年，该时期的专利申请量呈现相对平稳趋势，属于该项技术的发展期；随着移动计算设备和无线网络的快速发展，人们对室内定位的需求日趋强烈，基于 WiFi 的室内定位技术受到人们越来越多的重视，越来越多的企业和科研院所加入到这一领域的研究，从 2010 年至 2016 年处于比较高的增长率，属于该项技术的成熟期，自 2010 年以后申请量连年快速增长。

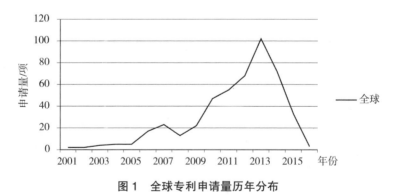

图 1　全球专利申请量历年分布

　　全球申请人的国别分布情况如图 2 所示，美国的申请量最大，占申请总量的 33%，其次是中国，占比为 17%，排名第三的是韩国，占比 16%。美国的申请量占了三分之一，这充分显示出美国人在该领域的技术成熟度和对专利申请的重视程度，而在该领域，我国申请人也已具备一定技术实力。

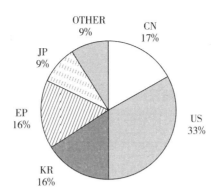

图2　全球申请人国别分布占比

全球主要申请人申请量排序情况如图3所示，全球专利申请的中国申请人很少，主要来自美国、韩国、芬兰，美国的高通、英特尔作为无线芯片供应商以其硬件优势致力于通过硬件解决方案来提供高质量的室内定位，探空气球无线公司（SKYHOOK）是美国一个致力于软件定位服务的公司，其主要利用软件解决方案以及广泛布设的 WiFi 热点为用户提供室内精确定位。

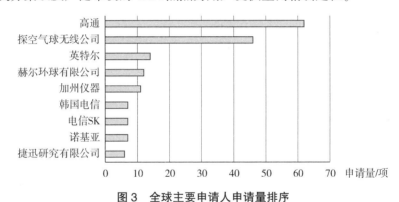

图3　全球主要申请人申请量排序

2. 中国历年专利申请趋势分布

国内外专利申请量历年分布情况如图4所示，中国专利申请趋势与全球专利申请趋势类似，2001—2003 年申请量很少，从 2004 年后申请量呈上升趋势，于 2013 年达到顶峰，较 2004 年增长了 3 倍多，显示出基于 WiFi 的室内定位技术研发已进入快速发展阶段；2014 年申请量出现下滑趋势，但是幅度不大。

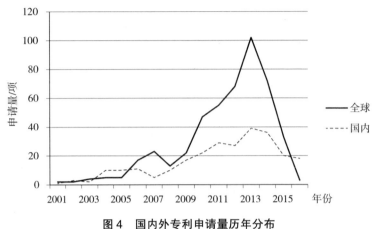

图4　国内外专利申请量历年分布

中国主要申请人申请量排序情况如图5所示，在基于 WiFi 的室内定位技术领域申请量排名在前10名中的国外企业较多，而美国申请人占据了较大的数量，这是因为 WiFi 技术源于美国，其在美国的广泛应用也促使美国各大企业对其进行深入研究，随着 WiFi 技术在中国的普遍应用，国外企业对中国市场越来越重视，因此纷纷来中国专利布局；中国主要申请人则以高校科研院所和华为公司为代表，中国申请人在 WiFi 室内定位技术领域的研发实力也在不断增强。

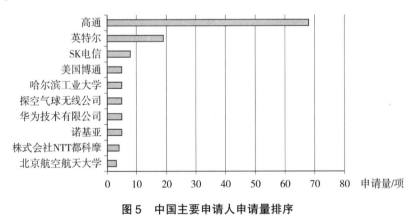

图5　中国主要申请人申请量排序

三、基于 WiFi 的室内定位技术专利分析

根据对 WiFi 室内定位技术背景的了解以及专利文献的解读，总结得出基于 WiFi 室内定位的关键技术主要技术分支为：①基于信号测量技术，通过移动设备与接入点 AP 之间无线信号传播的各种特性获得移动设备与接入点 AP

间的距离，从而确定移动设备的位置，主要包括到达时间（TOA）、到达时间差（TDOA）、到达信号角度（AOA）、信号强度（RSSI）、往返时间（RTT）、飞行时间（TOF）等；②基于位置感知技术，通过无线信号传播过程中在不同的位置表现出的不同特性来判断目标的位置，而不用测量定位目标与已知位置的距离，包括最强基站法、位置指纹法；③为了提高定位准确性，通过其他技术辅助 WiFi 定位。下面分别对各分支技术进行分析。

表 1　WiFi 室内定位技术的二级技术分支

一级分支	二级分支
信号测量技术	TOA/TDOA/AOA 定位
	信号强度（RSSI）定位
	往返时间（RTT）定位
	飞行时间（TOF）定位
位置感知技术	最强基站法
	位置指纹法
辅助定位	

1. 信号测量技术

（1）TOA/TDOA/AOA 定位

TOA/TDOA/AOA 定位法是无线定位系统中常用的方法，最早是用于蜂窝网中对移动设备的定位，WiFi 信号与蜂窝网信号同是无线信号，因此 TOA/TDOA/AOA 定位也广泛应用于 WiFi 定位，基于 TOA 的定位原理是先获取从发送器到接收器间信号传输时间，乘以信号的传播速度可以得到收发器之间的距离值，最后再利用三角关系计算待定物体的坐标，这对整个系统的时钟同步要求是比较高的（CN1662826A）；TDOA 测量定位也需要整个系统时钟同步，TDOA 的原理是测量发送器到不同接收器的信号传输时间差，然后转换为发送器到不同接收器的距离差值，最后利用几何关系计算出待定物体的位置信息（CN1636413A、CN101129078A）；AOA 测量定位的原理则是根据测量信号到达角度，通过几何关系来确定待测物体的位置信息（CN101822085A）。但是由于室内环境中用户之间的距离较短，存在较严重的衍射和绕射等非直线传播情况，而且同一用户信号的各条多径分量在时间上相当接近，需要对设备的分辨率进行改进以区分时间上如此接近的各条多径，所以，精确的 TOA、TDOA 估计需要借助于更先进的数字信号处理技术（CN1663315A、CN102197315A、CN102762999A）；对于 AOA 定位，只有当在接入点 AP 处的多个天线以环形方式布置时，其定位精度才能得以保证，但目前接入点 AP 的天线都是线性排列方式，为了提高在线性阵列天线下的定位准确度，CN105247934A 提出了借助移动设备的传感器获得移动设备的运动信息，由 AOA 的变化以及移动设备的运动信息来确定移动设备相对于天线阵列的位置。

（2）信号强度（RSSI）定位

基于 RSSI 的定位技术的理论依据是接收到的信号强度与距离的二次方成正比，因此可将信号强度转换成距离，然后利用三角关系计算出待定位物体的坐标，但实际上在室内环境中存在各种障碍物，接收信号在传播过程中通过障碍物时会有衰减，信号会产生反射而造成干扰，直接使用该理论公式进行定位时会产生大幅的误差。2007 年西门子公司 CN101452070A 提出了通过位置服务器向移动设备发送特征参数调整信息，移动设备根据特征参数调整信息调整接收到的信号强度 RSSI 进行定位；对于 RSSI 测量存在不精确问题，2008 年，米特尔网络公司 CN101577852A 提出了将移动设备处从多个接入点接收的信号的强度作为一个数据集合，通过测量的基准信号确定缩放因子，从而将接收信号强度归一化；在实际的应用场景中，不同环境下的信号传播模型大不相同，为了提高信号强度 RSSI 的获取精度，2012 年华为公司 CN103379427A 提出了根据预设的传播模型信号图，获取所述 3 个待测量 AP 中任一未测量 AP 在第一坐标处的 RSSI 计算值。

（3）往返时间（RTT）定位

往返时间（The Round Trip Time，RTT）法是由到达时间 TOA 法衍变而来的，通过对于无线信号在多个接入点（AP）与移动设备之间的传播时间的测量，再通过测距法来求解目标的位置，往返时间测距法又称为双向测距法，避免了接入点与目标终端时钟同步的需求。在实际测量中，由于接入点接收到信号的处理时间往往有一定延时导致产生测量误差，因此，往返时间法对硬件性能要求高。高通作为芯片提供商，其芯片的硬件性能高，申请了多篇基于往返时间（RTT）定位的专利，如公开号 CN101346638A：在接入点位置未知的无线网络中，一方面，利用终端针对接入点而产生的往返时间（RTT）的测量值以及终端的已知位置确定接入点的位置；另一方面，利用终端针对接入点而产生的往返时间（RTT）的测量值以及接入点的已知位置确定终端的位置。公开号 CN102217393A：由于利用 RTT 测量技术定位，RTT 的测量必须准确，然而，接入点从收到信号之后到发送确认消息之前会执行一些附加操作导致产生一些处理延迟，为了能精确测量处理延迟，该申请提出了双向测距的方法，通过接入点与移动设备之间的通信精确测量处理延迟，并在后续通信中传送处理延迟。

（4）飞行时间（TOF）定位

飞行时间（TOF）定位法是信号从第一站（例如用户的移动设备）传播到第二站 ［例如接入点（AP）］ 并且返回到所述第一站的总体时间，第一站和第二站之间的距离可以根据所述 TOF 值进行计算，第一站的估算位置可以通过使用适合的方法（如三边测量法）计算第一站与两个或多个其他站（如其他 AP）之间的两个或多个距离来确定。此方法基于时间值，对设备的时钟精度要求高。纳夫科姆技术公司在 2004 年（CN1846390A）提出了在定位系统中各设备间相互交换无线信号，以确定设备之间的飞行时间，从而确定位置，该申请中通过设计的时间同步逻辑，保证设备间的时钟同步以保证测量的飞行时间的精确性。华为公司在 2011 年 CN103188791A 提出了移动设备将获得的接入点与移动设备之间的 TOF 与预先测量好的多个采样点与接入点之间的 TOF 进行比对计算，将时间差值最小的采样点的坐标位置作为移动设备的定位坐标。英特尔公司一直致力于研究基于飞行时间技术的定位方法，从 2012 年以后申请了多篇这方面的专利，公开号为 CN104412119A 的申请中提出了在基于 TOF 定位之前，定位服务器向移动设备传送该位置区域内的 TOF 准确度信息，移动设备根据 TOF 准确度信息选择接入点设备执行 TOF 测量从而估算移动设备的位置；CN105793724A 提出了移动设备通过选择离自己较接近的接入点执行 TOF 测量并确定对于其他接入点的校准系数，从而消除多径信号，提高定位精度。

2. 基于位置感知技术

基于位置感知的定位技术主要有最强基站法和位置指纹法这两种定位方式。

（1）最强基站法

最强基站法是在蜂窝移动通信网中定位移动设备所常用的方法，该方法将用户终端用于数据通信的接入点的位置，近似地作为无线终端的估计位置，由于实际应用中接入点的常用覆盖范围为 20~50m，应用用户终端所在的接入点标识信息就可以方便地把用户终端定位在 20~50m 的精度范围，如公开号 CN1486027：申请人为华为技术有限公司，利用现有无线局域网结构中的接入点覆盖范围作为用户位置信息的最小单位，当用户终端接入到一个接入点后，在客户应用端向位置信息服务网元发起位置信息请求时，用户终端以接入点的标识信息作为该用户的位置信息传送给该位置信息服务网元。但该方法的精度受限于 AP 的覆盖范围，难以精确定位。

（2）位置指纹法

位置指纹法是通过重复多次采集 WiFi 信号数据来提取特征后建立位置特征库，再与实时采集的数据进行匹配，通过一定的算法计算当前位置实现定位。该方法分为离线建库和实时定位两个阶段。

离线建库阶段：其目标在于建立一个位置特征数据库，定位系统部署人员在定位环境中遍历所有位置，同时在每个参考位置收集来自不同 AP 接入点的 RSSI 值，将各个 AP 的 MAC 地址、RSSI 值和参考点的位置信息组成一个相关联的三元组数据保存在位置特征库中。

实时定位阶段：定位用户在定位区域中，实时采集所有 AP 接入点的 RSSI 值，并将 MAC 地址和 RSSI 值组成二元组作为位置匹配算法的输入数据，按照一定的顺序遍历特征库，然后以特定的匹配算法进行位置估计。

最早研究位置指纹定位的是微软研究院，于 2000 年提出了 RADAR 室内定位系统，该系统是以测量 RSSI 生产指纹信息存入数据库，在定位阶段通过最近邻或其他方法与数据库里的指纹信息进行比较，找出与其最匹配的指纹信息，从而确定待测目标的估计位置。位置指纹定位技术的优点是可直接利用已有的无线网络，不用额外部署设备，节省了安装成本，定位精度高，因此，位置指纹定位技术一直是国内外各大企业和高校的研究热点。对于位置指纹定位技术的改进有两个方面，一方面是提高指纹数据库的质量，如高通公司于 2005 年提出了（CN101084696A）先对移动设备的位置进行近似估计，利用近似位置范围内的 RSSI 指纹数据库与移动设备接收的 RSSI 进行比较；诺基亚公司于 2012 年（CN104205960A）提出收集定位参考数据，提高方位信息的准确性，从而能够生成高质量的指纹数据库；国内高校对于如何改进指纹数据库的质量也提出了不少解决方法，如中国科学院计算技术研究所在 2009 年（CN101695152A）提出通过采集无标记的训练数据降低指纹采集代价。另一方面是改进指纹匹配算法，国内高校对于这方面的申请很多，哈尔滨工业大学在 2009 年后申请了多篇改进指纹定位匹配算法的专利，如利用 K 近邻模糊聚类法（CN101639527A）、近邻概率法（CN101657014）、用余弦相似度（CN103533650A），山东大学在 2014 年（CN103901398A）提出了基于组合排序分类的位置指纹定位方法，将位置指纹库划分为多个子类，降低在定位阶段的运算复杂度；上海顶竹通讯技术有限公司在 2012 年（CN102932911A）提出了减少参与指纹匹配运算的位置指纹点从而节省计算工作量；多伦多大学理事会于 2013 年提出了（CN105143909A）在指纹匹配时利用压缩感知算法。

3. 辅助定位

随着移动设备的快速发展，其功能也越来越多，定位的准确性和性能的提高可通过其他一些技术辅助来实现，2009 年，高通公司提出 CN102216734A 在使用 RTT 技术定位时，通过相对运动传感器测量移动设备的移动来辅助调整处理延时的估计，使用经调整后的处理延时估计移动设备的位置；2011 年美国博通公司 CN102164342A 提出移动设备可使用物理地图或图像修正接入点的位置；2011 年高通公司 CN103038661A 提出移动设备通过将捕获到的视觉信标的图像特征传送至定位服务器，定位服务器基于此图像特征辅助实现辅助定位；2012 年 LS 产电株式会社 CN103068036A 提出通过使用辅助接入点标签定位的方法。

基于 WiFi 室内定位的专利技术路线演进如图 6 所示。

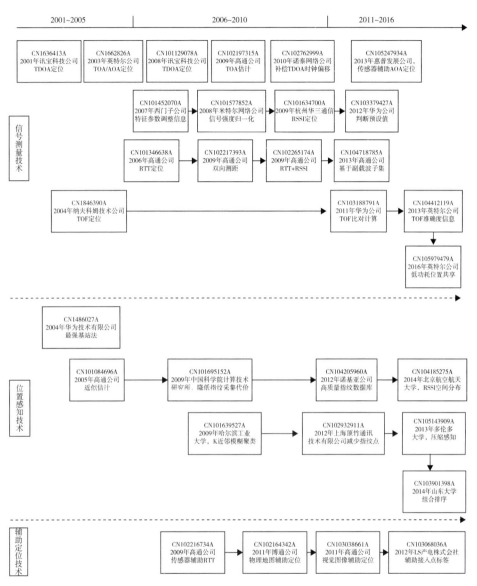

图6 基于WiFi室内定位的专利技术路线演进

四、主要申请人及其关键技术

通过以上的专利技术分析可以发现：高通无论是在国内还是在全球都占据了大部分的专利申请，其相应的市场占有率也较高，因此，以下对高通及其关键技术进行分析。

1. 申请量趋势

高通公司申请量如图 7 所示，其申请量发展趋势基本与全球 WiFi 室内定位技术的发展趋势吻合，同样也经历了发展期和快速发展期，只是在 2010 年申请量有所下降，2012 年后开始回升，推测其是受到了 2008 年金融危机的影响，只是这种影响反映在申请量的变化上是有所滞后的。

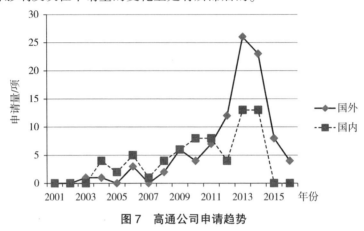

图 7　高通公司申请趋势

2. 高通公司技术分支年代分布

高通公司技术分支年代分布情况如图 8 所示，高通公司在 WiFi 室内定位领域各技术分支中均有布局，可见其技术全面、应用广泛，其中重点专利布局集中于"RTT""辅助定位""接入点定位"技术分支，而在 2013 年之后，辅助定位、与卫星定位系统组合、WiFi 与蜂窝移动通信组合的申请量都有所增加，可见，高通已经逐步将研究热点转移到多种技术相结合的混合定位。

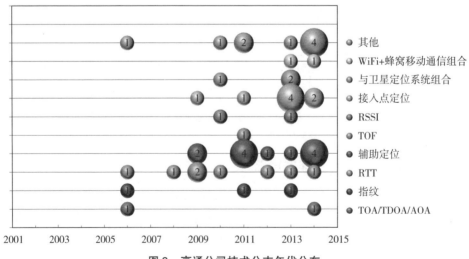

图 8　高通公司技术分支年代分布

五、基于 WiFi 的室内定位技术未来发展趋势预测

通过对基于 WiFi 的室内定位专利技术分析，对于全球及国内的技术发展现状有了深入了解，通过梳理其发展脉络，对该技术的改进方向和发展趋势进行预测，主要有以下几个方面：

1）改善定位精度。不同的技术所能达到的定位精度不同，随着越来越多的用户在室内使用 WiFi 定位，用户对定位精度的要求也越来越高，因此，如何提高定位精度是各公司及科研院所重点关注并持续改进的方向。

2）提高可靠性。由于室内环境动态性很强，经常发生变化，定位所依赖的接入点设备也经常发生变化，因此只有提高基于 WiFi 的室内定位技术的可靠性才能为用户提供更好的位置服务。

3）降低成本和复杂度。终端的成本、系统布局和维护的成本对于企业来说至关重要，因此，降低成本和复杂度是各公司持续改进的方向。

4）降低功耗。定位所产生的功耗是一个很重要的指标，尤其是对使用电池的移动设备，如果功耗过大会很快使设备没电，限制了用户的使用，因此，如果要实现随时随地的位置感知，必须降低定位所带来的额外功耗。

5）多种技术结合的混合定位。为了满足各种室内环境和应用场景的需求，弥补单一技术的局限，未来将有多种技术融合的混合定位以满足多种定位需求。

参考文献

［1］赵锐. 室内定位技术及应用综述［J］. 电子科技，2014，（3）：154-157.

［2］谢涛. 基于 WiFi 的室内定位系统的设计与实现［D］. 南京：南京大学，2013：6-9.

［3］阮陵. 室内定位：分类、方法及应用综述［J］. 地理信息世界，2015（2）：8-14.

［4］李晓惠. 卫星导航领域高精度定位专利技术综述［J］. 审查业务通讯，2013（9）：18-26.

数字电视支付专利技术发展趋势

王　田

摘　要：数字电视支付作为一种全新的电子商务交易方式，让电视成为一条崭新的电子商务接入通道。在数字电视支付技术中，电视/电子钱包支付、IC/智能卡支付、语音支付、二维码/QR 支付、指纹支付、USBKey 支付等支付方式相继出现，极大地提高了数字电视支付的安全性、便捷性，展现出了广阔的发展空间和应用前景。本文针对数字电视支付的主要方式，介绍了数字电视技术发展历程及现状；并基于专利分析的视角对该领域专利申请进行了统计，总结了该领域的专利分布、申请人分布以及专利申请趋势；针对多个技术分支绘制了技术发展路线图；最后通过实际案例介绍了如何利用该综述提高审查效率。

关键词：电视支付　技术路线

一、概　述

（一）数字电视支付发展现状

数字电视支付作为一种全新的电子商务交易方式，让电视成为一条崭新的电子商务接入通道。数字电视支付是指消费者基于智能电视或者"电视盒子"等硬件设施，配合相应的操作系统和与资金账户关联的应用软件完成支付功能。其主要应用场景包括电视购物、有线电视收费、节目点播/订购、游戏充值等，让用户通过电视进入电子商务，体验电视上完成交易的电子商务。数字电视支付业务的成功落地将成为新的金融自助支付渠道，与此同时必将为数字电视的运营和发展带来全新的机遇。

现有的数字电视支付方式主要分为以下 6 种：

1）电子/电视钱包（见图 1）：基于虚拟账户实现，通过电视终端遥控器对电视钱包账户进行操作，电视钱包可以通过银行卡账户转入等方式进行充值，安全性由电视运营商来保障，实现容易，操作便利。

图1 电视钱包支付

2）语音支付（见图2）：通过银联的手机支付平台，用户提交姓名、手机、银行卡号等信息注册，用电话直接完成下单和支付。用户打电话到客服中心下单，客服中心将资料送给银联手机支付平台判断交易安全，银联系统打电话到用户手机播放交易信息，用户确认无误输完密码就完成了这个交易。

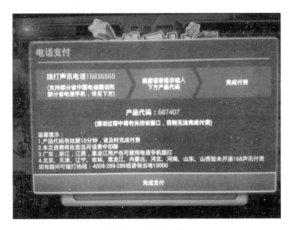

图2 语音支付

3）二维码/QR支付：二维码支付（见图3）是将商品价格信息、支付方账户信息等集成在二维条形码中发布在各种介质媒体上比如电视屏幕，用户用智能手机扫描后直接识别成包含产品数量以及金额的订单，用智能手机就可以直接完成支付。二维码支付改变了电子商务只能线上销售的局面，使得线下交易也成为可能。

图3　二维码支付

4）指纹支付（见图4）：指纹支付是利用指纹特征作为数字电视支付交易凭证的一种电子支付模式，指纹具备唯一性，能够达到安全交易的目的。将指纹和用户认证信息进行绑定和存储，使用指纹作为支付介质并通过匹配认证完成交易，给支付过程带来了便利。

图4　通过外部设备实现指纹支付

5）USBKey/UKey/U 盾支付：USBKey/U 盾支付（见图5）是将 USBKey/U 盾设备预置供应商信息和设备身份，将设备插入到机顶盒后，机顶盒向 USBKey/U 盾设备发送获取其供应商信息的请求，USBKey/U 盾设备将供应商信息返回至机顶盒，实现电视支付。不限制 USBKey/U 盾设备的厂商，也无需将银行账户与机顶盒进行繁琐的绑定操作，方便用户操作。

图5　UKey 支付

6）IC 卡/智能卡支付：通过 IC 卡读写（见图 6），受理金融 IC 卡，结合输入密码，完成交易。数字电视用的智能 IC 卡在技术上与金融 IC 卡融合不存在任何问题。广电运营商可以更轻松地涉足支付领域，同时也增大了银行的发卡用户，实物卡加密码的支付方式安全方便。

图 6　IC 卡支付

（二）国际发展状况

国外的数字电视支付技术起步较早，在各个技术分支中的发展均处于领先地位。1995—2000 年期间，GEMPLUS CARD、株式会社日立制作所、美国大通银行将电视/电子钱包应用于数字电视支付业务；2001—2005 年期间，世界剧院公司、莫比培国际公司将语音支付应用于数字电视支付业务，夏普公司、索尼株式会社将指纹支付应用于数字电视支付业务；2006—2010 年期间，夏普株式会社、莫比培国际公司将二维码/QR 码应用于数字电视支付业务。

随着传统的电视接入互联网，将网络内容、Apps 应用程序、传统电视频道列表等所有电视机相关的节目内容整合到一个使用界面中，结合 App store 或 Android market 等，各种游戏类、生活类、资讯类、教育类等电视专属 APP 不断推出，数字电视支付技术将迎来更广阔的发展空间。

（三）国内发展状况

自 2006 年起，银联积极探索数字电视支付市场，并在青岛、厦门、深圳、江苏和安徽与当地有线电视网络运营商、IPTV 电视部门进行了基于刷卡遥控器的数字电视机顶盒支付试点。

随后基于语音一代手机无磁有密支付先后与快乐购、东方购物、百视通开展业务合作或签署业务合作协议，实现电视购物应用。

2011 年，中国首个电视支付终端由康佳推出，首次推出基于智能电视终端的在线支付系统和应用服务，通过银行卡与电视终端的全面绑定为用户提供支付渠道，通过电视遥控器操作即可完成付费节目订购、电视商城等在线支付。

2013 年，创维联合阿里巴巴打造的独立品牌"酷开"推出低价智能电视，搭载了创维"天赐"智能电视操作系统和阿里云 OS 系统，内置支付宝等应用，打通支付宝，实现购物、生活缴费等功能。

2014 年，创维又与微信合作打造微信智能电视，将手机变成智能电视遥控器，方便了智能电视操作，同时可实现远程控制和微信支付无缝对接；将二维码作为手机支付入口，使用微信中的二维码扫描即可完成支付。

二、专利申请总体情况

通过 S 系统获得数字电视支付相关的专利申请数据：在 CNABS、VEN 数据库中，使用关键词（例如电视/television/tv、支付/付费/pay/payment、电子钱包/electronic purse、语音/声音/sound/voice、二维码/条码/QR、指纹/dactylogram/finger mark/finger print、U 盾/USBKey/USB TOKEN、智能卡/IC）和分类号（例如 H04N21/254，交互电视的服务器中，由服务器执行的管理操作，其中，在附加数据服务器的管理，如购物服务器或者权限管理服务器；H04N21/4185，交互电视的客户端设备中，与客户端设备相结合使用的外部卡，用于支付）进行检索，并去噪得到数字电视支付相关的专利申请数据，检索截止日期是2017 年 1 月 7 日。由于未申请提前公开的发明专利申请需要在申请日之后 18 个月公开，这会导致部分专利申请由于还未公开而不能进行数据采集和统计分析。

（一）专利申请趋势分析

从图 7 中可以看出：国际上数字电视支付技术的专利申请量在 2007 年达到高峰期；2009—2014 年，数字电子支付技术平稳发展，专利申请量总体呈上升趋势。国内数字电视支付技术的专利申请量呈平缓的趋势，在 2011—2013 年间申请量较大。

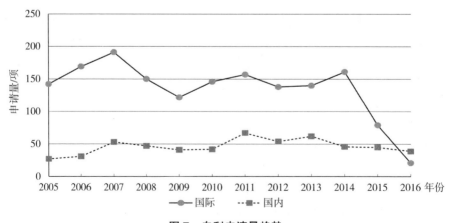

图 7 专利申请量趋势

数字电视支付技术在 2000 年以后发展速度逐步提高，电子钱包支付技术、语音支付技术的发展，指纹支付的出现，使得专利申请量逐步上升；2006—2010 年，二维码支付技术、USBKey 支付技术开始出现，且指纹识别技术进一步发展，使得 2007 年达到了申请量的高峰；2011 年开始，第三方支付平台的涌现，电视应用的大量增加，以及多种支付方式的组合，为数字电视技术带来了新的发展机遇。

（二）国际主要申请人分布

图 8 为数字电视支付技术在国际申请中申请人排名情况，按照申请量的排名，NAGRAVISION（纳格拉影像）排名第一，申请量遥遥领先，UNITED VIDEO PROPERTIES（联合视频）和 VERIZON PATENT（维里逊专利）紧随其后，申请量均在 100 以上，MATSUSHITA ELECTRIC（松下电器）、SONY（索尼）、CANAL PLUS（卡纳尔）、ROVI GUIDES（乐威指南）、TOSHIBA（东芝）等公司申请量超过 50，ECHOSTAR TECHNOLOGIES（艾科星科技）、SCIENTIFIC ATLANTA（亚特兰大科研）、NAGRACARD（纳格拉卡德）、SAMSUNG（三星）也是本领域申请量较大的申请人。而且在全球申请量排名前 15 位的申请人中，日本申请人在该领域占有相当主要的地位，其数字电视支付技术发展较为迅速，具有一定的领先优势。而我国在数字电视支付方面的研究起步较晚，与国外相关技术发展存在一定差距，专利申请量也相对较少。

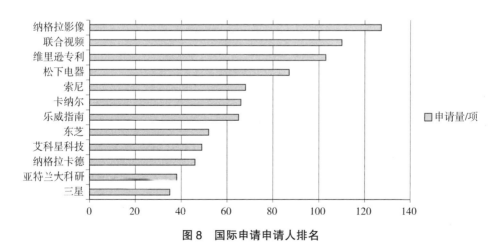

图 8　国际申请申请人排名

（三）国内主要申请人分布

图9为数字电视支付技术在国内申请中申请人排名情况，按照申请量的排名，纳格拉影像股份有限公司在中国的申请量仍旧排名第一，纳格拉卡德、联合视频、康佳、四川长虹、索尼、中兴、华为紧随其后，飞利浦、三星、深圳同洲、乐视网、创维、中国银联、数码视讯、北京视博也具有一定的专利申请量。可见，在国内，电视行业、通信行业在数字电视支付方面申请呈现多家公司竞争发展，专利申请分布较分散的局面。

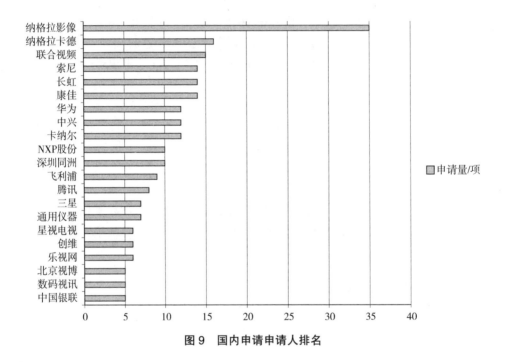

图9　国内申请申请人排名

三、数字电视支付技术路线演进

数字电视支付的技术主要分为6种：电子/电视钱包、语音支付、二维码/QR支付、指纹支付、USBKey/UKey/U盾支付、IC/智能卡支付等；各个技术分支均得到发展，且分支间存在交叉和融合（见图10）。

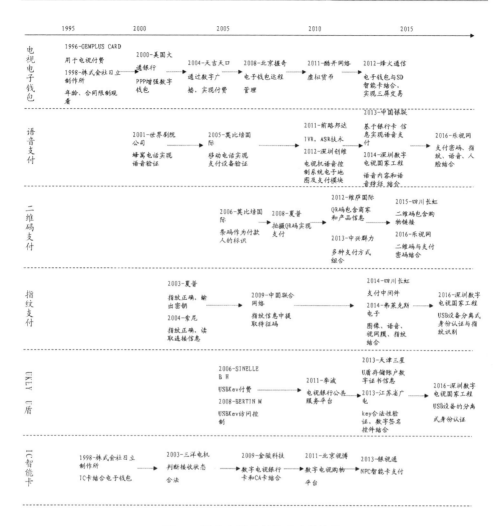

图 10　数字电视支付技术路线演进

（一）电子/电视钱包支付

1996 年，GEMPLUS CARD（US5901303A）提出将电子钱包应用于付费电视中。

1998 年，株式会社日立制作所（JPH103568 A）进一步提出在付费电视广播的电子钱包系统中使用带有存储电子货币信息和交易条件信息的 IC 卡，存储年龄信息和预定合同，实现付费电视的限制观看。

2000 年，美国大通银行（WO0067219 A1）提出了 PPP 增强型数字钱包中使用 PPP 提供消费者账户资金、网络购物、支付账单、付款、储存电子收据和过往的交易记录，更好地保障消费者在互联网进行金融交易的安全性和便捷性。

2004 年，天吉天口有限公司（KR20040052338 A）提出了将数字广播用于电子商务的付费系统，数字广播终端使用电子钱包保存客户和付费信息，节目供应商提供用于电子付费网关的用户工具箱，向 VAN 公司请求交易认可，VAN 公司查询金融机构是否认可交易，金融机构确定是否认可交易来响应VAN 公司的查询请求，并传送用于付费的货款。

2008 年，北京握奇（CN101246615 A）提出远程管理电子钱包，将经过加密处理的电子钱包信令通过广播信道进行发送；终端接收、解密和解析电子钱包信令，维护电子钱包状态；实现电子钱包的远程管理，使终端电子钱包的管理更全面、更迅速。

2010 年，黄海强（CN101847232 A）提出一种摇控器，可以扣除协定的智能卡式电子钱包内存款、用以支付货款完成交易；使用摇控器的数据输入装置直接将付款金额输入摇控器，然后付款金额从电子钱包扣除。

2011 年，深圳酷开（CN102164128 A）提出通过系统的电子钱包支付单元向电子钱包赠送虚拟货币、实现退款、积分换取虚拟货币，用于使用电子钱包实现支付。

2012 年，烽火通信（CN102496112 A）提出了使用智能 SD 卡实现三屏支付，终端通过智能 SD 卡的唯一身份标识登陆后台运营系统，实现了利用同一张智能 SD 卡在机顶盒、移动终端或 PC 机上进行电子支付，并且可以共享机顶盒、移动终端和 PC 机三屏交易信息。

（二）语音支付

2001 年，世界剧院公司（WO0144888 A1）提出将订购设备与蜂窝电话集成在一起，对顾客进行语音验证作为附加的安全措施，可以从中央计算机系统将购买确认回送到蜂窝电话，从而提供用户更安全和易于使用的电视购买系统。

2005 年，莫比培国际公司（CN1849632 A）提出使用移动电话，通过语音消息实现不同类型的购物、查询、修改和对支付设备的验证；通过语音菜单请求所选交易需要的数据，包括对相关收款人的安全参数的输入，以及用户—付款人的验证消息，交易结果发送到用户—付款人的移动电话。

2011 年，湖南前路邦达（CN102118637 A）提出有线数字电视运营平台，采用 IVR（交工式语音应答）技术，以及自动语音识别技术（ASR），用户拨打专用服务号码接入语音导购平台，在 IVR 系统的语音导航下完成对所要收看的付费频道、时段或节目的即时订购。

2012 年，深圳创维（CN102833633 A）提出电视机语音控制系统电子地图及支付模块，对电子地图上显示的票价信息或者提供送货上门的餐饮直接进行语音订餐和语音支付，在电视上完成支付功能。

2013 年，中国银联（CN103186857 A）提出了通过银行卡卡号、手机号、短信验证码、有效期、CVN（卡确认码/安全码）、密码等验证要素信息实现安全、高效率的支付模式，并全面支持语音支付等移动互联网支付。

2014 年，深圳数字电视国家工程实验室（CN103955825 A）将用户的当前图像特征作为登录支付账户的验证信息，以及在支付时将当前语音内容和当前语音特征作为用户确认支付的验证信息，当且仅当两者都验证通过后才确认支付，提高了支付账号的安全性。

2016 年，乐视网（CN105898589 A）通过视频播放窗口获取用户的支付信息：用户用遥控器输入支付密码，获取对应的遥控器输入的指纹信息，通过视频窗口获取人脸信息，通过视频窗口获取语音信息，解析语音信息得到对应的用户的支付信息，验证一致后，在数据库中查找到该用户语音对应的支付密码进行支付。

（三）二维码/QR 支付

2006 年，莫比培国际公司（WO2005004069 A1）提出通过移动电话处理与该系统相关的用户—付款人和收款人之间的支付和交易系统，使用 EAN 代码作为付款人的标识数据。

2008 年，夏普株式会社（JP2008103786 A）提出接收指示付费节目的类型的节目识别数据，生成编码了地址数据与节目识别数据内容的 QR 码，拍摄在屏幕上显示的 QR 码获取在 QR 码中编码的数据，实现付费。

2012 年，维萨国际服务协会（US2012209749 A1）提出从移动设备获得 QR 代码的快照，解码 QR 代码来获得包括在用户的结账请求中的产品信息和商家信息以用于购买交易。同年，艾科星科技公司（US2012222055 A1）提出将收费信息产生二维条形码且输出显示，移动装置扫描二维条形码，其中收费信息可用以允许用户提交付款信息。

2013 年，南京中兴群力（CN202841356U）提出一种支持多种支付方式的电视遥控器，遥控器的支付信息采集端与机顶盒通信，完成遥控和支付的数据交互；并集成了多种目前常用的支付方式，可刷磁条卡、扫描二维码等，增强了电视支付信息的便捷性。

2014 年，乐视网（CN103500399 A）提出智能电视接收用户输入的订单支付操作消息并发送至后台服务器，后台服务器生成对应的图形编码，智能电视接收图形编码并显示，用户通过电子设备扫描并解析图形编码后与后台服务器进行交互完成订单支付。

2015 年，四川长虹（CN104519412 A）提出通过移动终端获取电视节目中商品广告中的商品购买链接的二维码信息，用户通过移动终端打开二维码对应的购物链接，确认订单信息并处理。

2016 年，乐视网（CN105898589 A）将二维码与支付密码结合，用手机扫描电视视频中的二维码，电视设备的后台检测用户的账户信息，满足预设的支付条件时出现支付密码的输入框，用户用遥控器输入支付密码完成支付。

（四）指纹支付

2003 年，夏普（JP2003173430 A）提出付费电视 IC 卡预先存储能够识别注册者的指纹信息，比较接收的指纹信息和存储的指纹信息，确定用户和注册者指纹信息相同时输出解密密钥。

2004 年，索尼（WO03079205 A1）提出用于验证指纹的装置来验证个人信息，当确认用户为由验证装置授权的用户时才可以读取在存储器卡中对应于用户的连接信息。

2009 年，中国联合网络通信集团（CN101552864 A）提出机顶盒扫描用户的指纹，从指纹信息中提取特征码，将特征码作为用户权限信息进行业务交易，提高了机顶盒的安全程度。

2014 年，四川长虹（CN103606082 A）提出将指纹采集模块连接支付中间件，通过通信模块与云端平台连接，能够实现使用指纹进行登录及支付。同年，弗莱克斯电子有限责任公司（US2013339991 A1）提出从观看者的图像、语音、视网膜、指纹接收标识信息作为特征信息或电视操作身份验证信息。

2016 年，深圳数字电视国家工程实验室（CN105554013 A）提出了使用USB 设备进行分离式身份认证，身份验证模块为单一按键确认认证模块、声波确认认证模块、指纹识别认证模块或声纹识别认证模块。

（五）USBKey/UKey/U 盾支付

2006 年，SINELLE（FR2882452 A1）提出使用 USBKey 实现数字电视预付款。2008 年，BERTIN（FR2908194 A1）提出撤销和授权电子实体功能的方法，通过 USBKey 提供付费电视访问控制。

2011 年，李波（CN102202092 A）提出由联名智能卡或 USBKEY 实现银行卡、交易数据加密系统、数字电视机顶盒、银行收单系统间的数据通信，完成用户业务的费用交易活动。

2013 年，天津三星（CN102905193 A）提出将遥控器分别与 U 盾和电视机相连接，在用户发出在线支付购买物品费用请求时读取 U 盾中的数字证书信息，发送到银行客户端服务器进行安全支付认证。同年，江苏省广电有线信息网络股份有限公司南京分公司（CN103402141 A）提出机顶盒通过 UKey 功能控件将 UKey 中的数字证书读入到机顶盒自带的浏览器中；进行 UKey 合法性验证；在机顶盒内封装了数字签名控件，当用户通过机顶盒与银行服务器产生数据交换时，机顶盒调用该数字签名控件将用户敏感数据进行签名；机顶盒与UKey 断开连接，提高用户使用电视支付的安全性、便捷性。

2016 年，深圳数字电视国家工程实验室（CN105554013 A）提出使用 USB设备进行分离式身份认证，包括分离设置的安全计算部件和用户验证部件，按照 FIDO 标准进行实现，增强了用户体验。

（六）IC/智能卡支付

1998 年，株式会社日立制作所（EP0813173 A1）提出一种电子钱包应用系统，根据 IC 卡中的数量信息以及寄存在 IC 卡中的年龄信息和预定的合同，自动设置电子货币交易的条件。同年，卡纳尔股份有限公司（WO9843427 A1）提出使用电视智能卡解密有关销售信息，实现观看付费电视、电视购物和电视银行业务。

2003 年，三洋电机株式会社（JP2002344922 A）提出当用户要购买该节目时，等待接收状态在允许范围内的场合才对 IC 卡进行购买处理，能够减少因气候恶化、停电等因素，无法观看购买付费节目，却支付购买费用的情况的发生。

2009 年，上海金骏（CN101510993 A）提出使用双卡槽的机顶盒进行银行卡支付，第一卡槽用于插入数字电视 CA 卡，设置安全模块；第二卡槽用于插入数字电视银行卡；数字电视银行卡为双介质，磁条介质用于银行卡的金融业务，IC 芯片介质存储电子钱包信息，用于数字电视业务，保障银行卡支付系统的安全。

2011 年，北京视博（CN102149011 A）提出利用数字电视智能卡号、用户选择绑定的银行卡索引号及支付密码，通过数字电视购物平台与支付平台完成消费交易请求的支付。

2013 年，银视通（CN103745350 A）提出使用 NFC 智能卡实现电视支付，客户终端获取 NFC 智能卡的信息，与后台系统进行信息传送，后台系统完成交易。

四、审查实践

针对审查实践，通过具体案例说明如何利用数字电视支付专利技术综述，把握现有技术发展现状，准确理解发明构思，提高审查工作的效率。

技术方案：使用移动终端扫描电视上以二维码形式显示的订购信息，方便快捷地完成电视支付。具体过程为：电视终端向支付服务器发送包含订购信息的订购请求，支付服务器根据订购信息实时生成对应的二维码返回给电视终端进行显示；用户使用移动终端扫描获取二维码，解析出订购信息，然后移动终端向支付服务器发送包含订购信息的支付请求，支付服务器完成对订购信息的支付。

结合前面章节进一步理解说明书，可以得出申请针对现有电视技术中使用支付界面输入账号密码存在输入不便的缺陷，提出了使用订购信息生成二维码，结合二维码和移动终端实现电视支付的技术方案，使得电视支付更为方便和快捷。技术方案的核心在于使用订购信息生成二维码并通过移动终端实现电视支付，属于数字电视支付中"二维码/QR 支付"技术分支，查看该技术分支的技术脉络，发现 2012 年艾科星科技公司的专利申请（US2012222055 A1）已经公开了将收费信息生成二维条形码，并通过移动装置扫描该二维条形码，完成电视支付，即根据技术脉络直接获得了公开了本案例发明构思的重要专利。而对于一般情况，可以根据技术脉络发展获取相应关键词，例如使用"移动终端""二维码""订购""收费""付费""信息"缩小检索范围，快速筛选和定位对比文件。

五、结束语

在数字电视支付技术中，电视/电子钱包支付、IC/智能卡支付出现较早，随着更安全、方便的支付方式的出现，其申请量逐渐减少，各大公司在此项技术上的投入和专利布局呈缩减态势；而语音支付、二维码支付、指纹支付、USBKey 支付具备更优的安全性、便捷性，且能够与当前的数字电视发展趋势更好地结合，因此，得到了各大公司的重视和持续性的专利投入，保持了较好的发展。在三网融合的背景下，数字电视集成了网络内容、Apps 应用程序、电视频道等资源，随着第三方支付平台的涌现，电视购物、节目点播/订购、生活缴费、生活服务类应用的广泛使用，数字电视支付技术将会迎来更广阔的发展空间。

在审查工作中，基于对数字电视支付领域的发展现状、发展趋势的把握，可以帮助审查员更好地站位本领域技术人员，了解现有技术，快速准确理解发明、把握发明实质，且基于各技术分支的技术发展脉络能够缩小检索范围、确定关键词，迅速、有效筛选和定位对比文件，提高审查效率。

参考文献

［1］闫涛，等. 电子支付在数字电视增值业务中的应用 ［J］. 广播与电视技术，2013（10）：118-120.

［2］张慧. 数字电视支付业务研究与设计 ［J］. 有线电视技术，2012（4）：38-40.

［3］李磊. 基于账户模式的电视支付平台 ［J］. 计算机工程，2012，38（24）：254-257.

婴儿保育箱专利技术分析

安　然

摘　要：本文分析了婴儿保育箱技术的全球专利申请趋势，对比了全球主要申请国家的分布特点，梳理了相关技术的主要技术分支，建立了技术功效图，结合技术功效图对主要申请人的申请特点进行了分析，发现了该技术领域的核心专利，根据核心专利对主要技术分支的演进路线进行了分析，并将专利分析的结果应用于审查实践中，收到了良好的效果，为相关领域的技术研发与专利审查提供了有益的借鉴。

关键词：婴儿保育箱　恒温　技术功效图　专利审查

IPC 分类号：A61G11/00

一、概　述

婴儿保育箱主要适用于体重不足最低标准的新生儿，具体指胎龄不足 37 周的活产婴儿，体重一般在 2000g 以下，身长在 47cm 以下。由于体重过轻的婴儿无法提供自身所需的热量，因此该类婴儿的临床表现为不同程度的呼吸不规则、四肢肌张力低下、皮肤薄、体温偏低或不升，严重者可出现紫绀、颅内出血等。同时，早产儿发育不成熟，尤其是皮肤角质层发育不成熟，水分容易蒸发，不显性失水量非常大，皮肤表面血流分布的调节反射功能较差，具有隔热作用的皮下脂肪层缺少，极易导致早产儿体重不稳定、低血糖等问题，危及患儿生命。因此，为了提高早产儿的成活率，提供一个温湿度适宜的环境非常重要。

目前，发达国家婴儿保育设备已全面普及，所有新生儿出生后先要在婴儿培养箱中培养、观察 48 小时，婴儿生命体征正常才转入普通病床，一旦生命体征不达标则需要在婴儿培养箱、婴儿辐射保暖台、新生儿黄疸治疗仪等婴儿保育设备中进一步培养、治疗。

与发达国家相比，发展中国家婴儿保育设备推广较晚，直到 20 世纪 80 年代中后期才在发展中国家医疗机构逐步推广。在我国，婴儿保育设备主要用于早产儿、低体重儿、病患儿，并未运用于全部新生儿。

目前，婴儿保育设备生产企业数量较少，全球仅有 30 多家生产企业，国内主要有 5 家企业，国内婴儿培养箱生产商分别是宁波戴维医疗、郑州迪生、上海四菱、南京金陵等，国外生产商主要有 GE、德尔格、日本的阿童木医疗。我国主要生产商的产品以中低端为主，占国内市场约 60% 份额，其中戴维医疗约占 30% 份额。国外生产商的产品以高端为主，价格昂贵，市场份额占 40% 左右，国外生产商在国际市场上占主流。

本文旨在通过梳理婴儿保育箱领域的全球专利申请，通过专利数据统计分析，认识了解婴儿保育箱领域的申请状况、研究热点、技术演进以及在审查实践中的应用。

二、专利分析

（一）检索范围

本文对相关内容的国内外专利进行了检索，即在中国专利文摘数据库（CNABS）和世界专利文摘库（SIPOABS）中对与婴儿保育箱领域相关且已经收录并公开的专利文献进行了检索，为了进一步确定婴儿保育箱领域的分类情况，在 CNABS 数据库中使用关键词"婴儿""新生儿""早产儿""箱""舱""保育箱""暖箱""保温箱""培养箱""康复箱"等，并结合与具体应用领域相关联的关键词"医院""医疗""护理""治疗"等进行统计，分类号均主要集中在 A61G11/00（婴儿保育箱；保温箱），由此看出该分类号较为准确。为了便于开展分析，就基于该分类号以及本领域主要申请人作为检索入口，筛选从 1964 年 1 月 1 日至 2015 年 12 月 31 日的国内外专利申请。

（二）专利申请年度分析状况

经过检索发现，全球范围内关于婴儿保育箱物的专利申请共计 2789 项，其中向中国专利局提交的国内申请为 485 项。由图 1 可以看出，婴儿保育箱技术的发展在国内和国外并不同步。国外从 1964 年开始就在不断持续研究该领域，每年均有一定数量的相关专利申请，到 1986 年以前，世界范围内婴儿保育箱的专利申请处于萌芽期，专利申请量不大；而 1986 年开始到 2008 年，随着专利申请量的逐渐增加，进入缓慢发展期；2008 年以后，虽然申请量随时间出现波动，但较 2008 年以前仍维持较高水平。

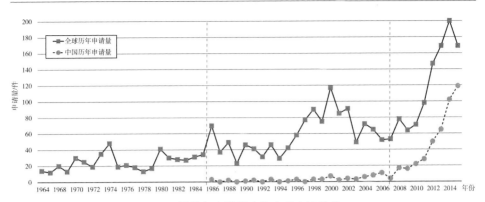

图1 婴儿保育箱国内外专利申请趋势

相比而言,中国在该领域的研究起步较晚,但是增长量更大,从2003年以来,涉及婴儿保育箱的中国专利申请量逐年增多,特别是2008年以后进入快速发展期,每年的申请量大约在15件以上。这一方面反映出婴儿保育箱正处于研究的热门阶段,另一方面反映出该类研究日益受到重视,专利布局日趋严密和完善。

(三)专利申请地域分析状况

从申请的地域分布看,如图2所示,该领域的全球专利申请的国别/地区分布呈现相对集中的趋势,美国为该领域最大的申请来源国;此外,中国、日本、德国、荷兰和以色列的申请量均较大,是婴儿保育箱研究的活跃地区。

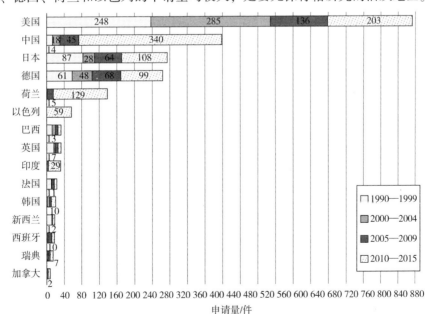

图2 全球专利申请量地域分布

由该领域专利申请的时间和地域分布特征可以窥探婴儿保育箱领域的发展历程：一方面，从世界范围看，该领域在 20 世纪 60 年代就已起步，研究较多的地区集中在美国、日本、德国等发达国家，在 2000 年左右，技术相对成熟的外国公司开始在中国递交专利申请并开拓在中国的婴儿保育箱的相关业务；另一方面，该领域中国早期的专利申请量较少，随着近年来该领域相关的中小型企业迅速萌生和发展，对该领域的技术研发增多，衍生了大量自主知识产权，伴随着在 2008 年之后中国国内提交的专利申请开始逐渐增多并在近年成为申请主体。对该种现象出现的原因进行分析，此番专利申请的地域分布演变趋势与早期西方发达国家技术较先进，而中国经济在近年来开始起步并逐渐发展繁荣的大背景相呼应。另外，该领域国内外申请的此消彼长还可能是因为婴儿保育箱核心技术较简单，国外的研究已经趋于成熟完善，或其研究开始向新功能转移。在中国范围内来说，虽然数据表明早在 1986 年国内的该领域技术人员就已经开始关注婴儿保育箱领域，但此时关于该领域的研究并不普遍，且集中于孤立的个人，而直到 2008 年以后专利申请量开始逐渐增加。

（四）专利申请人分布状况分析

就该领域专利申请的主体看，国外申请的主体相对集中，其申请主体均为企业，而国内申请则呈现主体多元化的态势。如图 3 所示，该领域中国专利申请的主要来源为企业、个人和医院，其中个人和企业为主要申请人来源，占比分别为 57% 和 25%；医院、高校及科研院所申请均较少，分别占比 15% 和 3%。从国内及国外主要申请人及其申请量来看，如图 4 和图 5 所示，具体分析发现，国外专利申请人以企业最多，由于婴儿保育箱倾向于医疗应用，设备和人力投入对资金的需求量较大，加之利益驱动，企业在专利申请中占据主导地位，其中主要申请人均为大型企业，如荷兰皇家飞利浦有限公司、德国德尔格公司、日本阿童木集团医疗株式会社和美国通用电气医疗。而作为国内申请主要来源的企业申请人普遍为中小型企业，且申请人分布较为分散，占领先地位的分别是宁波戴维医疗器械公司、深圳市科曼医疗设备有限公司和郑州迪生仪器仪表有限公司。

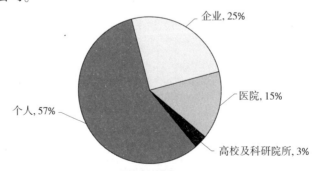

图 3　国内申请人类型比例

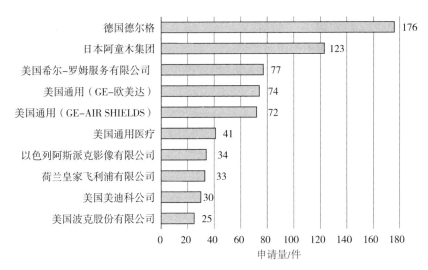

图4 婴儿保育箱全球专利申请申请人分布

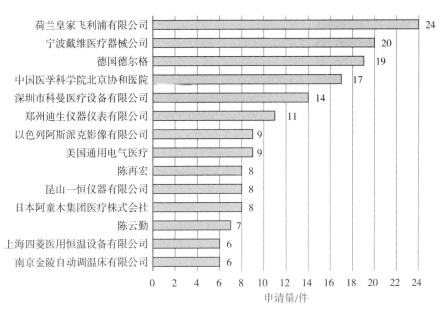

图5 婴儿保育箱中国专利申请申请人分布

由图4还可以看出，从申请人的排名上来看，排名第1位的是德国德尔格公司，德尔格是医疗和安全技术领域的国际领先企业，该公司于1889年成立，是长期专注于新生儿领域的设备供应商之一。而宁波戴维医疗器械公司则是国内婴儿保育设备细分领域龙头企业，主要从事婴儿保育设备的研发、生产、销售，产品主要有婴儿保育箱、婴儿辐射保暖台、新生儿黄疸治疗设备，该公司的创始人陈云勤、陈再宏在 2000 年初已经开始以个人申请的名义进行婴儿保育箱领域的相关专利申请，成立公司后对其研究成果进行了合理的专利布局，是国内申请人的重要代表。该公司的申请量共有 35 件，大多数是在 2008 年以后申请的，反映出近些年来该企业在该领域研发的关注度和技术能力在不断地提升。

三、婴儿保育箱技术手段与技术功效分布

婴儿保育箱是用来对低体重、病危婴儿进行恒温培养、输液、输氧、抢救和观察所使用的专用医疗设备，针对新生婴儿生长需要以及观察和治疗的方便，其配备有多种功能组件以保证婴儿培养箱内的生长和治疗环境。婴儿保育箱通常由恒温罩、控制柜、箱柜、光疗灯箱（附件）及光疗灯盒（附件）组成，控温范围为 25~37℃，在特别操作下最高温度控制为 38℃，在正常使用情况，婴儿舱内形成的二氧化碳浓度不大于 0.5%，婴儿舱内的气流速度不大于 0.35m/s，婴儿舱的声级不大于 55dB（A）。因此，加热控温单元是婴儿保育箱必不可少的功能组件之一，箱体内部结构的完全密封保证了混合室内气流的纯净，空气流通为新生儿保证提供新鲜的氧气，减震装置可有效降低电机工作所产生的震动和噪声、安抚婴儿的情绪，同时还要求具有良好的使用可靠性与安全性的箱门锁定装置，简化医护人员观察箱内情况和进行箱内操作的操作流程，更加卫生、便捷，最后考虑到降低加工成本，可具有较高的性价比，以在妇产科的推广使用。通过以上分析得到婴儿保育箱领域的各主要技术分支，分别包括整体结构、控制器及控制方法、功能扩展。

从该领域全球申请量的排名上看，国际上主要的专利申请人有德国德尔格公司和日本阿童木集团，下面将介绍上述两个申请人的专利申请技术手段与功效分布图，如图 6 和图 7 所示。

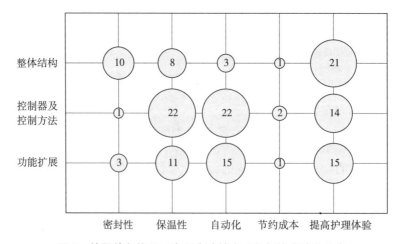

图 6　德国德尔格公司专利申请技术手段与技术功效分布

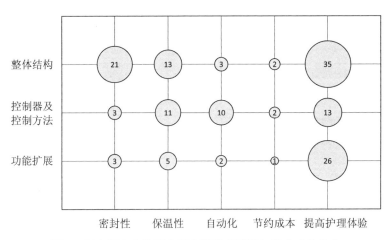

图7　日本阿童木集团专利申请技术手段与技术功效分布

从图6和图7可以看出，这两家公司对于婴儿保育箱的研究方向有明显的差异，德尔格公司在技术上更加关注对于婴儿保育箱的控制器和控制方法的研究，目的在于强化箱体内的温度恒定（如DE102007048597A1、EP2943174A1）与自动化控制（如DE10237629A1、WO2009076085），最终实现婴儿在箱体内得到较好的护理，并且方便医护人员使用。相比之下，阿童木集团的申请则主要集中于对于婴儿保育箱外部结构的不断改进，涉及箱体的上盖（如JP5164159B2、JP5945452B2）、侧盖（如EP2140848A2、US9044370B2、US2012269568A1）、底座（如JPH0577429B2、EP3053567A1）、移动机构（如US8419610B2）等，使保育箱具有更好的密封保温效果，同时通过更加优化、合理的结构设计使得护理箱中冷、暖空气循环，提高供氧效率，使婴儿在箱体内更加安全和健康。

四、核心专利技术分析

核心专利的研究分析能够快速掌握行业研究的重点方向，能够为企业规划发展方向提供帮助。核心专利的判定方法通常有两种：一种是利用被引证的频次来判定，被引频次越高说明该专利的技术含量越高；另一种是利用同族专利数量来判定，同族专利是申请人为了扩大技术的保护范围，就同一专利技术在不同的国家和地区产权组织重复申请，从而形成一个专利族群，同族专利数量越大说明专利技术的市场经济价值越高。

因此，针对SIPOABS数据库中专利文献的被引频次进行排序，筛选出关键申请人德国德尔格公司和日本阿童木集团在该领域的高被引频次专利申请，分别列举出被引频次最高的10件专利申请，见表1和表2。

表 1　德国德尔格公司高被引核心专利

序号	公开号	公开日	同族被引证次数	同族	涉及的国家和地区
1	EP1247511	20021009	252	9	EP US DE AT ES
2	US7038588	20060502	123	7	US CA EP WO JP AU
3	EP1232738	20070124	67	10	EP CA WO US JP AT DE
4	EP1176935	20140709	26	5	EP WO US AU
5	EP1263501	20051116	24	8	EP CA WO US JP AU AT DE
6	EP1432374	20080820	23	7	EP CA WO US AU AT DE
7	DE19818170	19991028	22	2	DE US
8	US2013217981	20130822	21	5	US DE
9	EP1374005	20110406	20	8	EP CA WO US JP AU AT DE
10	EP1432375	20090318	19	8	EP CA WO US ES AU AT DE

表 2　日本阿童木集团高被引核心专利

序号	公开号	公开日	同族被引证次数	同族	涉及的国家和地区
1	US5865771	19990202	26	5	US DE JP KR TW
2	US5792041	19970218	18	5	US DE JP KR TW
3	US5797833	19980825	16	4	US DE JP KR
4	US5853361	19981229	16	5	US DE JP KR TW
5	CN1810230	20060802	11	9	CN IT US JP KR AR DE TW
6	JPH1176324	19990323	8	3	JP DE KR
7	CN101617982	20100106	8	4	CN EP US JP
8	JPS55160552	19801213	6	1	JP
9	JPH05103817	19930427	4	1	JP
10	US2002017248	20020214	4	3	US DE JP

　　如表 1 和表 2 所示，这两个关键申请人都是该领域的重要企业，上述被引频次最高的专利申请均集中在日本、美国、德国、欧专局以及世界知识产权组织，同时都具有大量的同族专利，一方面，看出这两家企业的申请质量较高，专利技术研发的连续性较好，在不断改进发展的同时也很好地进行了加新维护；另一方面，借助对领域核心技术的掌控，不断向技术开发市场潜力较大的其他国家进行专利保护申请，从而占据其他国家的技术市场，这些是大公司专

利战略的重要特征之一。图 8 显示了上述这些核心专利的技术内容，从图中可以看到核心专利主要集中于 1996—2014 年，日本阿童木集团针对婴儿保育箱结构进行了深入的研究和全面的专利布局，德国德尔格公司则是从 2000 年之后开始进行大量的专利申请，以日本阿童木集团较少涉猎的关于婴儿保育箱自动化控制和多功能化扩展作为研发的切入点，在技术上进行了深入的细化和持续的发展。

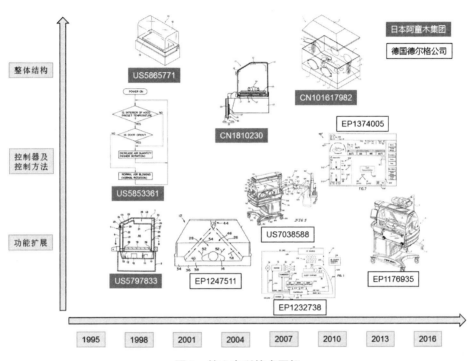

图 8　核心专利技术图解

五、审查实践应用示例

对婴儿保育箱领域重要申请人研究方向的分析有助于审查员理解该领域的最新技术，同时结合已有专利技术的发展状况，能够在较短时间内获得最接近的现有技术。以下给出审查实例。

发明名称：热疗设备

技术方案：本申请涉及一种用于治疗新生儿的热疗设备，针对现有技术中热疗设备的侧壁部件在闭合位置中的锁定的类型对处理来说不是最优的，并且当销滑动经过导向曲线的边缘时，产生机械晃动和闭合噪声，由此，完整的侧壁部件的铰链向下落，直至销撞在槽的底部，因此，设计一种具有能翻开的侧壁部件的热疗设备，使得侧壁部件在闭合位置中的锁定在处理方面能够非常简单地实施，并且尽可能小地造成振动和噪声，如图9所示。

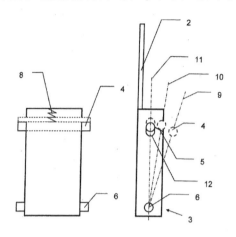

图 9　热疗设备闭锁机构示意

　　根据技术方案，本申请的发明点在于对于保育箱侧壁部件结构的改进以降低噪声和振动。在对这一技术方案进行检索前，如果对本申请的整体技术领域和技术分支没有足够的了解，审查员单纯从权利要求的技术方案入手的话，则很可能将侧壁、铰链、锁定等确定为检索要素，这些检索要素的含义非常广泛，会给检索结果带来很大的噪声和误差。而采用 IPC 分类号或 CPC 分类号进行检索，通过图片概览的形式筛选对比文件，虽然能够得到对比文件，却会大大降低检索效率。

　　通过对重要申请人分析得知该领域对保育箱侧壁整体结构进行研发和改进的重要申请人主要是日本阿童木集团，因此，检索时可首先关注该申请人的专利文件，同时配合使用分类号 A61G11/00 进行检索。根据这样的思路很快检索到一篇专利文献：US 20020017248A1（属于表 2 所列的一篇核心专利），如图 10 所示，通过仔细阅读发现这篇文献能够影响本申请的创造性。在实际审查工作中，审查员可选用这篇专利文献作为最接近的现有技术评价本申请的创造性。

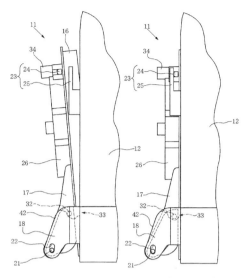

图 10　对比文件的侧壁闭锁机构示意

六、结　论

综上所述，在过去的 20 年间，随着医疗产业的发展，涉及婴儿保育箱的专利申请量迅速增多，并在近几年保持稳定。婴儿保育箱的功效从单纯的密封保温演变为兼具自动化控制、多样化功能特性等多个方面，从而也推动着婴儿保育箱技术手段的不断丰富，涵盖了外部结构、控制方式以及功能创新。可以预见：随着未来医疗设备的持续发展，以及相关性能需求的不断提升，对婴儿保育箱的功能性与制造成本也会有更高的要求，婴儿保育箱领域仍具有继续优化发展的巨大潜力。

本文对婴儿保育箱的专利技术进行分析和整理，重点关注了该领域的技术发展趋势以及主要申请人的研发侧重等信息，在了解婴儿保育箱领域的发展概况和明晰该领域技术发展趋势后，能够快速理解发明申请的技术方案，准确定位发明点。基于各个技术手段下的技术路线，可以有效判断和定位对比文件，有效提高审查效率，对于该领域审查员的审查工作而言具有很大帮助。